基礎から学ぶ

SwiftUI

スイフトユーアイ

林 晃 著

C&R研究所

■権利について

- 本書に記述されている社名・製品名などは、一般に各社の商標または登録商標です。
- 本書では™、©、®は割愛しています。

■本書の内容について

- 本書で紹介しているサンプルは、C&R研究所のホームページ(http://www.c-r.com)からダウンロードすることができます。ダウンロード方法については、5ページを参照してください。
- サンプルデータの動作などについては、著者・編集者が慎重に確認しております。ただし、サンプルデータの運用結果にまつわるあらゆる損害・障害につきましては、責任を負いませんのであらかじめご了承ください。
- サンプルデータの著作権は、著者およびC&R研究所が所有します。許可なく配布・販売することは堅く禁止します。

●本書の内容についてのお問い合わせについて

この度はC&R研究所の書籍をお買いあげいただきましてありがとうございます。本書の内容に関するお問い合わせは、「書名」「該当するページ番号」「返信先」を必ず明記の上、C&R研究所のホームページ(http://www.c-r.com/)の右上の「お問い合わせ」をクリックし、専用フォームからお送りいただくか、FAXまたは郵送で次の宛先までお送りください。お電話でのお問い合わせや本書の内容とは直接的に関係のない事柄に関するご質問にはお答えできませんので、あらかじめご了承ください。

〒950-3122 新潟県新潟市北区西名目所4083-6　株式会社 C&R研究所　編集部
FAX 025-258-2801
『基礎から学ぶ SwiftUI』サポート係

PROLOGUE

WWDC 2014でSwiftが発表され、5年が経ちました。たった5年の間にSwiftは言語として大きな進化を遂げてきました。そして、Swiftを利用するプログラマー人口も爆発的に成長を遂げました。その間、まったく変化がなかったことが、ユーザーインターフェイスを作るためのネイティブフレームワークです。iOSではUIKit、macOSではAppKitを使用してアプリを作る。そして、システムの標準フレームワークはSwiftとObjective-Cのどちらからも使用可能であり、どちらの言語を利用するのも自由であるという点です。これはSwiftの力を制限しているという側面もありました。もちろんフレームワークの機能は増えましたし、サードパーティのミドルウェアも増えました。しかし、アップルが用意する大きな枠組みは変わりませんでした。

そこに変化が起きたのが昨年行われたWWDC 2019です。SwiftUIが発表されました。SwiftUIはSwift専用であり、Swiftというプログラミング言語の特徴や機能を活かしたユーザーインターフェイスを作るためのフレームワークです。そのコンセプトは「ユーザーインターフェイスを作るための最短パスを提供する」です。わかりやすく、短いコードで、高度なユーザーインターフェイスを構築できます。本書は丸々一冊を使って、このSwiftUIを解説しています。

気になった章から読んでいただいて構いません。しかし、順番に読んでいただいた方がわかりやすいと思います。また、サンプルコードはどれも短めですので、ぜひ、試してみてください。Xcodeのライブプレビューで気軽に試行錯誤できます。

本書の執筆・制作にあたり、C&R研究所の皆様には大変お世話になりました。筆者自身がSwiftUIを理解するにつれて、できるだけ役に立つようにするためにはどうすればよいかと考えた末、本書は途中で大きく書き直しをしました（半分まで進んだ原稿を破棄しました）。その分、C&R研究所の皆様にご迷惑をおかけしましたが、ご協力の末、完成させることができました。ここで改めて感謝を申し上げます。

本書を通して、読者の皆様のお役に立つことができたならば、筆者としてこれ以上の幸せはありません。SwiftUIは新しいフレームワークです。世界中の開発者がみなスタートラインに立っています。新しいものに触れ、探求するワクワクする気持ちをどうぞ楽しんでください。

2020年1月

アールケー開発　代表
林　晃

本書について

対象読者について

本書はSwiftを利用したiOSアプリの開発経験がある読者を想定しています。Swiftそのものについての解説や、iOSアプリ開発の手法などについては説明を省略していますので、ご了承ください。

動作環境について

本書では、次のような開発環境を前提にしています。

- macOS 10.15.1
- Xcode 11.2.1

本書で作成しているサンプルプログラムの動作確認環境は次の通りです。

- macOS 10.15.1
- iOS 13.2.3

本書に記載したソースコードの中の▼について

本書に記載したサンプルプログラムは、誌面の都合上、1つのサンプルプログラムがページをまたがって記載されていることがあります。その場合は▼の記号で、1つのコードであることを表しています。

サンプルファイルのダウンロードについて

本書で紹介しているサンプルデータは、C&R研究所のホームページからダウンロードすることができます。本書のサンプルを入手するには、次のように操作します。

❶「http://www.c-r.com/」にアクセスします。
❷トップページ左上の「商品検索」欄に「299-0」と入力し、[検索]ボタンをクリックします。
❸検索結果が表示されるので、本書の書名のリンクをクリックします。
❹書籍詳細ページが表示されるので、[サンプルデータダウンロード]ボタンをクリックします。
❺下記の「ユーザー名」と「パスワード」を入力し、ダウンロードページにアクセスします。
❻「サンプルデータ」のリンク先のファイルをダウンロードし、保存します。

サンプルのダウンロードに必要なユーザー名とパスワード

ユーザー名	swui
パスワード	k8t2e

※ユーザー名・パスワードは、半角英数字で入力してください。また、「J」と「j」や「K」と「k」などの大文字と小文字の違いもありますので、よく確認して入力してください。

サンプルファイルの利用方法について

サンプルコードはプログラム単位でフォルダに分かれています。各フォルダにはXcodeのプロジェクトファイル（ `.xcodeproj` ファイル）が入っていますので、Xcodeでプロジェクトファイルを開いてください。Xcodeのライブプレビューで動作を確認できます。

CHAPTER 08のサンプルプログラムは本書に記載している通り、実機にインストールして実行してください。

なお、該当のサンプルファイルについては、誌面に記載しているサンプルコードの先頭にコメントの形でパスを含めたファイル名を記載していますので、そちらを参照してください。たとえば、下記の場合は、`SampleCode` → `Chapter02` → `01_Stack` → `Stack` ディレクトリ内の `ContentView.swift` のコードになります。

SAMPLE CODE

```
// SampleCode/Chapter02/01_Stack/Stack/ContentView.swift
import SwiftUI

... 省略 ...
```

CONTENTS

CHAPTER 01

SwiftUIを使ったアプリ開発

CHAPTER 02

SwiftUIのビューとレイアウトシステム

CHAPTER 04

複数のビューとビュー遷移

CHAPTER 05

グラフィック描画

CHAPTER 06

アニメーション

CHAPTER 07

UIKitとの組み合わせ

CHAPTER 08

アクセシビリティ

CHAPTER 01

SwiftUIを使ったアプリ開発

SwiftUIの概要

このセクションではSwiftUIの概要や特徴について解説します。

SwiftUIとは何か?

SwiftUIはユーザーインターフェイスを作るためのフレームワークです。Swiftを使ってコードでユーザーインターフェイスと動作を記述します。単純に見た目だけを作るためのフレームワークではありません。

SwiftUIは2019年6月に行われたWWDC 2019で発表されました。WWDCはWorld Wide Developers Conferenceの略で、年に1度、Apple社で行われる開発者のためのカンファレンスです。世界中からAppleのプラットフォーム向けのアプリやソフトウェアを開発している開発者が集まってきます。ここで、開発者向けの新しいフレームワークやツール、新OSなどが発表されます。キーノートやセッションはライブストリーミングで配信され、リアルタイムに世界中の開発者達に共有されます。

▶SwiftUIの位置付け

SwiftUIを使ったユーザーインターフェイスのコードは、次のようなAppleのエコシステムのプラットフォーム上で「ネイティブ」に動作します。

- iPhone
- iPad
- Apple Watch
- Apple TV
- Mac

「ネイティブ」に動作するというのは、上記の各プラットフォーム特有の流儀で動作するということです。つまり自然なユーザーインターフェイスが表示されます。SwiftUIは実行したプラットフォームに特有のフレームワークを利用してユーザーインターフェイスを表示します。たとえば、iOS上ではUIKitが使われ、macOS上ではAppKitが使われます。

近年、iOSとmacOSは同じフレームワークが提供されることが多くなってきており、ほぼ共通のコードで書けるようになってきました。たとえば、`AVFoundation`や`Metal`はiOSとmacOSのどちらにも提供されています。

WWDC 2019で発表されたSwiftUIによってユーザーインターフェイスも共通のコードで書くことができるようになります。もちろん、プラットフォーム特有の違いもあり、その部分はプラットフォームに合わせたコードを記述する必要がありますが、移植に必要な手間は大幅に減ることでしょう。

また、SwiftUIは既存のAppKitやUIKitを置き換えるものではありません。共存して相互利用することができるようになっています。つまり、SwiftUIを全面的に採用したプロジェクトの中で、UIKitで書かれたビューコントローラを使用することや、UIKitが全面的に採用されたプロジェクトの中で、SwiftUIで書かれたビューを使用することができます。

●SwiftUIの位置付け

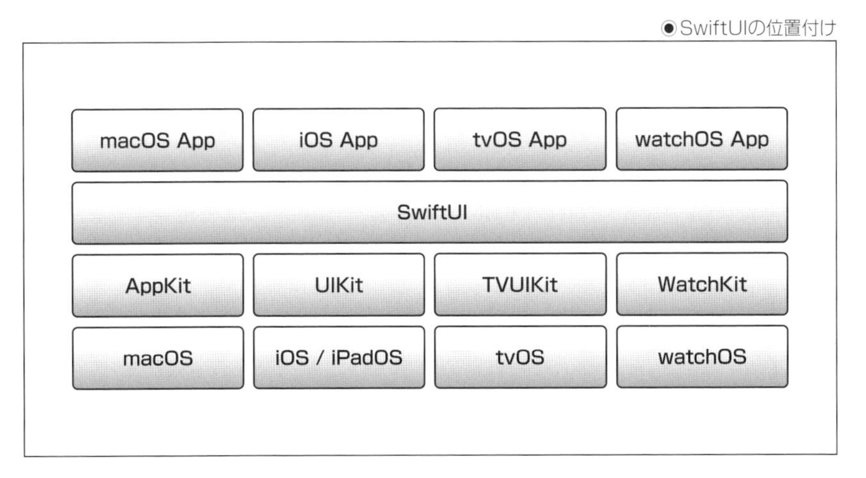

▶SwiftUIの動作環境

SwiftUIを使ったコードの動作環境は次のようになっています。

- iOS 13.0 以降
- iPadOS 13.0 以降
- tvOS 13.0 以降
- watchOS 6.0 以降
- macOS 10.15 Catalina 以降

これらのOSはいずれもWWDC 2019で発表されたOSです。つまり、古いOSではSwiftUIを使ったコードは実行できません。そのため、SwiftUIを使ったアプリが実際に世の中で広く使われるまでには少し時間がかかるかもしれません。

SwiftUIは既存のアプリに組み込んで部分的に使用することも可能です。また、各プラットフォームごとに別々の方法を学ぶのではなく、同じ方法で同じように作ることが可能になります。

また、開発環境はXcode 11以降が必要です。

SwiftUIの特徴

SwiftUIには次のような特徴があります。

- Swiftで書かれた宣言的なコードである。
- Xcode上でリアルタイムにプレビュー表示しながらユーザーインターフェイスを作ることができる。
- Xib(Nib)ファイルやStoryboardファイルを使用しない。
- データとユーザーインターフェイスはバインディングさせて、状態を同期させることが可能である。
- ビューから別のビューへのビュー遷移やボタン実行時のアクションなども記述可能である。
- UIKitやAppKitなどで作られた既存のビューやビューコントローラも利用可能である。
- UIKitやAppKitがメインで使用されたプロジェクトの中で利用することも可能である。
- グラフィックの描画処理やアニメーション、トランジションの記述も可能である。
- 各プラットフォームの機能と密接に連携し、プラットフォーム特有の機能にも自動的に対応できる。
- Swift専用である。

▶コードであるということ

筆者が初めてSwiftUIに触れたときに驚いたのは「Swiftで書かれた宣言的なコードである」という点です。

昔、iPhoneが世の中に発表されるよりももっと昔、MacがMacintoshと呼ばれ、現在のようなUNIXをベースとしたOSではなかったころの話です。当時、Macのソフトウェアはリソースフォークと呼ばれる場所にGUIの情報を収めていました。たとえば、メニューやダイアログは、リソースフォークにそれぞれ専用の形式のリソースデータとして保存されていて、プログラムはリソースデータを読み込んで画面に表示するという処理になっていました。つまり、レイアウトや表示する文字列などの情報はコードとは分離していたのです。それはXib(Nib)ファイル、Storyboardファイルを使う時代になっても変わらない特徴でした。この特徴によって、ローカライズやレイアウト変更はコードの修正とは別に行うことができました。

しかし、SwiftUIはこれらの情報もコードになります。これは今までのAppleプラットフォームの標準的な開発方法では見られないものです。すべてがコードであることで、より柔軟なユーザーインターフェイスの記述が可能であり、今後も進化が続くことでしょう。

また、最新のXcodeが動作しないくらい古いOSに対応する場合にも有利です。デバッグのために古いOSで古いXcodeを使う必要があるときがあります。このようなとき、XibファイルやStoryboardファイルの互換性の問題でビルドできないことがあります。しかし、コードであればそのような問題は発生しません。一部、古いXcodeではビルドできないコードが生まれる可能性はありますが、その部分だけ一時的にコメントアウトするということも可能でしょう。もちろん、これからのOSとXcodeでの話ではありますが、筆者は期待しています。macOSのソフトウェア開発ではiOSアプリに比べると、1つのバージョンのOSをサポートする期間は長くなる傾向があります。

▶ Objective-C版は提供されない

SwiftUIはSwift専用です。Objective-C版はありません。名前からしてもSwift専用であるということに違和感はありません。しかし、今までシステム標準のフレームワークは、SwiftとObjective-C両方のバージョンがありましたので、今回、とうとうSwift専用のフレームワークが登場したということになります。また、同時に登場したCombineというフレームワークもSwift専用です。SwiftUIもCombineを利用しており、本書でも登場します。

COLUMN 「Write once, run anywhere」ではない

WWDCセッションビデオの中で、SwiftUIは「Write once, run anywhere」ではないということが紹介されています。「Write once, run anywhere」は一度、書いたコードが共通でどの場所でも実行できるという意味のフレーズで、Javaではお馴染みです。Java以外でも、これを目指して、さまざまなミドルウェアが生まれてきました。

筆者も最初はSwiftUIのことを「Write once, run anywhere」を実現するものと思ったのですが、そうではありませんでした。SwiftUIが実現するものは技術とツールの共有です。そして、適用する場所によっては、コードも共有することができるということです。WWDCのセッションビデオの中では「Learn once, apply anywhere」であると解説されています。一度、学べば、(Appleプラットフォームの)どこにでも使うことができるということです。

WWDCのビデオは、Apple社のデベロッパーサイトや、「Apple Developer」アプリ(「WWDC」アプリは「Apple Developer」アプリに変わりました)で見ることができます。詳しくはWWDC 2019の「SwiftUI On All Devices」というWWDCセッションビデオを参照してください。

はじめてのSwiftUIアプリ

SwiftUIアプリのプロジェクトを作成しましょう。本書では、iOSアプリについて解説しています。ここではiOSアプリ用のプロジェクトを作成します。

iOSアプリのプロジェクトを作成する

Xcodeで次のように操作します。

❶「File」メニューから「New」→「Project...」を選択します。プロジェクトテンプレートの選択シートが表示されます。

❷ シートの上部のプラットフォーム選択肢から「iOS」を選択し、「Application」の「Single View App」を選択し、「Next」ボタンをクリックします。

●プロジェクトテンプレートの選択

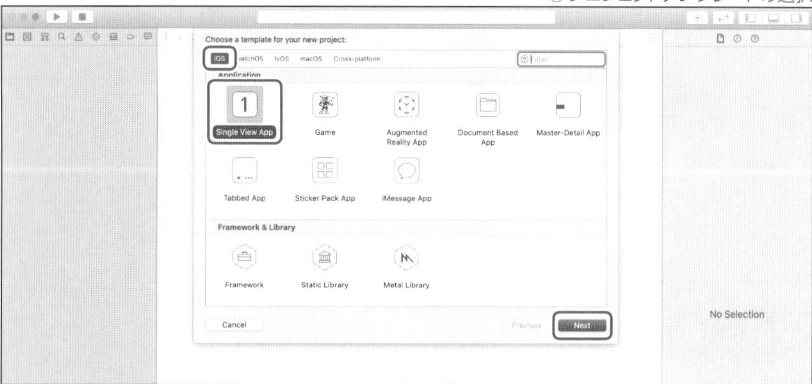

❸ プロジェクトのオプションを設定してから「Next」ボタンをクリックします。ここでは、次のように指定してください。

項目名	指定する値	説明
Product Name	HelloSwiftUI	アプリ名を指定する
Team	None	コードサイニングで使用する開発チーム名を指定する。実機にインストールするときは適切な値を指定する
Organization Name	空欄	組織名を指定する(ここではテストアプリなので空欄のままにしている)
Organization Identifier	com.example	バンドル識別子を指定する。所有しているドメインを逆さに表記して入力する(ここではテストアプリなので適当なものを入力している)
Language	Swift	Swiftを使用する
User Interface	SwiftUI	主に使用するユーザーインターフェイスの構築方法を選択する
Use Core Data	オフ	Core Dataを使うときはオンにする
Include Unit Tests	オフ	ユニットテストを行うときはオンにする
Include UI Tests	オフ	UIテストを行うときはオンにする

●プロジェクトのオプション指定

❹ プロジェクトの保存先を選択して「Create」ボタンをクリックします。

●プロジェクトの保存先選択

SwiftUIアプリのファイル構成

SwiftUIを使用する設定でiOSアプリのプロジェクトを作成すると、初期状態で次のソースファイルが生成されます。

- AppDelegate.swift
- SceneDelegate.swift
- ContentView.swift

▶ AppDelegate.swift

`UIApplication` クラスのデリゲートクラスです。 `UIApplicationDelegate` プロトコルを実装します。アプリが起動して表示されるシーンの設定を返す処理が初期状態で実装されています。

▶ SceneDelegate.swift

アプリのウインドウを持ったシーンのデリゲートクラスです。`UIWindowSceneDelegate` プロトコルを実装します。初期状態では、`ContentView` クラスを表示するビューコントローラを作る処理が実装されています。

▶ ContentView.swift

`ContentView` 構造体を実装しています。ビューの表示内容を実装している構造体です。SwiftUIでのビューは `View` プロトコルを適合している構造体です。

> **COLUMN　「UIKit」の「UIView」が現れない**
>
> iOSアプリの開発経験がある方は、この時点で違和感や驚きを覚えるのではないかと思います。筆者が感じたのは次の点です。
>
> - 「NSObject」クラスを継承しない。
>
> UIKitの `UIView` クラスや `UIViewController` クラスは、Objective-Cと共通して使用可能なクラスであるため、`NSObject` クラスから切り離すことはできませんでした。しかし、SwiftUIはSwift専用に新たに開発されたものであるため、Objective-Cのクラスとして振る舞う必要はなくなり、`NSObject` クラスを継承する必要もなくなりました。そして、それによりビューを構造体で実装することも可能になりました。

Ⅲ SwiftUIのユーザーインターフェイス編集

SwiftUIで実装されているユーザーインターフェイスを編集するには、`ContentView.swift` ファイルを編集します。Xcodeで `ContentView.swift` ファイルを開いてください。

▶ プレビューの表示

`ContentView.swift` ファイルを開くと、ウインドウの左側にコード、右側にプレビューが表示されます。初期状態ではプレビューは空で、「Automatic preview updating paused」というメッセージと「Resume」ボタンが表示されます。

●「ContentView.swift」編集画面の初期状態

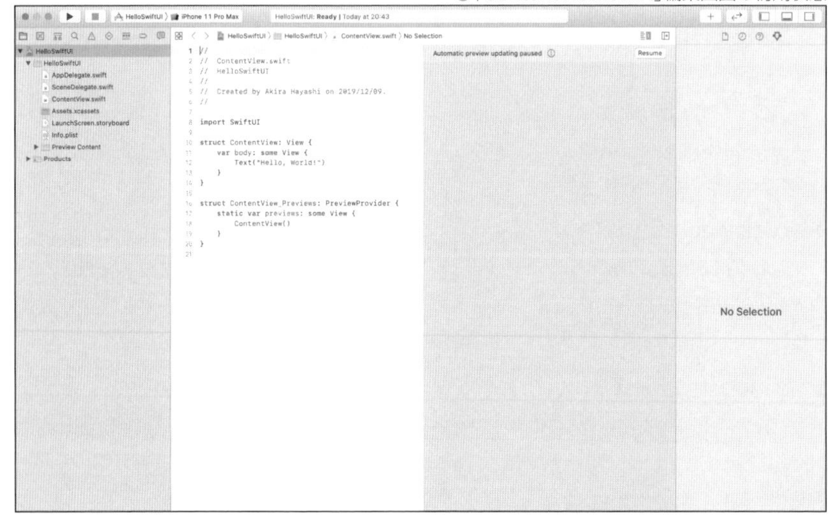

ここで「Resume」ボタンをクリックしてみましょう。少し待つと、「ContentView」が実際にアプリで表示されたときのプレビューが、Xcodeのウインドウの右半分に表示されます。

◉プレビューエリアの表示

SwiftUIでは、コードを実行したときに表示されるユーザーインターフェイスのプレビューがXcode上でリアルタイムに表示されます。この後、コードを編集していきます。編集するたびにプレビューが自動的に更新されていく様子も見ることができます。表示されるプレビューはアクティブになっているシミュレータです。他のシミュレータを選択するとプレビューも切り替わります。なお、切り替えには少し時間がかかります。

COLUMN　プレビューエリアの表示切り替え

SwiftUIのユーザーインターフェイスのプレビューの表示状態を切り替えるには、「Editor」メニューから「Editor Only」、または「Editor and Canvas」を選択します。「Editor Only」を選択するとコードのみになり、「Editor and Canvas」を選択するとプレビューが表示されます。

または、コードエリアの右上に表示されている2つのボタンの左側のボタン(カーソルをボタンの上に合わせて少し待つと「Adjust Editor Options」というツールチップが表示されるボタン)をクリックし、「Canvas」を選択します。

▶「Text」ビューで表示される文字列を編集する

「Hello World」という文字列を変更してみましょう。「Hello World」という文字列はSwiftUIの`Text`ビューを使って表示されています。`Text`ビューが表示している文字列は次のような方法で編集できます。

- アトリビュートインスペクタで編集する。
- ポップアップ表示されるインスペクタで編集する。
- コードを編集する。

他のビューのプロパティも上記のような方法で編集できます。

▶ アトリビュートインスペクタで文字列を編集する

アトリビュートインスペクタで文字列を編集するには次のように操作します。

❶ 右側のプレビューエリアで「Hello World」というテキストをクリックして選択します。

●「Text」ビューの選択

❷ アトリビュートインスペクタが表示されていない場合は、「View」メニューの「Inspectors」→「Show Attributes Inspector」を選択します。プロジェクトウインドウの右側にアトリビュートインスペクタが表示されます。

❸「Text」に「Hello SwiftUI」と入力して「return」キーを押します。

◉文字列の編集後

「return」キーを押して編集を確定すると、プレビューが「Hello SwiftUI」に変わるだけではなく、コードも次のように変わります。

◉変更前

```
// 省略

struct ContentView : View {
    var body: some View {
        Text("Hello World")
    }
}
```

◉変更後

```
// 省略

struct ContentView : View {
    var body: some View {
        Text("Hello SwiftUI")
    }
}

// 省略
```

▶ ポップアップ表示されるインスペクタで文字列を編集する

次にポップアップ表示されるインスペクタを使う方法をやってみましょう。次のように操作します。

❶ プレビューエリアで「Hello SwiftUI」と表示されているテキストを、「Command」キーを押しながらクリックし、「Show SwiftUI Inspector...」を選択します。

●アクションの選択ポップアップ

❷「Text」のインスペクタが表示されます。

●「Text」のインスペクタ

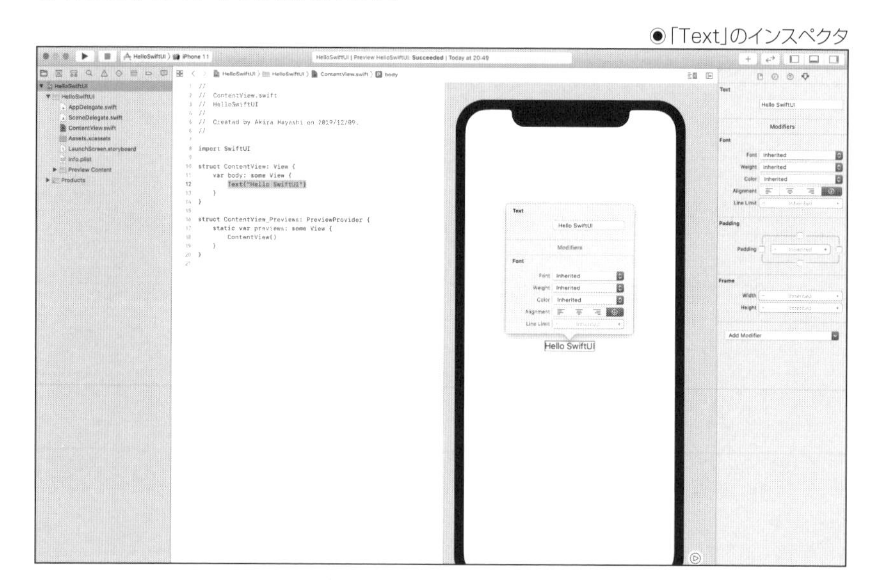

❸「Text」欄に表示されている「Hello SwiftUI」を「First SwiftUI」に変更して、「return」キーを押します。

●編集直後

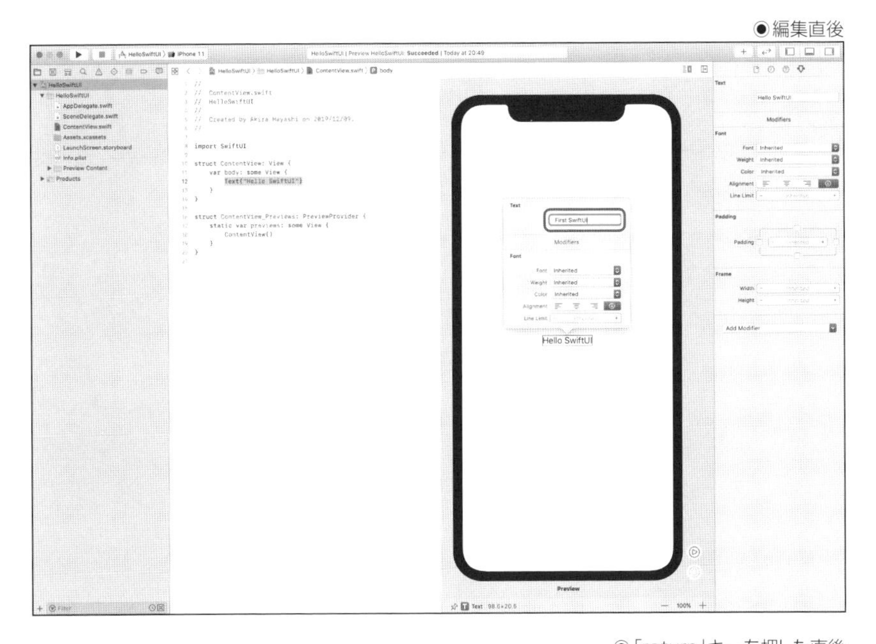

●「return」キーを押した直後

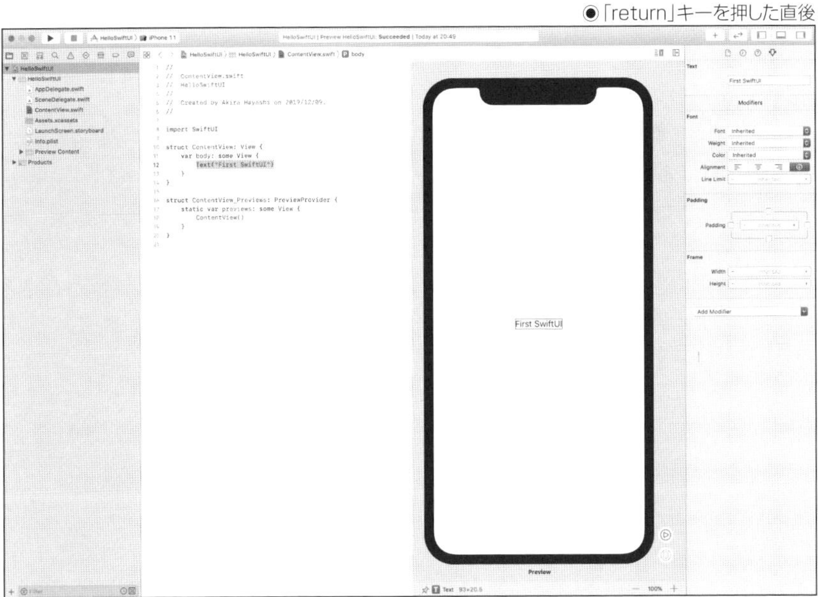

「return」キーを押して編集内容を確定すると、アトリビュートインスペクタで編集したときと同様に、プレビューとコードが変更されます。

◉変更前

```
// 省略

struct ContentView : View {
    var body: some View {
        Text("Hello SwiftUI")
    }
}

// 省略
```

◉変更後

```
// 省略

struct ContentView : View {
    var body: some View {
        Text("First SwiftUI")
    }
}

// 省略
```

▶コードで文字列を編集する

コードを直接、編集する方法も試してみましょう。ここまでの2つの方法で編集したときに、コードが自動的に更新されました。更新されたのは次の部分です。

```
Text("Hello SwiftUI")
```

`Text` ビューは、文字列を画面に表示するラベルです。UIKitでいえば `UILabel` クラスにあたります。 `Text` ビューは構造体で実装されていて、表示する文字列をイニシャライザの引数に渡すようになっています。次のようにコードを変更してください。

```
// 省略

struct ContentView : View {
    var body: some View {
        Text("SwiftUI by Code!")
    }
}

// 省略
```

コードを編集すると自動的にプレビューも更新されます。

●コード編集後

▶コーディングミスによるプレビュー更新の停止

Xcodeに表示されているプレビューは、コードをリアルタイムに実行して表示しています。そのため、コーディングミスがあるとプレビューが停止してしまいます。次のようにわざとエラーがあるコードに変更してみましょう。

```
// ContentView.swift
// 省略

struct ContentView : View {
    var body: some View {
        Text()
    }
}

// 省略
```

するとXcodeのプレビュー側には「Failed to build ContentView.swift」というエラーメッセージが表示され、プレビューの更新も行われません。

なお、編集中のファイルではない、プロジェクト内の別のファイルにコーディングミスがあるときも、プレビューは停止してしまいます。

●コードにエラーがあるときの表示

今回はエラーの原因がわかっていますが、まだ、修正しないでください。調べる方法を試してみましょう。Xcodeはどのような問題があるのかを、色々な方法で示します。「Failed to build ContentView.swift」というメッセージから `ContentView.swift` ファイルに問題があることがわかります。そのメッセージの右隣に表示されている情報ボタン(iの丸囲みアイコン)をクリックしてみましょう。次のようなメッセージがポップアップ表示されます。

```
Compiling failed: cannot invoke initializer for type 'Text' with no arguments
```

このメッセージから `Text` は引数なしでイニシャライザーを呼ぶことができないということがわかります。先ほど、わざとイニシャライザの引数を削除しましたのでそのとおりですね。

他にも見てみましょう。「Diagnostics」ボタンをクリックしてみましょう。今度はもう少し詳しくコーディングミスの内容が表示されます。

●エラー診断結果の表示

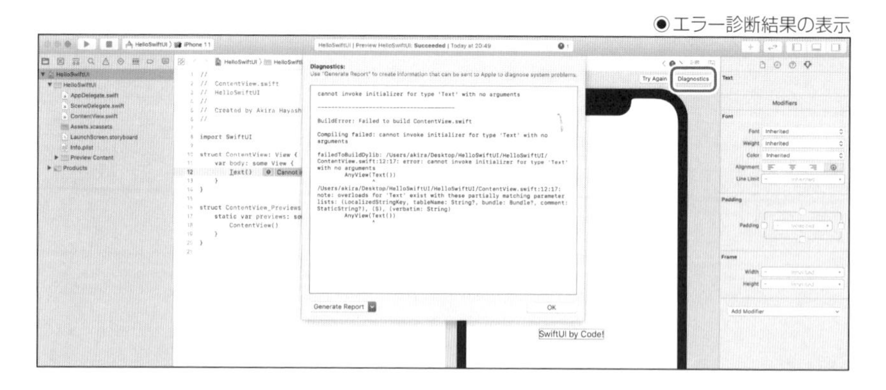

SwiftUIはSwiftのコードなので、他のコーディングミスと同様にイシューナビゲータにも表示されます。「View」メニューから「Navigators」→「Show Issue Navigator」を選択してください。イシューナビゲータが表示されます。プロジェクトウインドウ左側のナビゲータエリアで、イシューナビゲータを表示するボタンをクリックしても表示できます。

イシューナビゲータには、コードや設定に関するワーニング（警告）やエラーがリストアップされます。わざとエラーにした部分も表示されています。イシューナビゲータでエラーを選択してみましょう。エラー箇所がコード上で表示されます。選択している状態でさらにもう一度クリックしてください。すると、もっと詳しい説明が表示されます。

●エラー情報の表示

このようにエラーがあると、Xcodeはその解決方法やエラーの場所を色々な方法で表示してくれる機能を持っています。

なお、次の項目に進む前にコードを元に戻してください。

▶モディファイアでテキストの見た目を変更する

SwiftUIの標準で用意されているビューは「モディファイア」と呼ばれるメソッドを使うことで、色々なカスタマイズができるようになっています。 `Text` ビューにも描画されるテキストの見た目をコントロールするためのモディファイアが用意されています。次のように操作してテキストの見た目をカスタマイズしてみましょう。

❶ Xcodeのプレビューエリアで「SwiftUI by Code!」を「Command」キーを押しながらクリックして「Show SwiftUI Inspector...」を選択し、インスペクタを表示します。アトリビュートインスペクタを使っても構いません。

●インスペクタの表示

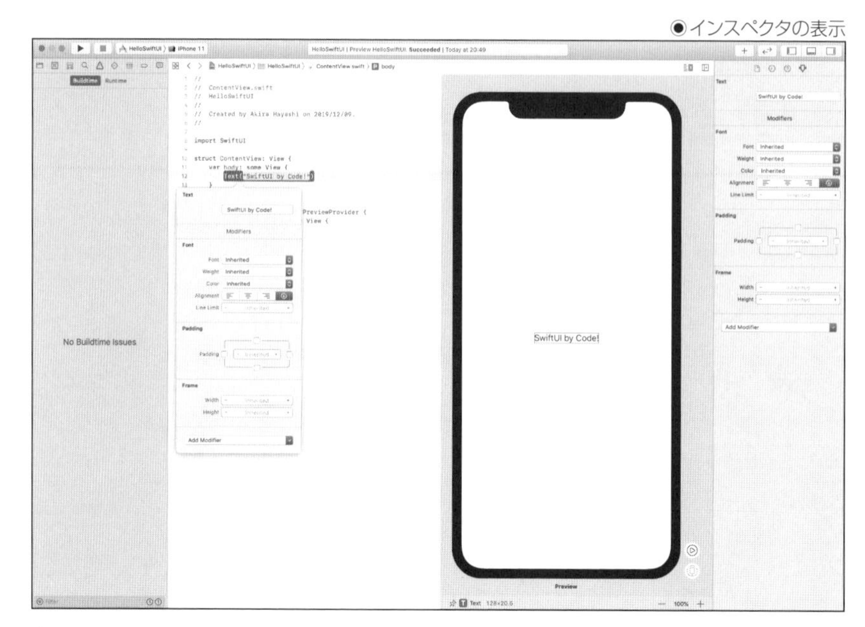

❷「Font」を「Large Title」、「Weight」を「Bold」、「Color」を「Red」に変更します。

●テキストの見た目のカスタマイズ

この操作により、フォント、文字の太さ、文字の色が変更されます。注目すべきは変更したときのXcodeの動作です。次のようにコードが自動的に変更されます。

```
// ContentView.swift
// 省略

struct ContentView: View {
    var body: some View {
        Text("SwiftUI by Code!")
            .font(.largeTitle)
            .fontWeight(.bold)
            .foregroundColor(Color.red)
    }
}

// 省略
```

変更されたのは `font` 、`fontWeight` 、`foregroundColor` メソッドの呼び出し追加です。これら3つのメソッドが「モディファイア」です。名前から想像できるとおりの機能を持っています。

モディファイア	機能
font	表示するテキストのフォントを設定する
fontWeight	表示するテキストの文字の太さを設定する
foregroundColor	描画する色を変更する。ここでは表示するテキストの文字色を設定する

Xcodeのインスペクタで設定できるモディファイアは一部です。それ以外のモディファイアは直接、コードを書いて利用します。もちろん、インスペクタで設定できるモディファイアも直接コーディングして構いません。次のように `.underline()` を追加してみましょう。下線が追加されます。プレビューも自動的に更新されます。

```
// ContentView.swift
// 省略

struct ContentView: View {
    var body: some View {
        Text("SwiftUI by Code!")
            .font(.largeTitle)
            .fontWeight(.bold)
            .foregroundColor(Color.red)
            .underline()
    }
}

// 省略
```

◉下線の追加

このようにSwiftUIでは、ビューを配置し、モディファイアを組み合わせてビューをカスタマイズするという方法でユーザーインターフェイスを作っていきます。また、このサンプルコードのように複数のモディファイアを使うときには、メソッドとメソッドが連結されているような書き方をします。これを「メソッドチェイン」とも呼びます。

メソッドチェインは連続したメソッドの呼び出しなので、注意しなければいけないことがあります。それは呼び出す順序です。メソッドチェインは書いた順番に実行されます。このサンプルコードで使ったモディファイアは他のモディファイアの動作に影響を与えないので、特に順番は考慮していません。しかし、ビューを変形したり、位置調整やサイズ変更をするモディファイアなどは順番を考慮しないと期待した動作にならないことがあります。モディファイアがどのような動作をするのか、ということも考慮して呼び出す順番を決めるようにしてください。しかし、難しく考える必要はありません。SwiftUIはプレビューですぐに結果がわかりますので、コード変えて動作を見ながら実装していけばよいでしょう。

COLUMN モディファイアによるビュー生成とMetalによるレンダリング

SwiftUIのモディファイアメソッドは、一見すると、ビューのプロパティなどの情報を変更しているメソッドのように見えますが、実際には異なります。モディファイアメソッドは新しいビューを生成しています。UIKitとは大きく異なる点です。そのため、大量のビューが生成される可能性があります。たとえば、`background` というモディファイアで背景色を設定すると、指定した色で塗りつぶすビューが作成されます。UIKitの `UIView` で同じことをしていけば、非常に重くなる可能性があります。しかし、SwiftUIでは重くなりません。

SwiftUIはプラットフォームに合わせて最適化した構造を裏で作り、レンダリングは最小限のビューを作り、表示内容はMetalを使ってレンダリングします。そのような工夫により、マシンやOSの性能を最大限に引き出し、次のようなことを実現しています。

- 細かい単位のビューや機能の組み合わせでUIを構成できる。それにより、開発者にとってはわかりやすいコードになる。
- プラットフォームに合わせた最適化が自動的に行われ、わかりやすさのためにパフォーマンスが犠牲にならない。

開発者にとってわかりやすいコードは、場合によってはパフォーマンスが犠牲になることがあります。SwiftUIではそのような妥協をしないでもいいように設計されています。

CHAPTER 02

SwiftUIのビューとレイアウトシステム

SwiftUIのビュー

CHAPTER 01のサンプルコードで見たとおり、SwiftUIではビューを画面に表示します。そして、SwiftUIのビューは `View` プロトコルに適合している構造体です。ビューは、大きく分けると次のように分類できます。

ビューの種類	説明
コンテナビュー	他のビューを内包して親ビュー(スーパービュー)になることができるビュー。内包されるビューを子ビューやサブビューと呼ぶ
コントロール	ボタンやテキスト、画像などコンテナビューやカスタムビューに配置するビュー
グラフィック描画用のビュー	図形などのグラフィックを描画できるビュー
カスタムビュー	アプリが実装するビュー

グラフィック描画用のビューについては、CHAPTER 05で解説します。このセクションでは、残りの3つに属するビューの中で頻繁に使うものを紹介します。

スタック

スタックはレイアウト目的で使用するコンテナビューです。サブビューの並べ方の違いで次の3種類があります。

- HStack
- VStack
- ZStack

SwiftUIではスタックを組み合わせてレイアウトを作ります。スタックはとても柔軟なビューです。モディファイアを使ってレイアウトの微調整や揃える位置なども柔軟に変更することができます。具体的な例については《SwiftUIのレイアウトシステム》(p.95)を参照してください。

▶HStack

`HStack` はサブビューを水平方向に並べて表示します。次のコードは3つの `Text` を水平方向に並べて表示します。

SAMPLE CODE

```
// SampleCode/Chapter02/01_Stack/Stack/ContentView.swift
import SwiftUI

struct ContentView: View {
    var body: some View {
        HStack {
            Text("A")
            Text("B")
            Text("C")
```

```
        }
    }
}

struct ContentView_Previews: PreviewProvider {
    static var previews: some View {
        ContentView()
    }
}
```

●HStack

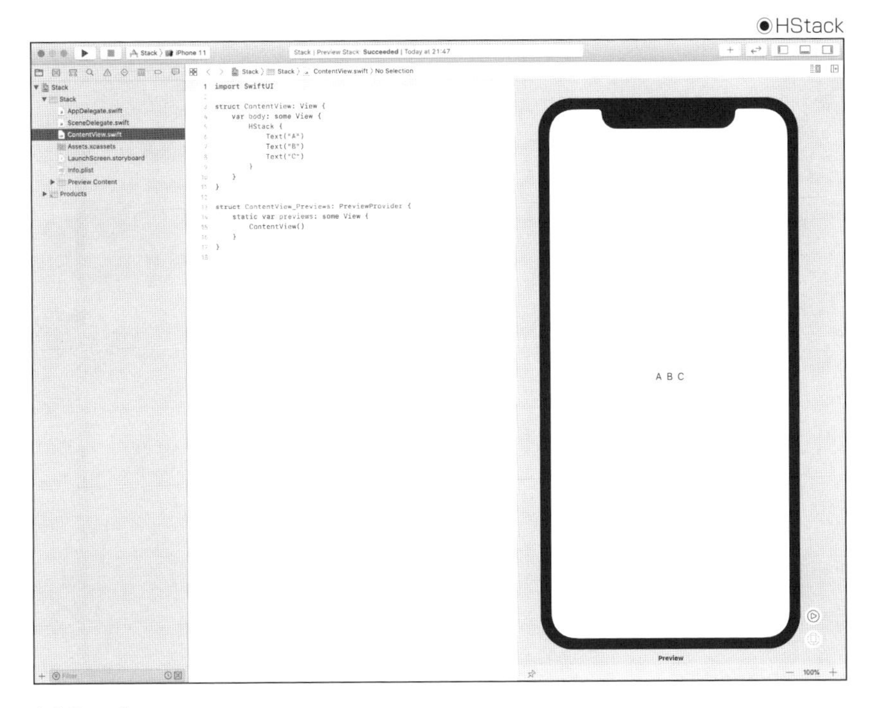

▶ VStack

VStack はサブビューを垂直方向に並べて表示します。次のコードは3つの Text を垂直方向に並べて表示します。

SAMPLE CODE

```
// SampleCode/Chapter02/02_Stack/Stack/ContentView.swift
import SwiftUI

struct ContentView: View {
    var body: some View {
        VStack {
            Text("A")
            Text("B")
```

```
                Text("C")
            }
        }
    }

    struct ContentView_Previews: PreviewProvider {
        static var previews: some View {
            ContentView()
        }
    }
```

●VStack

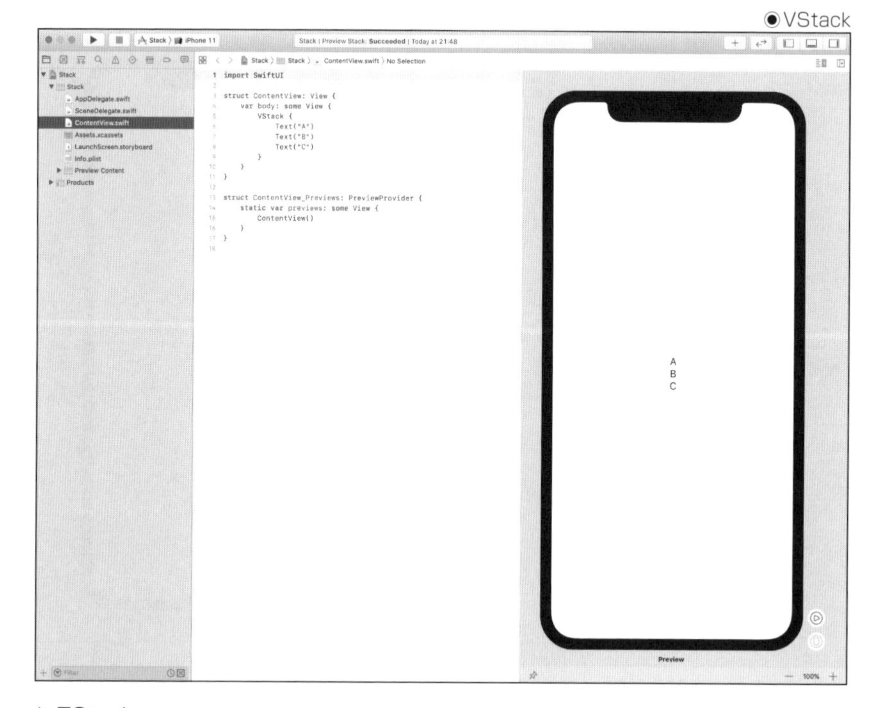

▶ZStack

ZStack はサブビューを重ねて表示します。次のコードは3つの Text を重ねて表示します。単純に重ねるとわかりにくいので、それぞれのフォントサイズを変更しています。 Text ビューのフォントの変更については《SwiftUIでのフォントの指定》(p.74)を参照してください。

SAMPLE CODE

```
// SampleCode/Chapter02/03_Stack/Stack/ContentView.swift
import SwiftUI

struct ContentView: View {
    var body: some View {
```

```
        ZStack {
            Text("A")
                .font(.system(size: 600))
            Text("B")
                .font(.system(size: 30))
            Text("C")
                .font(.system(size: 150))
        }
    }
}

struct ContentView_Previews: PreviewProvider {
    static var previews: some View {
        ContentView()
    }
}
```

●ZStack

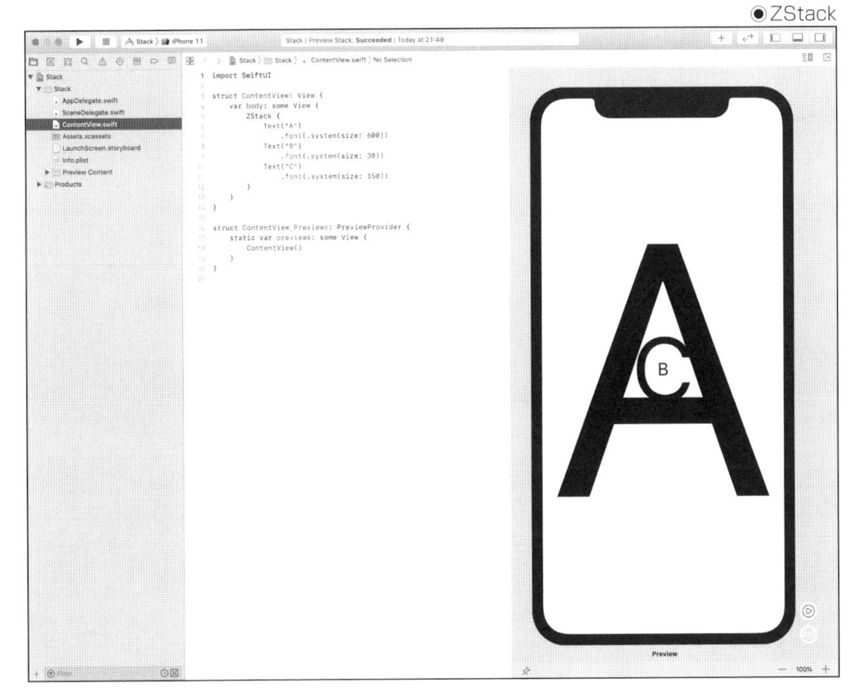

コントロール

コントロールはビュー上に配置する部品となるビューです。すでにサンプルコードで使っている `Text` もコントロールの1つです。SwiftUIには一般的に使用するコントロールが標準で用意されています。そのため、素早くユーザーインターフェイスを開発できます。SwiftUIはユーザーインターフェイスを最短で作るための道具を提供するという目的を持って開発されています。

ここでは、標準で用意されているコントロールの中から頻繁に使用する可能性が高く、単独で使用できるコントロールを紹介します。

コントロールは操作することで状態が変化します。たとえば、`TextField` にはキーボードからテキストを入力することができます。 `Toggle` はオンとオフを切り替えることができます。変化した値をコードから読み取るには、コントロールの状態とプロパティをバインディングさせる必要があります。各コントロールのサンプルコードでもバインディングを使って値の変化を取得しています。バインディングについてはCHAPTER 03で解説しますので、そちらを参照してください。

▶Text

`Text` はテキストを表示するビューです。ラベルなどに使用します。CHAPTER 01やスタックのサンプルコードのようにテキストを手軽に表示することができます。ローカライズなどの多言語対応については《**多言語表示への対応**》(p.66)、フォントの変更などについては《**SwiftUIでのフォントの指定**》(p.74)、文字色の変更については《**色と画像のレンダリング**》(p.79)を参照してください。

▶TextField

`TextField` はテキストを入力するためのコントロールです。デフォルトの状態では何も表示されず、タップして入力可能な状態にするとカーソルだけが表示されるという寂しい表示になります。単独で使うときは、次のコードのようにスタイルを変更して、枠が表示されるようにした方がわかりやすいでしょう。また、何を入力するのかということを示すために、プレイスホルダーを表示することができます。プレイスホルダーは何も入力していないときに背景に表示するメッセージです。

モディファイア	機能
textFieldStyle	テキストフィールドの形式を変更する
padding	周囲に余白を作る

SAMPLE CODE

```
// SampleCode/Chapter02/04_SampleCode/SampleCode/ContentView.swift
import SwiftUI

struct ContentView: View {
    // バインディングするプロパティ
    @State private var text: String = ""

    var body: some View {
        // プレイスホルダーは「Enter the Text」
```

▼

```
        // 入力内容は「text」プロパティにバインディングさせる
        // モディファイアで、周囲に余白を追加、角丸の境界線付きの
        // スタイルを指定
        TextField("Enter the Text", text: $text)
            .textFieldStyle(RoundedBorderTextFieldStyle())
            .padding()
    }
}

struct ContentView_Previews: PreviewProvider {
    static var previews: some View {
        ContentView()
    }
}
```

●TextField

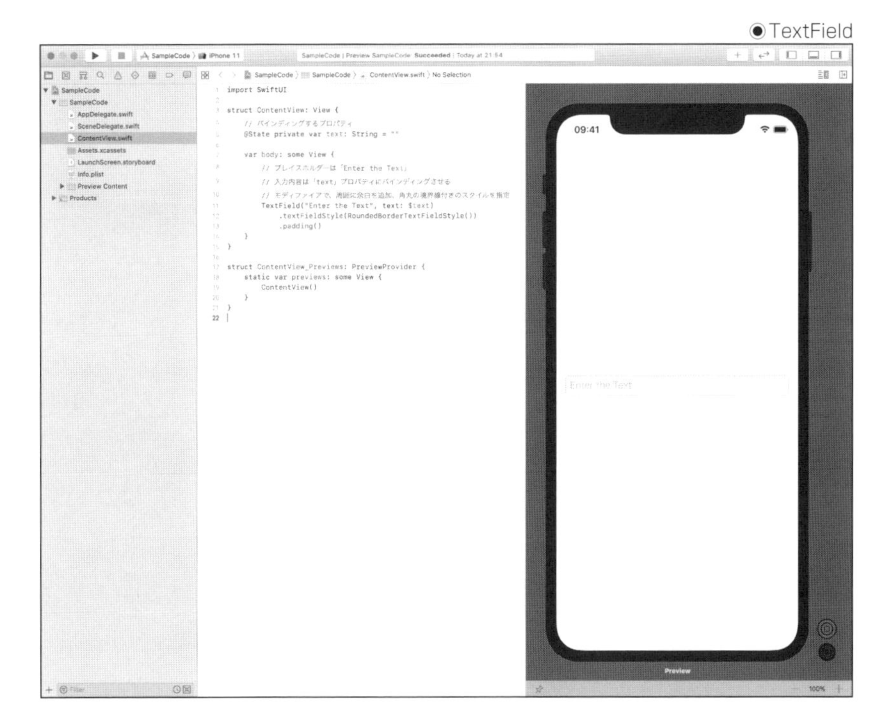

●TextField(テキスト入力後)

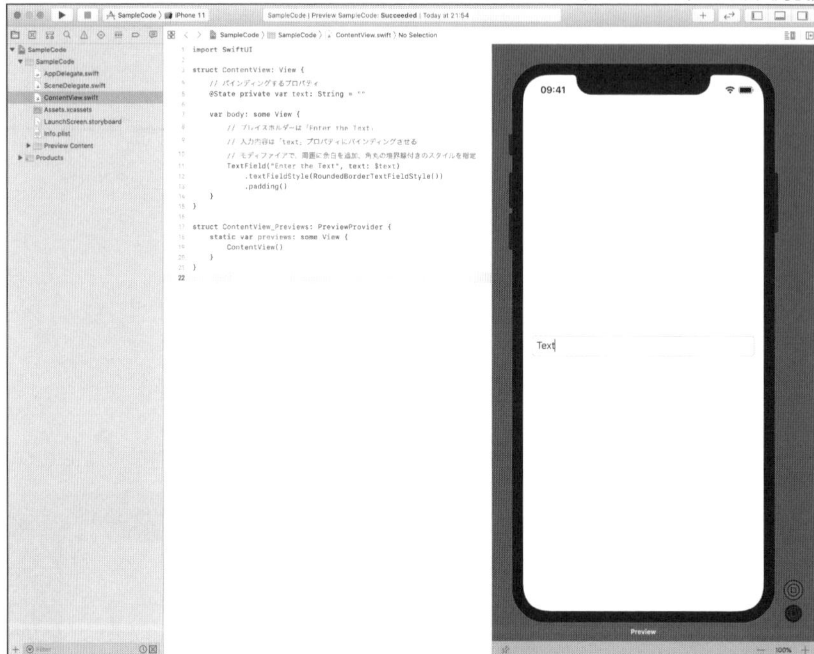

▶SecureField

`SecureField`は、パスワードを入力するためのテキストフィールドです。使い方は`TextField`と同じです。しかし、動作が異なります。`SecureField`は入力した文字が自動的に記号に置き換わり、何が入力されたかわからないようになります。Webサイトなどでも一般的に使用されているパスワード入力のためのコントロールです。

SAMPLE CODE

```
// SampleCode/Chapter02/05_SampleCode/SampleCode/ContentView.swift
import SwiftUI

struct ContentView: View {
    // バインディングするプロパティ
    @State private var text: String = ""

    var body: some View {
        // プレイスホルダーは「Enter the Password」
        // 入力内容は「text」プロパティにバインディングさせる
        // モディファイアで、周囲に余白を追加、角丸の境界線付きの
        // スタイルを指定
        SecureField("Enter the Passord", text: $text)
            .textFieldStyle(RoundedBorderTextFieldStyle())
            .padding()
```

▼

```
    }
}

struct ContentView_Previews: PreviewProvider {
    static var previews: some View {
        ContentView()
    }
}
```

●SecureField

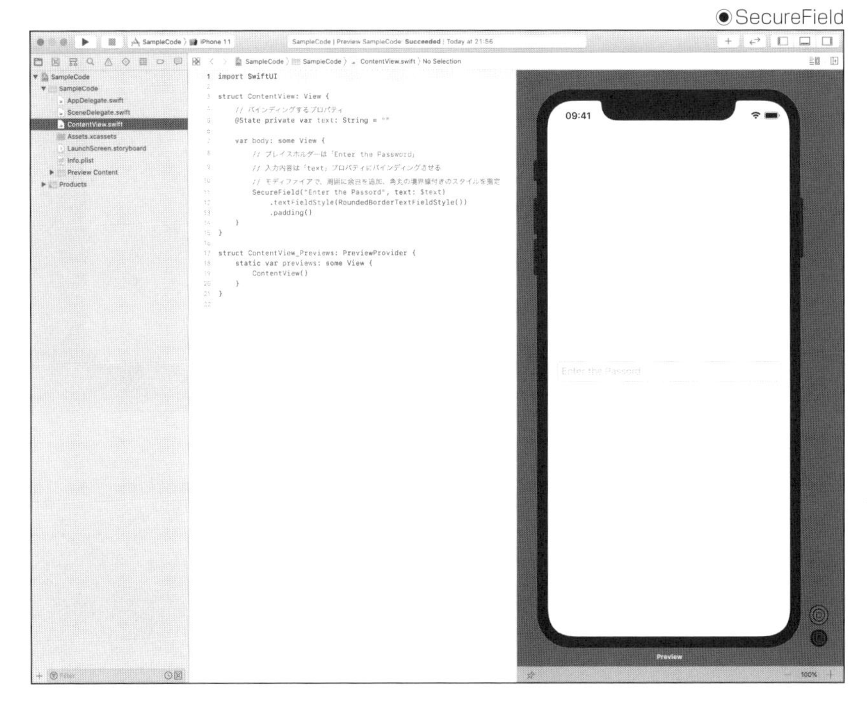

●SecureField(入力後)

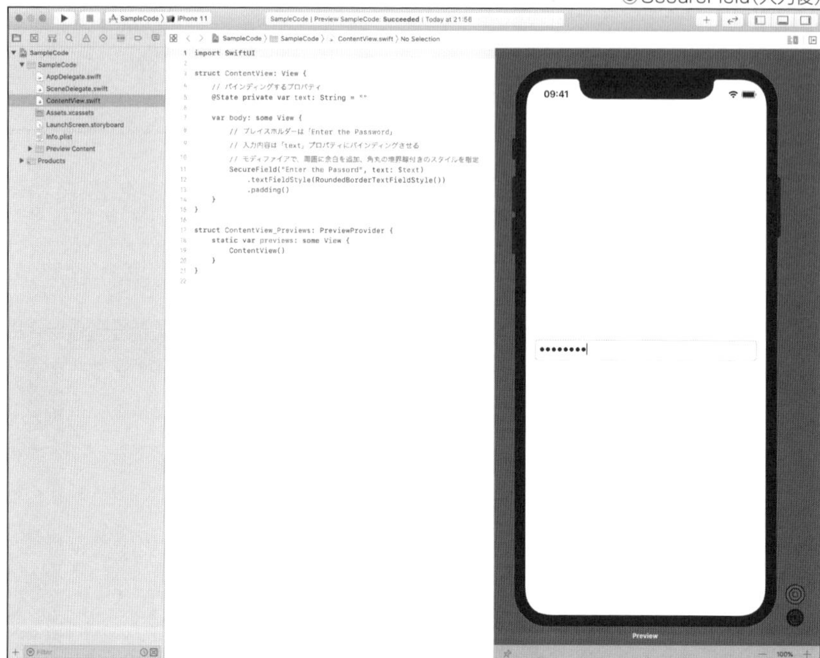

▶Image

`Image` ビューは画像を表示するビューです。表示する画像は次のような複数の方法で指定できます。

- アセットカタログに登録した画像の名前
- システムが持っている画像の名前
- NSImage
- UIImage
- CGImage

次のコードは `Image` ビューにアセットカタログに登録した「Sample」という名前の画像を表示する例です。 `Image` ビューはデフォルト状態では、画像のサイズと同じサイズのビューになります。 `Image` ビューでビューに合わせて画像をリサイズして表示する方法については、《SwiftUIのレイアウトシステム》(p.95)を参照してください。

SAMPLE CODE

```
// SampleCode/Chapter02/06_SampleCode/SampleCode/ContentView.swift
import SwiftUI

struct ContentView: View {
```

```
    var body: some View {
        Image("Sample")
    }
}

struct ContentView_Previews: PreviewProvider {
    static var previews: some View {
        ContentView()
    }
}
```

◉Image

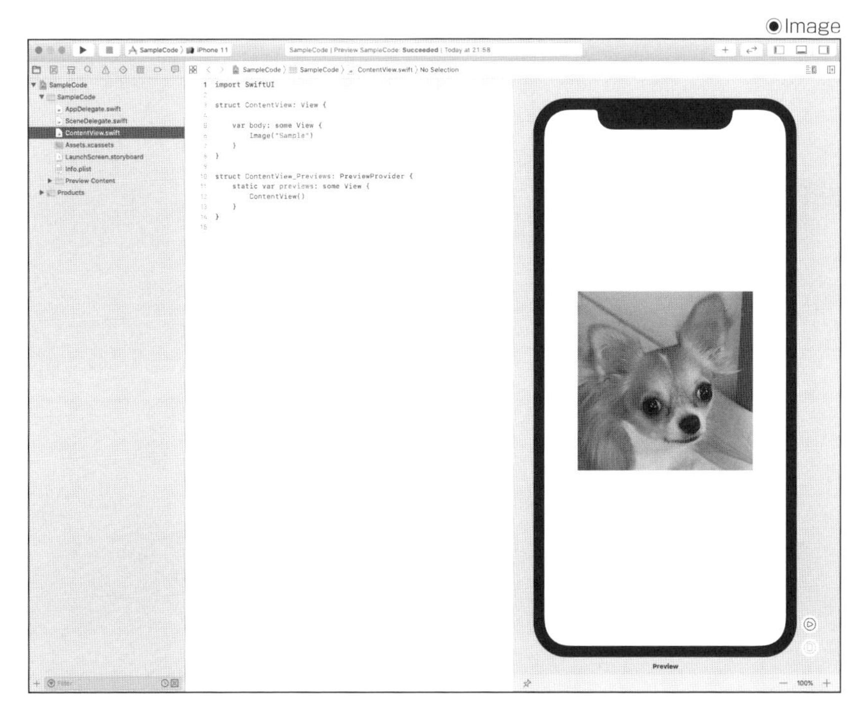

COLUMN SwiftUIで使用するアセットカタログ

SwiftUIを使用するように指定して作成したプロジェクトには、次の2つのアセットカタログが登録されています。

- Assets.xcassets
- Preview Assets.xcassets

作成したアプリで通常使用する画像ファイルは `Assets.xcassets` に登録します。Xcodeのライブプレビューでのみ使用する画像ファイルは `Preview Assets.xcassets` に登録します。

▶ Button

Button ビューはボタンを表示するビューです。次のようにボタンがタップされたときに実行される処理と、ボタンに表示する内容を指定してビューを作成します。

```
Button(action: {
    // タップされたときの処理
}) {
    // ボタンに表示する内容
}
```

ボタンに表示する内容への指定は、Button ビューのサブビューを作ると考えてください。テキストだけのボタンであれば Text ビューです。画像を使ったボタンなら Image ビューを使用します。スタックを使って、複数のビューを組み合わせることも可能です。

次のコードは2つのボタンを作成するコードです。タップされたときの処理は空なので何もしません。

SAMPLE CODE

```
// SampleCode/Chapter02/07_SampleCode/SampleCode/ContentView.swift
import SwiftUI

struct ContentView: View {

    var body: some View {
        VStack {
            // テキストのボタン
            Button(action: {
                // タップされたときに実行する処理
            }) {
                // ボタンの内容
                Text("Tap Me")
            }

            // アイコンのボタン
            Button(action: {
                // タップされたときに実行する処理
            }) {
                // ボタンの内容
                Image(systemName: "trash")
            }
        }
    }
}

struct ContentView_Previews: PreviewProvider {
    static var previews: some View {
        ContentView()
```

```
    }
}
```

●Button

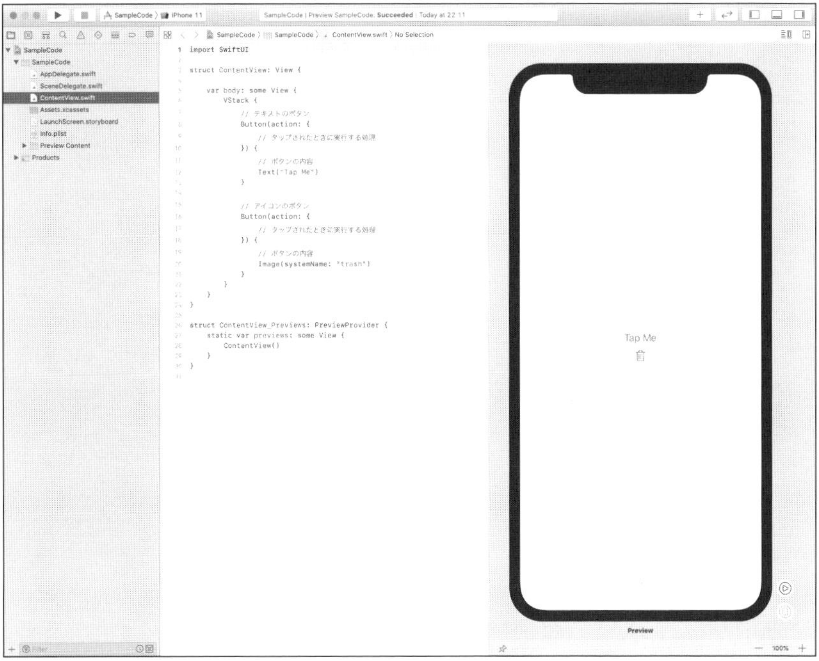

SampleCode
iPhone 11
SampleCode | Preview SampleCode: Succeeded
SampleCode
AppDelegate.swift
SceneDelegate.swift
ContentView.swift
Assets.xcassets
LaunchScreen.storyboard
Info.plist
Preview Content
Products
SampleCode 〉 SampleCode 〉 ContentView.swift 〉 No Selection
import SwiftUI
struct ContentView: View {
var body: some View {
VStack {
// テキストのボタン
Button(action: {
// タップされたときに実行する処理
}) {
// ボタンの内容
Text("Tap Me")
}
// アイコンのボタン
Button(action: {
// タップされたときに実行する処理
}) {
// ボタンの内容
Image(systemName: "trash")
}
}
}
}
struct ContentView_Previews: PreviewProvider {
static var previews: some View {
ContentView()
}
}
Tap Me
Preview
100%

COLUMN 「SF Symbols」について

「SF Symbols」はアップル社が提供している標準的なデザインのシンボルデータです。システムフォントの「San Francisco」とシームレスに組み合わせられるようにデザインされています。アプリ中ではシステムに組み込まれている画像としても使用できます。`Button` ビューのサンプルでは、「SF Symbols」のシンボルを使ってアイコンボタンを作っています。

「SF Symbols」によって提供されるシンボルは、「SF Symbols」アプリで閲覧可能で、指定する名前もこのアプリで調べることができます。また、カスタマイズが禁止されているシンボルや特定の場所でしか使用できないシンボルなど、シンボルの使用方法についての情報も、このアプリで調べることができます。

「SF Symbols」アプリはアップル社のデベロッパーサイトからダウンロード可能です。

- Software Downloads - Apple Developer

  URL https://developer.apple.com/download/release/

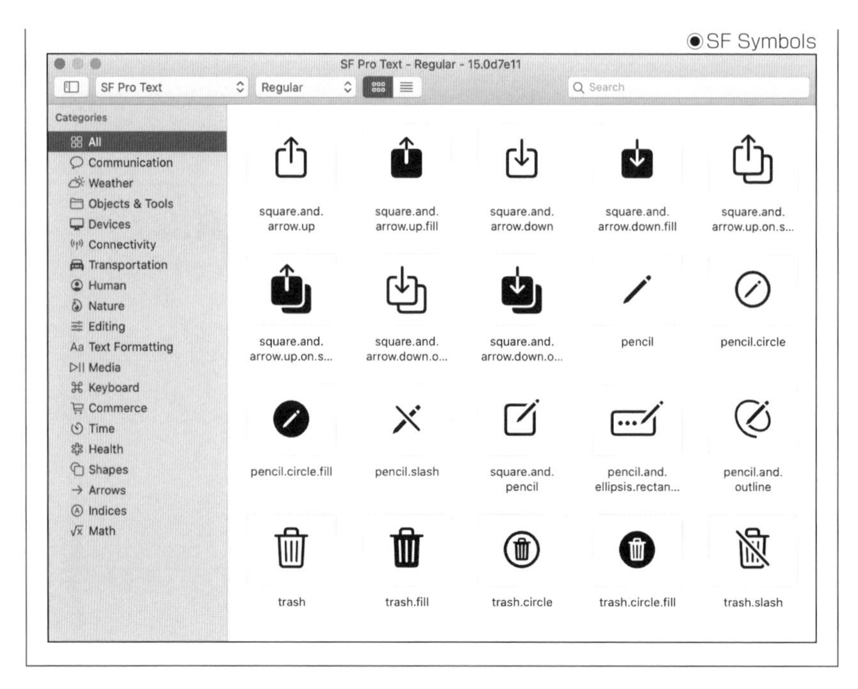

◉SF Symbols

▶ Toggle

`Toggle` ビューはオン/オフを切り替えるスイッチです。iOSではオプションをオンにするかどうかを選択するような場所で使われています。

SAMPLE CODE

```
// SampleCode/Chapter02/08_SampleCode/SampleCode/ContentView.swift
import SwiftUI

struct ContentView: View {
    // 値をバインディングさせるプロパティ
    @State private var buttonState: Bool = false

    var body: some View {
        // 「buttonState」プロパティにバインディングさせる
        Toggle(isOn: $buttonState) {
            // ラベルを作る
            Text("Sample Toggle")
        }
        .padding()
    }
}

struct ContentView_Previews: PreviewProvider {
    static var previews: some View {
```

```
        ContentView()
    }
}
```

●Toggle（オフ）

SampleCode 〉 iPhone 11
SampleCode | Preview SampleCode: Succeeded | Today at 22:13
SampleCode 〉 SampleCode 〉 ContentView.swift 〉 No Selection
SampleCode
SampleCode
AppDelegate.swift
SceneDelegate.swift
ContentView.swift
Assets.xcassets
LaunchScreen.storyboard
Info.plist
Preview Content
Products

```
import SwiftUI

struct ContentView: View {
    // 値をバインディングさせるプロパティ
    @State private var buttonState: Bool = false

    var body: some View {
        // 「buttonState」プロパティにバインディングさせる
        Toggle(isOn: $buttonState) {
            // ラベルを作る
            Text("Sample Toggle")
        }
        .padding()
    }
}

struct ContentView_Previews: PreviewProvider {
    static var previews: some View {
        ContentView()
    }
}
```

09:41
Sample Toggle
Preview
100%

●Toggle（オン）

▶ Picker

`Picker` ビューは複数の選択肢から1つを選択するときに表示するコントロールです。選択肢は `Picker` ビューのサブビューを指定する形で作ります。次のサンプルコードでは選択肢は固定化されていますが、アプリ中で動的に選択肢を変更したい場合もあるでしょう。そのようなときには `ForEach` を使うことができます。 `ForEach` についてはCHAPTER 04の《ビューの動的生成》(p.162)を参照してください。

`Picker` ビューの選択肢は、`tag` モディファイアを使ってタグを付けます。項目の識別はこのタグを使って行います。タグは整数値です。タグの値の意味付けは各アプリで任意に行います。

SAMPLE CODE

```
// SampleCode/Chapter02/09_SampleCode/SampleCode/ContentView.swift
import SwiftUI

struct ContentView: View {
    // 選択している項目のタグをバインディングさせるプロパティ
    @State private var selectedTag: Int = 0

    var body: some View {
        Picker(selection: $selectedTag, label: Text("Fruit")) {
            Text("Apple").tag(1)
            Text("Pear").tag(2)
            Text("Peach").tag(3)
            Text("Strawberry").tag(4)
        }
    }
}

struct ContentView_Previews: PreviewProvider {
    static var previews: some View {
        ContentView()
    }
}
```

●Picker

▶ DatePicker

`DatePicker`ビューは日時を選択するためのコントロールです。

SAMPLE CODE

```
// SampleCode/Chapter02/10_SampleCode/SampleCode/ContentView.swift
import SwiftUI

struct ContentView: View {
    // 選択している日時をバインディングさせるプロパティ
    @State private var date = Date()

    var body: some View {
        DatePicker(selection: $date, label: { Text("Date Label") })
    }
}

struct ContentView_Previews: PreviewProvider {
    static var previews: some View {
        ContentView()
    }
}
```

●DatePicker

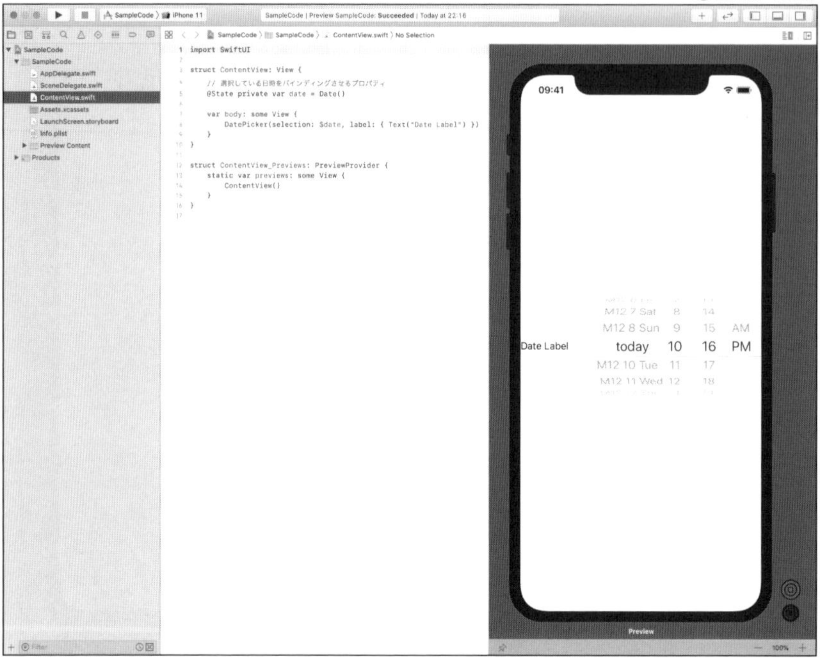

▶ Slider

`Slider`ビューはノブをスライドさせて値を指定するコントロールです。デフォルト状態では値は0.0から1.0までの間で変化させることができます。

SAMPLE CODE

```
// SampleCode/Chapter02/11_SampleCode/SampleCode/ContentView.swift
import SwiftUI

struct ContentView: View {
    // 値をバインディングさせるプロパティ
    @State private var value: Float = 0.2

    var body: some View {
        Slider(value: $value)
            .padding()
    }
}

struct ContentView_Previews: PreviewProvider {
    static var previews: some View {
        ContentView()
    }
}
```

●Slider

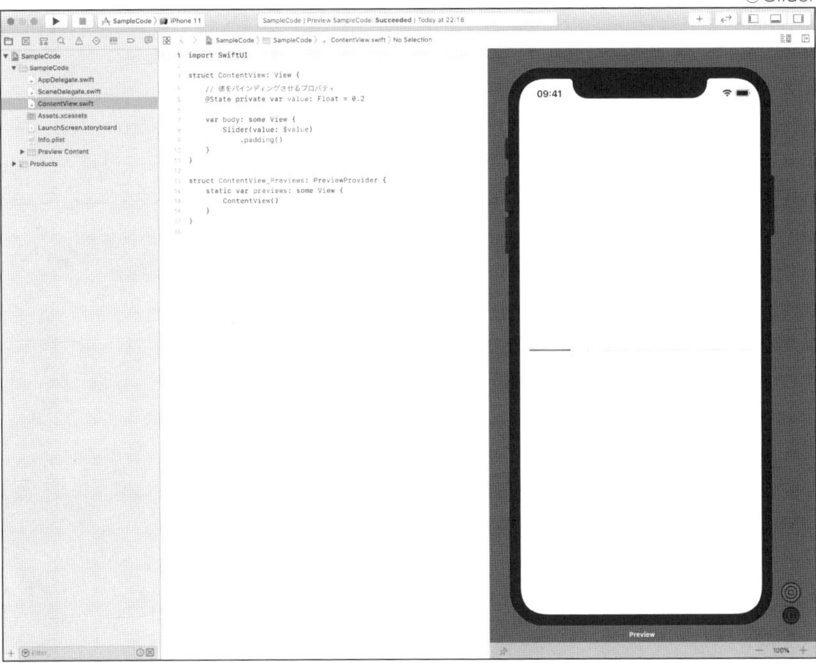

▶Stepper

`Stepper`ビューは値を増加または減少させるボタンを持ったコントロールです。値の範囲とバインディングを渡してビューを作ります。次のサンプルコードでは、値をラベルの中に表示するようにしています。Xcodeのライブプレビューで操作すると値が変化することを確認できます。

SAMPLE CODE

```
// SampleCode/Chapter02/12_SampleCode/SampleCode/ContentView.swift
import SwiftUI

struct ContentView: View {
    // 値をバインディングさせるプロパティ
    @State private var value: Int = 0

    var body: some View {
        Stepper(value: $value, in: 0...10) {
            Text("Stepper Label (\(self.value))")
        }
        .padding()
    }
}
```

```
struct ContentView_Previews: PreviewProvider {
    static var previews: some View {
        ContentView()
    }
}
```


●Stepper

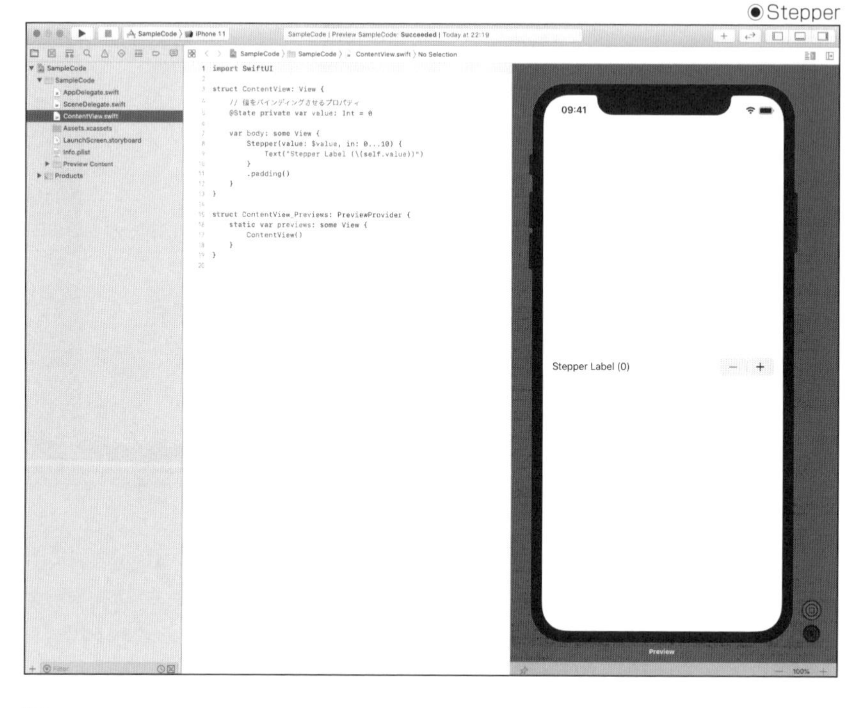

フォーム

　SwiftUIで作成したユーザーインターフェイスは、UIKitで作成したユーザーインターフェイスの流儀とは違っています。`VStack`で設定画面を作ると、それはSwiftUIらしいユーザーインターフェイスになります。これをUIKitの`UITableView`で作成したような画面、たとえばiOSの「設定」アプリのような画面にする機能も「SwiftUI」には用意されています。`VStack`の代わりに`Form`を使います。

▶ Form

　`Form`ビューはコンテナビューの1つです。プラットフォームの標準の流儀に従った入力フォームを作ります。次のコードはここまで紹介した色々なビューを`Form`ビューに配置しているコードです。

　`DatePicker`ビューはタップするとピッカーが表示される動作が行われます。

Picker ビューは NavigationView と組み合わせると別階層に展開されます。 NavigationView については、CHAPTER 04で解説します。ただし、Xcode 11.3のライブプレビューでは Form の Picker の動作がおかしく、選択した後、もう一度同じ Picker を選択すると、うまく動きません。Xcode 11.2.1や実機では正しく動作します。

このような表示もSwiftUIなら簡単に実装できます。

SAMPLE CODE

```
// SampleCode/Chapter02/13_SampleCode/SampleCode/ContentView.swift
import SwiftUI

struct ContentView: View {
    // 値をバインディングさせるプロパティ
    @State private var textField: String = ""
    @State private var secureField: String = ""
    @State private var toggleState: Bool = false
    @State private var pickerSelected: Int = 0
    @State private var dateSelected = Date()
    @State private var sliderValue: Float = 0
    @State private var stepperValue: Int = 0

    var body: some View {
        NavigationView {
            Form {
                Text("Text")
                TextField("Text Field", text: $textField)
                SecureField("Secure Field", text: $secureField)
                Image(systemName: "trash")
                Button(action: {}, label: {
                    Text("Button")
                })
                Toggle(isOn: $toggleState) {
                    Text("Toggle")
                }
                Picker(selection: $pickerSelected, label: Text("Picker")) {
                    Text("Item 1").tag(0)
                    Text("Item 2").tag(1)
                    Text("Item 3").tag(2)
                }
                DatePicker(selection: $dateSelected, label: {
                    Text("DatePicker")
                })
                Slider(value: $sliderValue)
                Stepper(value: $stepperValue, in: 0...10) {
                    Text("Stepper")
                }
            }
```

```
        }
    }
}

struct ContentView_Previews: PreviewProvider {
    static var previews: some View {
        ContentView()
    }
}
```

●Form

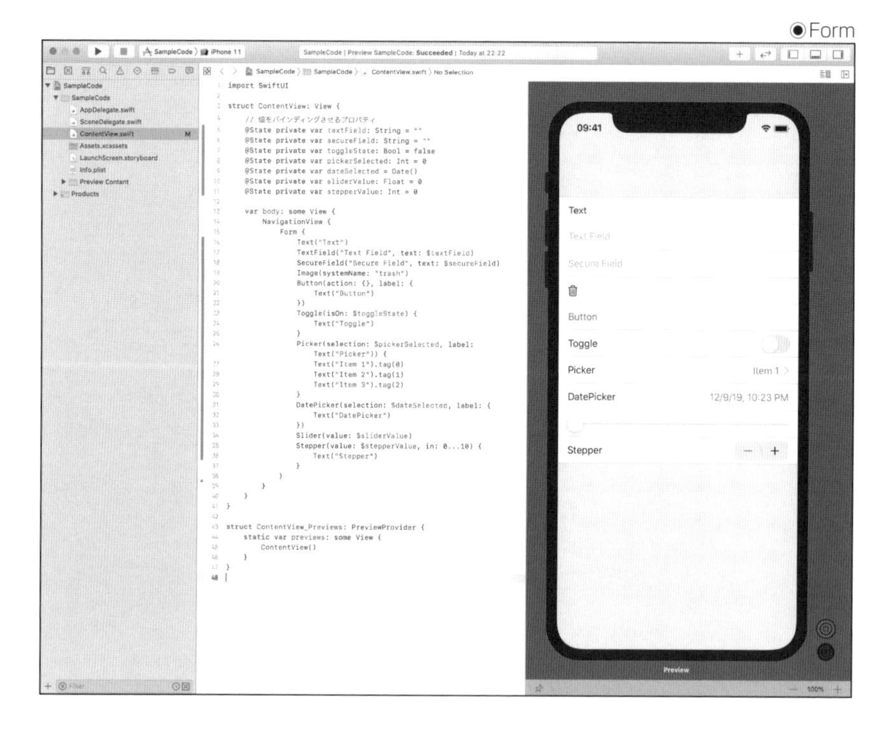

●「TextField」と「SecureField」への入力

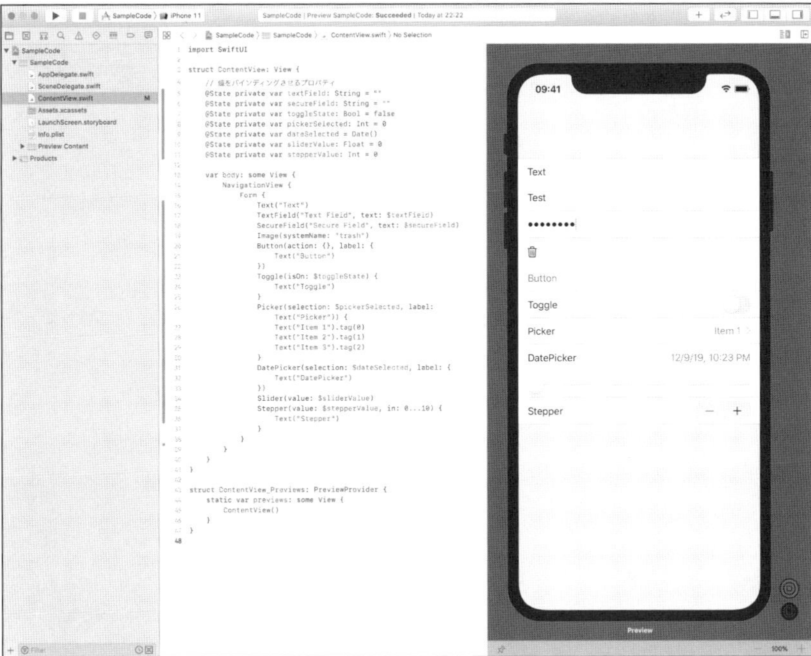

●「Picker」の選択

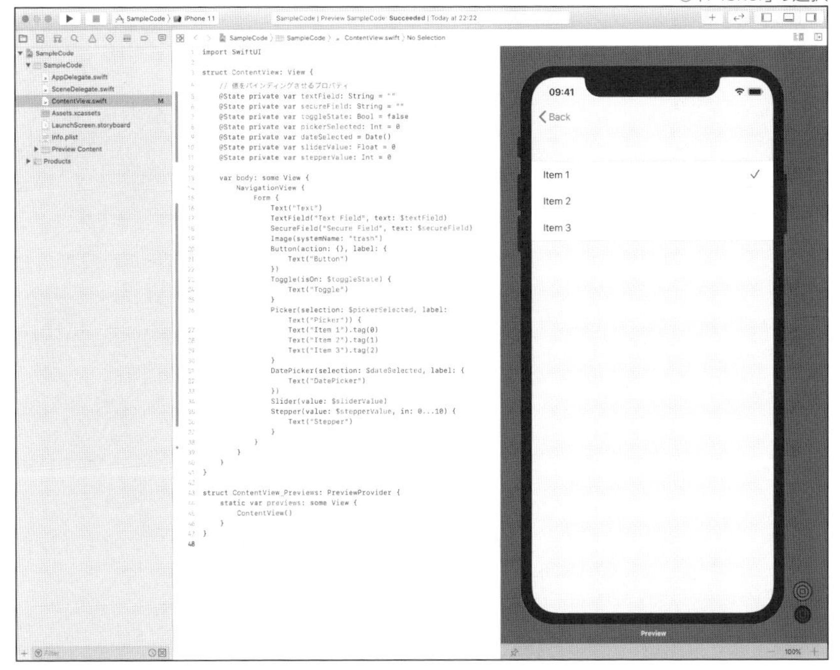

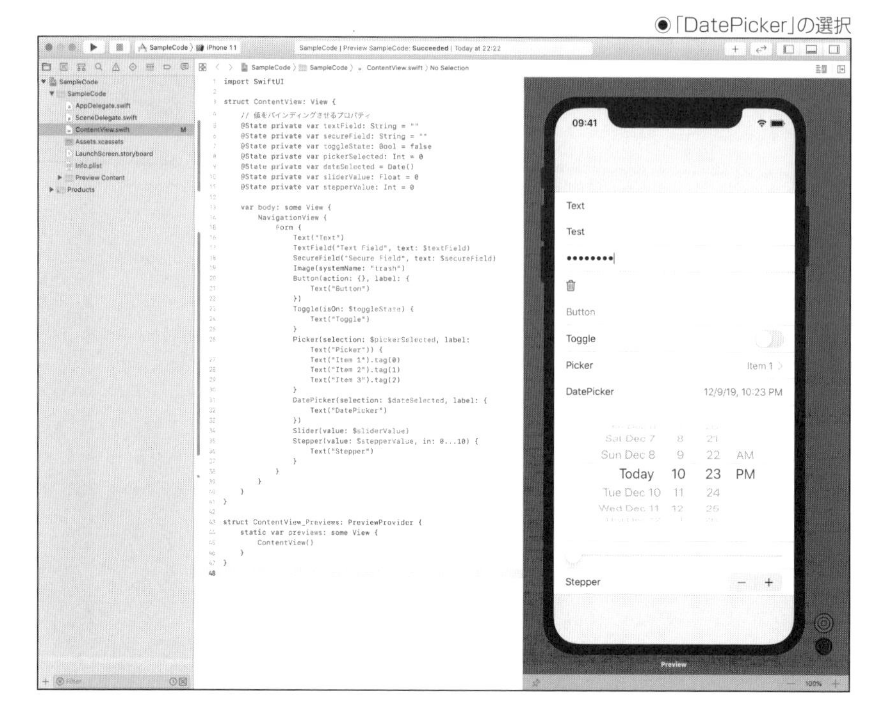

●「DatePicker」の選択

▶ Section

`Form` ビューを使ってUIKitのテーブルビューを作ったときに、`Section` を使ってセクション分けを行うことができます。UIKitのテーブルビューでも関連する項目をグループにしてセクションに分割します。それを `Form` ビューでもできるようにするのが `Section` です。

`Section` ビューはヘッダーを設定することができます。ヘッダーを指定するときは、`header` 引数でビューを指定します。 `Text` ビューだけではなく `Image` を指定することもできます。 `HStack` を使って `Image` ビューと `Text` ビューを並べて表示することもできます。

次のコードは架空のアプリのアカウント作成画面です。UIKitで同じものを作ろうと思うと、もっと多くのコードが必要になります。SwiftUIでは簡単に作ることができます。また、このコードを見てもわかるとおり、このような複雑なコードが必要になるユーザーインターフェイスであっても、SwiftUIでは何を表示したいかを列挙していくというシンプルなコードで、ユーザーインターフェイスを作ることができます。何が必要なのかを宣言するだけです。このようなところからもSwiftUIの宣言的なコードというものが見て取れます。

SAMPLE CODE

```
// SampleCode/Chapter02/14_SampleCode/SampleCode/ContentView.swift
import SwiftUI

    struct ContentView: View {
        // 値をバインディングさせるプロパティ
        @State private var userName: String = ""
        @State private var email: String = ""
        @State private var password: String = ""

        var body: some View {
            NavigationView {
                Form {
                    Section(header: HStack{
                        Image(systemName: "person.crop.circle")
                        Text("Account Data")
                    }) {
                        TextField("Name", text: $userName)
                        TextField("E-Mail", text: $email)
                        SecureField("Password", text: $password)
                    }

                    Section() {
                        Button(action: {}, label: {
                            Text("Create Account")
                        })
                    }
                }
                .navigationBarTitle("Create Account")
            }
        }
    }

    struct ContentView_Previews: PreviewProvider {
        static var previews: some View {
            ContentView()
        }
}
```

◉Section

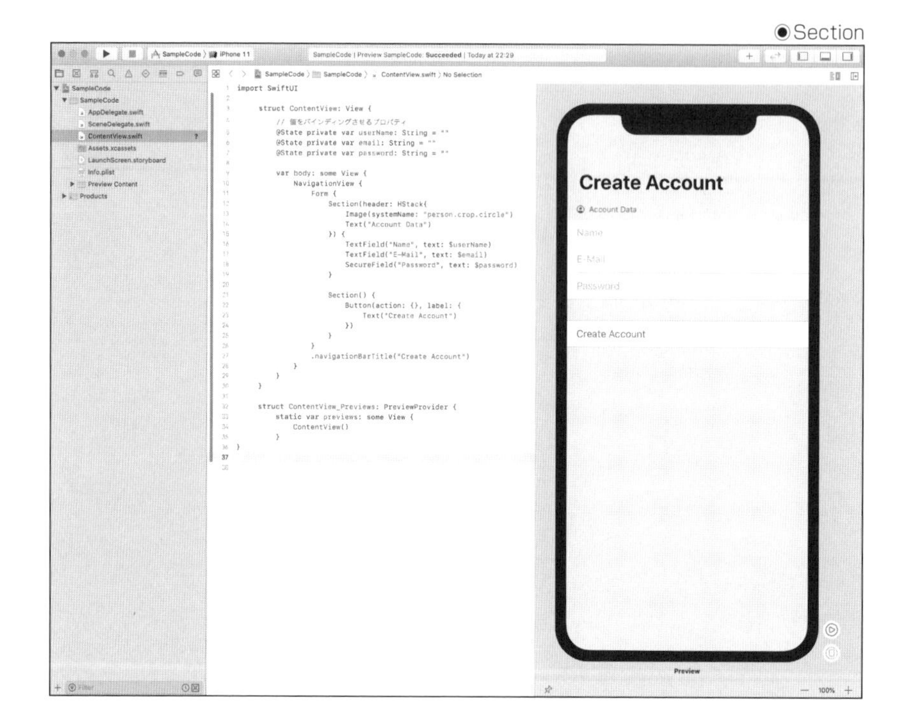

カスタムビュー

カスタムビューは、デベロッパーが自由に作ることができるビューです。SwiftUIを使ったアプリのプロジェクトを作成すると自動的に生成される `ContentView` もカスタムビューです。つまり、SwiftUIを使ったアプリを開発するときにデベロッパーが独自に作成するSwiftUIのビューはすべてカスタムビューです。

UIKitでの開発経験がある読者の方は `ContentView` はビューコントローラのように感じると思います。筆者はそのように感じています。そのため、`ContentView` をビューだと言われても少し違和感を感じてしまいます。

▶カスタムビューとして抽出する

SwiftUIを使ってユーザーインターフェイスを構築していくと、いつの間にか階層がとても深くなり、複雑なビューになってしまうということが往々にして起きます。また、試行錯誤しているときにも複雑になってしまうことは多いでしょう。そのようなときに、Xcodeの機能を使うと、簡単に一部分をカスタムビューとして抽出することができます。

たとえば、次のコードを入力してください。

SAMPLE CODE

```
// SampleCode/Chapter02/15_SampleCode/SampleCode/ContentView.swift
import SwiftUI

struct ContentView: View {

    var body: some View {
        VStack {
            HStack {
                VStack {
                    Image(systemName: "photo")
                        .resizable()
                        .aspectRatio(contentMode: .fit)
                        .frame(width: 180.0)
                }

                VStack(alignment: .leading) {
                    Text("User Name")
                        .font(.largeTitle)
                    Text("Department")
                        .font(.headline)
                }
            }

            HStack {
                Text("Expiry Date")
                    .bold()
                Text("Dec 31, 2019")
            }
            .padding(.horizontal)
            .background(Color.red.opacity(0.3))
        }
    }
}

struct ContentView_Previews: PreviewProvider {
    static var previews: some View {
        ContentView()
    }
}
```

この ContentView は階層が深く、複雑になってしまっています。これを次の図のようなイメージで2つのビューに分割してみましょう。

●ビューの分割イメージ

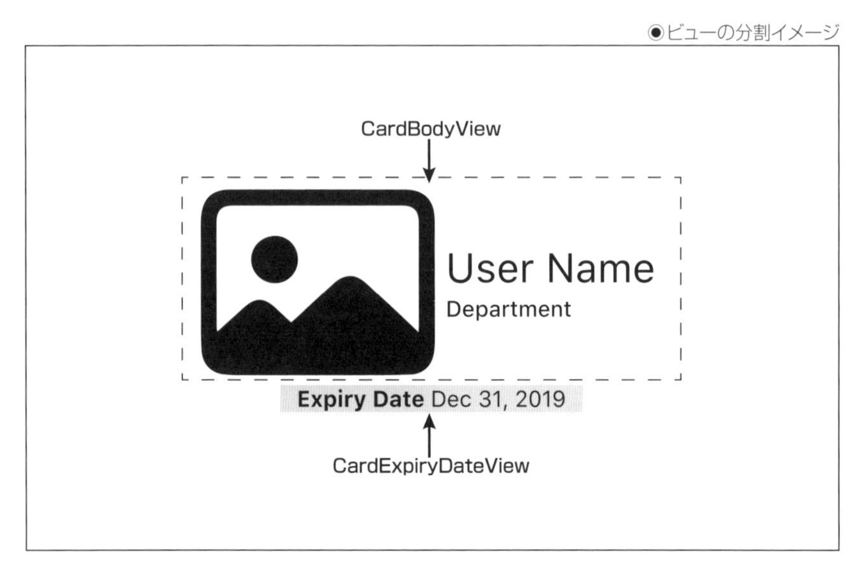

❶ 「CardBodyView」として抽出する「HStack」を「command」キーを押しながらクリックし、「Extract Subview」を選択します。

●「Extract Subview」の選択

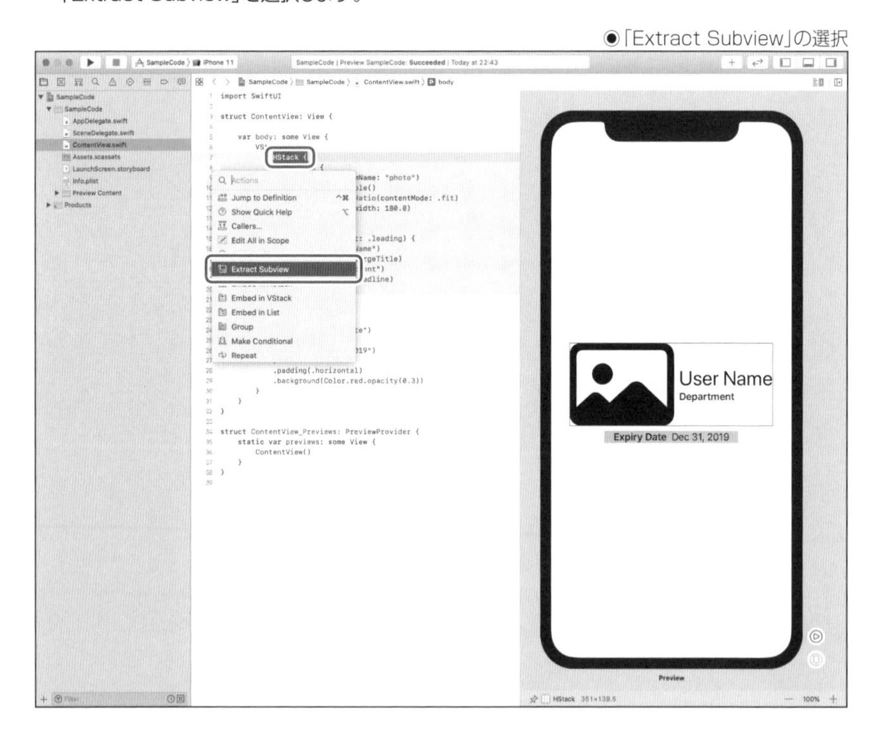

❷「ExtractedView」という名前で選択したビュー（ここでは「HStack」）が抽出され、名前が編集状態になります。「CardBodyView」と入力し、「return」キーを押して確定します。

●「ExtractedView」の抽出

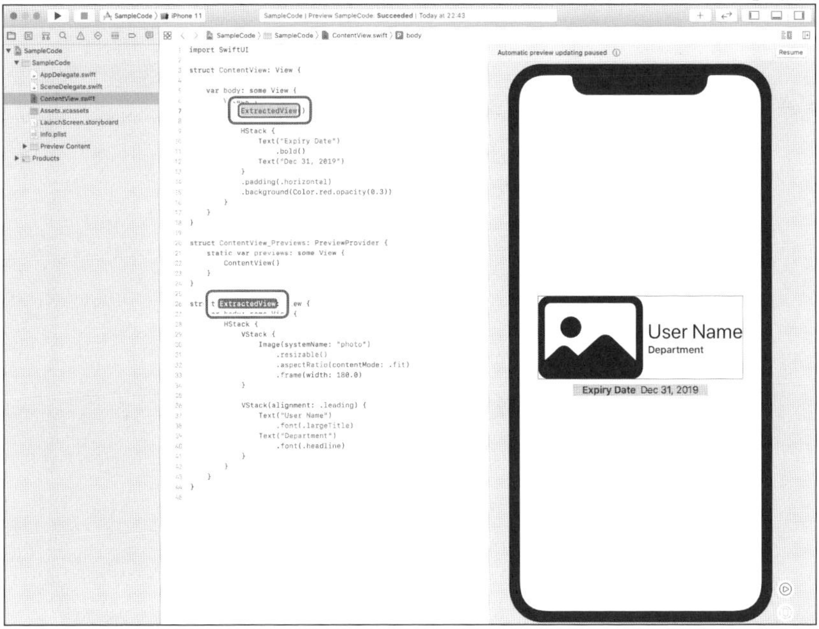

SampleCode 〉 iPhone 11　SampleCode | Preview SampleCode: **Succeeded** | Today at 22:43

SampleCode 〉 SampleCode 〉 ContentView.swift 〉 body

SampleCode / SampleCode / AppDelegate.swift / SceneDelegate.swift / ContentView.swift / Assets.xcassets / LaunchScreen.storyboard / Info.plist / Preview Content / Products

```
import SwiftUI

struct ContentView: View {

    var body: some View {
        ExtractedView()

            HStack {
                Text("Expiry Date")
                    .bold()
                Text("Dec 31, 2019")
            }
            .padding(.horizontal)
            .background(Color.red.opacity(0.3))
        }
    }
}

struct ContentView_Previews: PreviewProvider {
    static var previews: some View {
        ContentView()
    }
}

str t ExtractedView ew {
        {
        HStack {
            VStack {
                Image(systemName: "photo")
                    .resizable()
                    .aspectRatio(contentMode: .fit)
                    .frame(width: 100.0)
            }

            VStack(alignment: .leading) {
                Text("User Name")
                    .font(.largeTitle)
                Text("Department")
                    .font(.headline)
            }
        }
    }
}
```

Automatic preview updating paused　Resume

User Name
Department
Expiry Date Dec 31, 2019

●ビューの名前の変更

SampleCode 〉 iPhone 11　SampleCode | Preview SampleCode: **Succeeded** | Today at 22:43

SampleCode 〉 SampleCode 〉 ContentView.swift 〉 body

SampleCode / SampleCode / AppDelegate.swift / SceneDelegate.swift / ContentView.swift / Assets.xcassets / LaunchScreen.storyboard / Info.plist / Preview Content / Products

```
import SwiftUI

struct ContentView: View {

    var body: some View {
        CardBodyView()

            HStack {
                Text("Expiry Date")
                    .bold()
                Text("Dec 31, 2019")
            }
            .padding(.horizontal)
            .background(Color.red.opacity(0.3))
        }
    }
}

struct ContentView_Previews: PreviewProvider {
    static var previews: some View {
        ContentView()
    }
}

str t CardBodyView ew {
        {
        HStack {
            VStack {
                Image(systemName: "photo")
                    .resizable()
                    .aspectRatio(contentMode: .fit)
                    .frame(width: 100.0)
            }

            VStack(alignment: .leading) {
                Text("User Name")
                    .font(.largeTitle)
                Text("Department")
                    .font(.headline)
            }
        }
    }
}
```

Automatic preview updating paused　Resume

User Name
Department
Expiry Date Dec 31, 2019

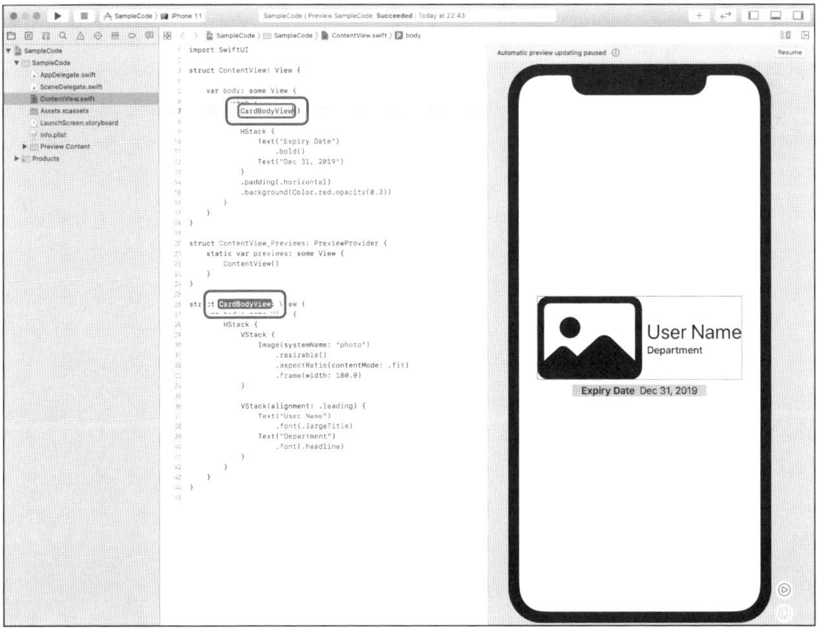

❸「CardExpiryDateView」として抽出する「HStack」を「command」キーを押しながらクリックし、「Extract Subview」を選択します。

●「Extract Subview」の選択

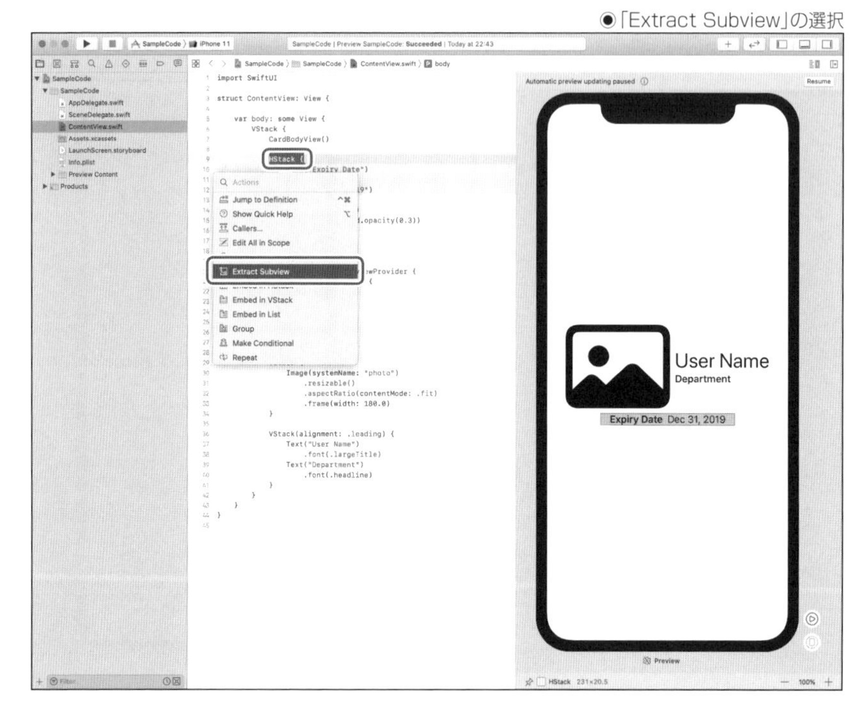

❹ ❷と同様に操作し「CardExpiryDateView」という名前に変更します。

完成したコードは次のようになります。

SAMPLE CODE

```
// SampleCode/Chapter02/16_SampleCode/SampleCode/ContentView.swift
import SwiftUI

struct ContentView: View {

    var body: some View {
        VStack {
            CardBodyView()

            CardExpiryDateView()
        }
    }
}

struct ContentView_Previews: PreviewProvider {
```

```
    static var previews: some View {
        ContentView()
    }
}

struct CardBodyView: View {
    var body: some View {
        HStack {
            VStack {
                Image(systemName: "photo")
                    .resizable()
                    .aspectRatio(contentMode: .fit)
                    .frame(width: 180.0)
            }

            VStack(alignment: .leading) {
                Text("User Name")
                    .font(.largeTitle)
                Text("Department")
                    .font(.headline)
            }
        }
    }
}

struct CardExpiryDateView: View {
    var body: some View {
        HStack {
            Text("Expiry Date")
                .bold()
            Text("Dec 31, 2019")
        }
        .padding(.horizontal)
        .background(Color.red.opacity(0.3))
    }
}
```

VStackの中にCardBodyViewとCardExpiryDateViewという2つのビューがあるというシンプルなコードに変わります。CardBodyViewとCardExpiryDateViewはそれぞれ抽出したビューのコードが維持されていますが、階層が浅くなり、コード全体の見通しが良くなりました。

多言語表示への対応

アプリを実行するユーザーの設定に合わせて、アプリの表示言語やテキストの方向、日付や時刻の書式、通貨などを変更することを多言語対応やローカライズ対応などと呼びます。SwiftUIには多言語対応の適切な言語の文字列を表示する機能が組み込まれています。

適切な言語の文字列を表示する機能を利用するには、次のようにします。

1 対応する言語での文字列を格納するローカライズ文字列ファイルを作成する。

2 SwiftUIでローカライズ文字列ファイルのキーを文字列として使用する。

1のとおり、対応する言語の文字列は開発者側であらかじめ組み込む必要があります。つまり、用意していない言語は表示することができません。自動翻訳機能ではありません。日本のユーザー向けのアプリであれば日本語のみでリリースすることも多いと思いますが、日本以外のユーザーにも使ってもらうためには、最低限、英語のローカライズ文字列ファイルを用意することが望ましいでしょう。

ローカライズ文字列ファイルについて

ローカライズ文字列ファイルは、アプリ内で使用する文字列を管理する文字列テーブルファイルです。各文字列は、文字列を識別するためのキーと、表示される文字列の2つをペアにします。次のような書式で書かれるテキストファイルです。

```
"文字列を識別するキー"="表示する文字列";
```

ファイルは `Localizable.strings` という名前でUTF-8で保存します。Swiftと同様の構文でコメントを入れることもできます。

COLUMN　ローカライズ文字列ファイルのテキストエンコーディング

ローカライズ文字列ファイルのテキストエンコーディングはUTF-8を使用することが推奨されています。昔からMacのソフトウェアを開発してきた開発者の方にとっては、疑問を感じるところではないでしょうか。なぜならば、昔はUTF-16で保存する必要がありました。実は、現在もアプリ実行時はUTF-16が使用されています。しかし、開発時にはUTF-8が推奨されています。UTF-16への変換はXcodeによって自動的に行われます。

現在では、通常のテキストファイルもUTF-8で作られることが一般的で、Gitなどで差分を表示するツールなどもUTF-8以外では差分表示ができないことなどもあります。開発時はUTF-8を使用することで、それらの問題も回避することができます。

ローカライズ文字列ファイルの追加

ローカライズ文字列ファイルを追加するには、次のように操作します。

❶「Info.plist」ファイルなどのファイルを選択し、「File」メニューから「New」→「File...」を選択します。

❷ テンプレートから「Strings File」を選択し、「Next」ボタンをクリックします。

●テンプレートの選択

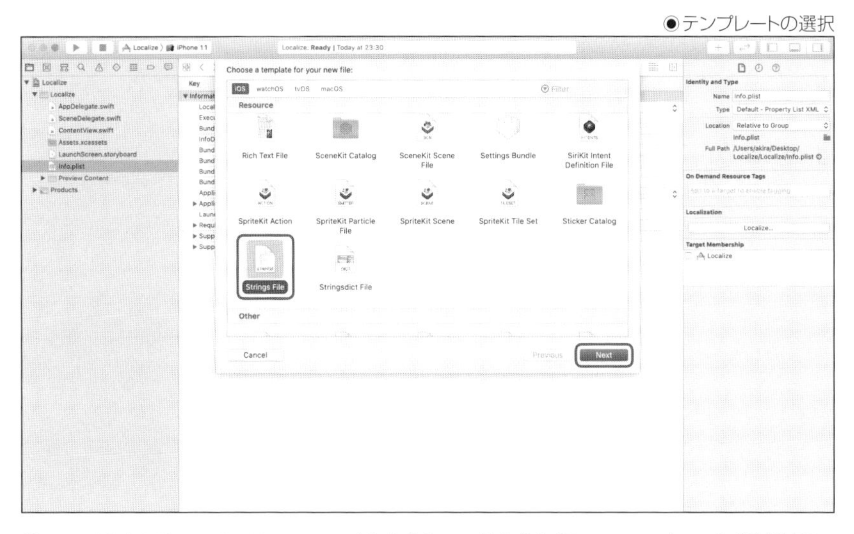

❸ ファイル名に「Localizable.strings」と入力して、保存先に「Base.lproj」フォルダを選択し、「Create」ボタンをクリックします。

●ファイル名と保存先の指定

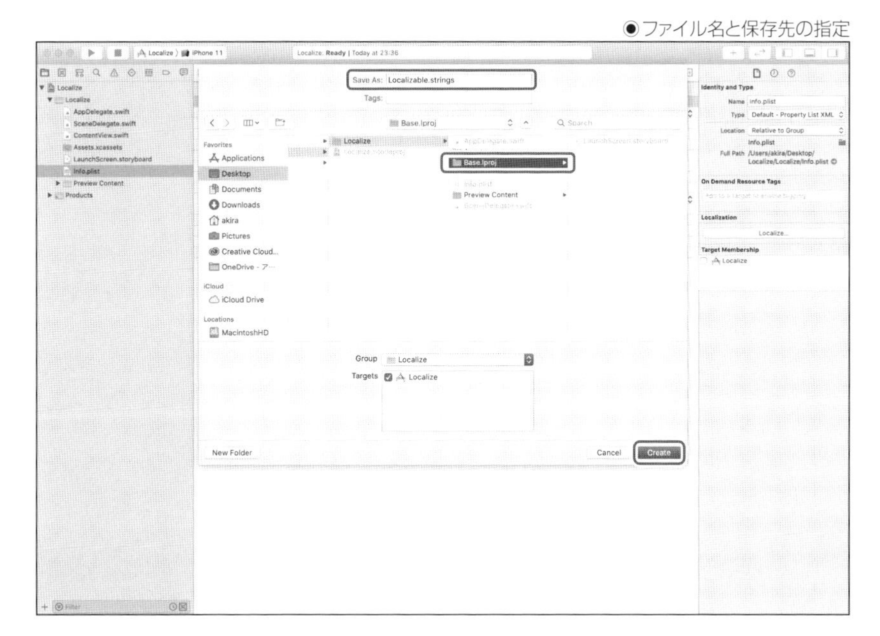

保存先に Base.lproj を指定した理由は、作成したファイルをローカライズの基本ファイルとして使用し、アプリが対応していない言語のときに使用する基本ファイルにするためです。

作成した Localizable.strings ファイルに、次のように入力してください。

```
"HelloWorld"="Hello World!!";
```


Ⅲ プロジェクトで使用する言語の設定

プロジェクトが使用する言語を設定します。ここでは日本語を追加してみましょう。次のように操作します。

❶ プロジェクトウインドウのプロジェクトナビゲータでプロジェクトファイル（ここでは「Localize」）を選択し、編集エリアの「PROJECT」からプロジェクト（ここでは「Localize」）を選択します。

●プロジェクト情報の編集画面

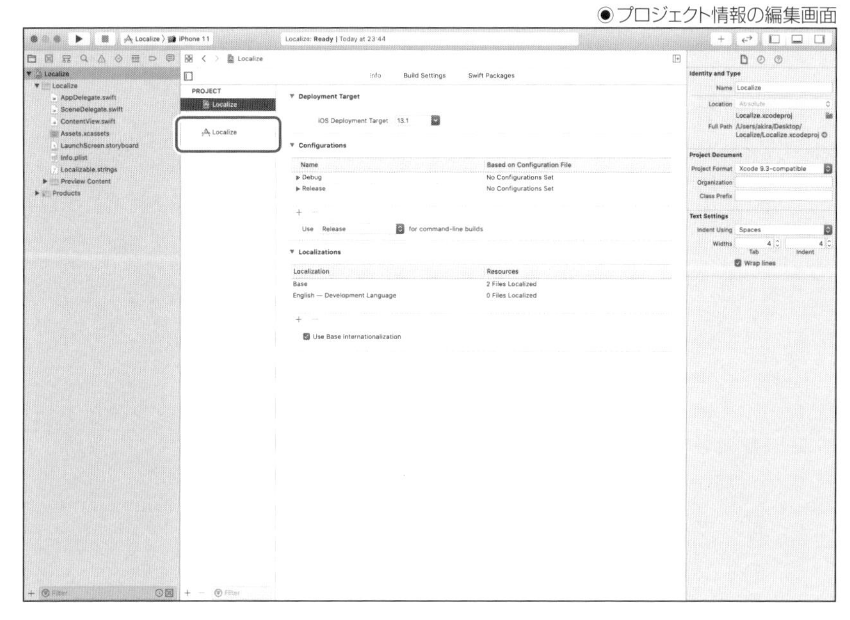

❷「Localizations」の「+」ボタンをクリックし、「Japanese(ja)」を選択します。

●「Japanese(ja)」の追加

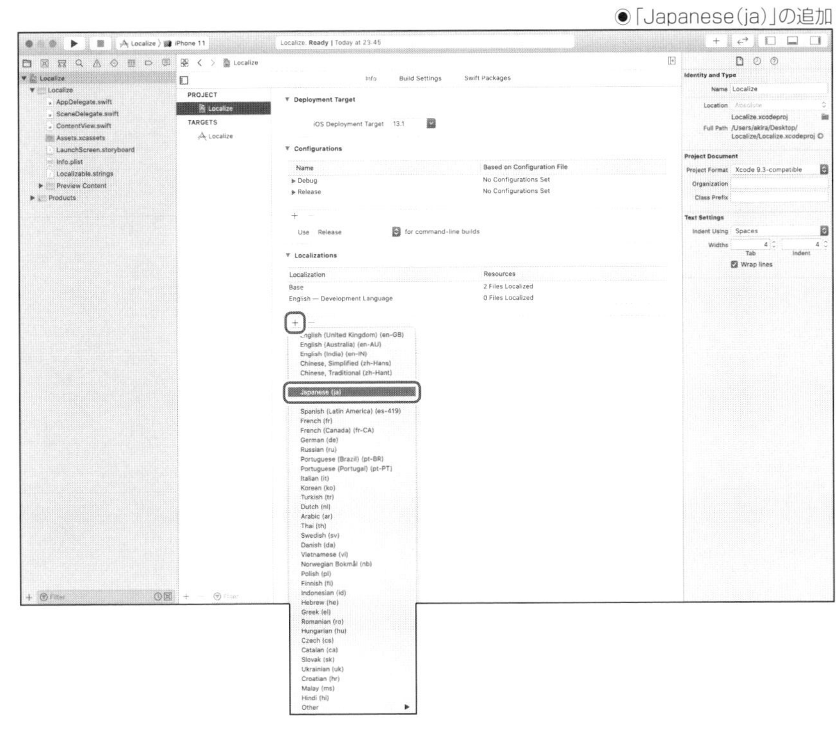

❸ 追加した言語用にコピーするファイルを選択するシートが表示されます。ここでは「Localizable.strings」ファイルのみオンにして、残りはオフにします。次に「Finish」ボタンをクリックします。

●コピーするファイルの選択シート

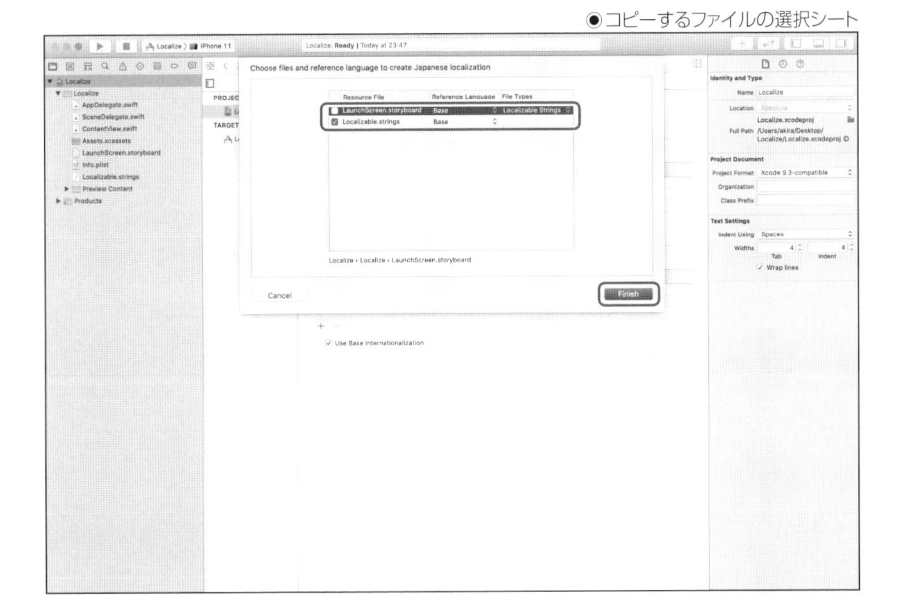

❹「Localizations」に「Japanese」が追加され、プロジェクトナビゲータの「Localizable.strings」ファイルにディスクロージャーボタン（右三角のボタン）が表示されます。ディスクロージャーボタンをクリックして開きます。

●日本語用のファイルが追加された状態

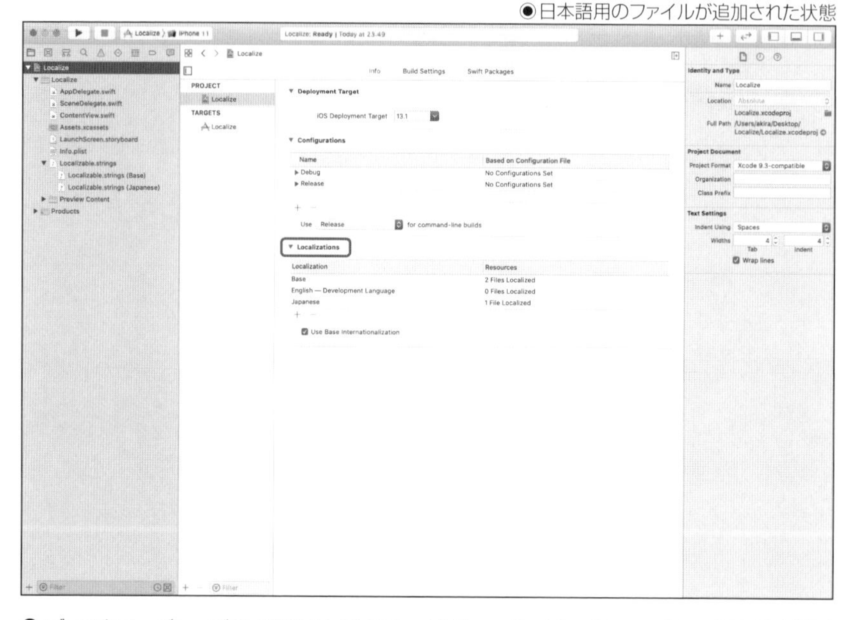

❺ディスクロージャーボタンを開くと基本ファイル「Localizable.strings (Base)」と日本語用のファイル「Localizable.strings(Japanese)」が表示されます。日本語用のファイルを選択し、次のように日本語の表示文字列になるように編集します。

```
"HelloWorld"="こんにちは世界!!";
```

SwiftUIでローカライズ文字列を使用する

SwiftUIの `Text` などでローカライズ文字列を使用するには、ローカライズ文字列ファイルの文字列識別キーを使用します。たとえば `Text` で表示文字列に、文字列識別キーを設定します。

▶「Text」「TextField」「SecureField」での例

次のコードは `Text` 、`TextField` 、`SecureField` で使用している例です。 `Text` は表示文字列、`TextField` と `SecureField` はプレイスホルダーテキストにローカライズ文字列を使用しています。

SAMPLE CODE

```
// SampleCode/Chapter02/19_Localize/Localize/ContentView.swift
import SwiftUI

struct ContentView: View {
    var body: some View {
        VStack {
            Text("HelloWorld")

            TextField("HelloWorld", text: .constant(""))
                .textFieldStyle(RoundedBorderTextFieldStyle())

            SecureField("HelloWorld", text: .constant(""))
                .textFieldStyle(RoundedBorderTextFieldStyle())
        }
        .padding()
    }
}

struct ContentView_Previews: PreviewProvider {
    static var previews: some View {
        ContentView()
    }
}
```

●「Text」「TextField」「SecureField」での例

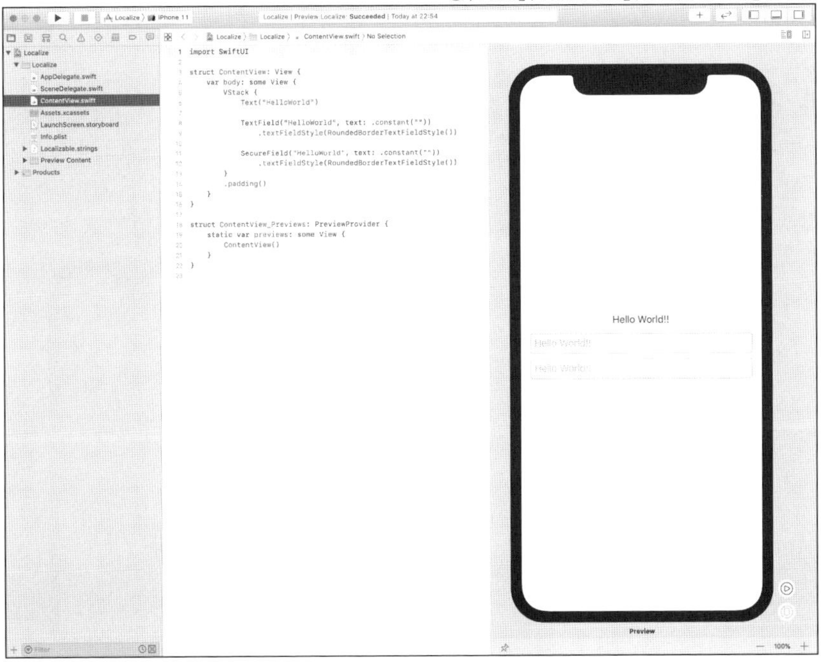

▶日本語で表示する

日本語での表示も確かめてみましょう。Xcodeのライブプレビューで使用されるプレビューは、プロジェクトのスキーム設定が反映されています。次のように操作すると日本語で表示することができます。

❶ プロジェクトウインドウ上部のスキーム選択ポップアップボタンから「Edit Scheme...」を選択します。

●「Edit Scheme...」の選択

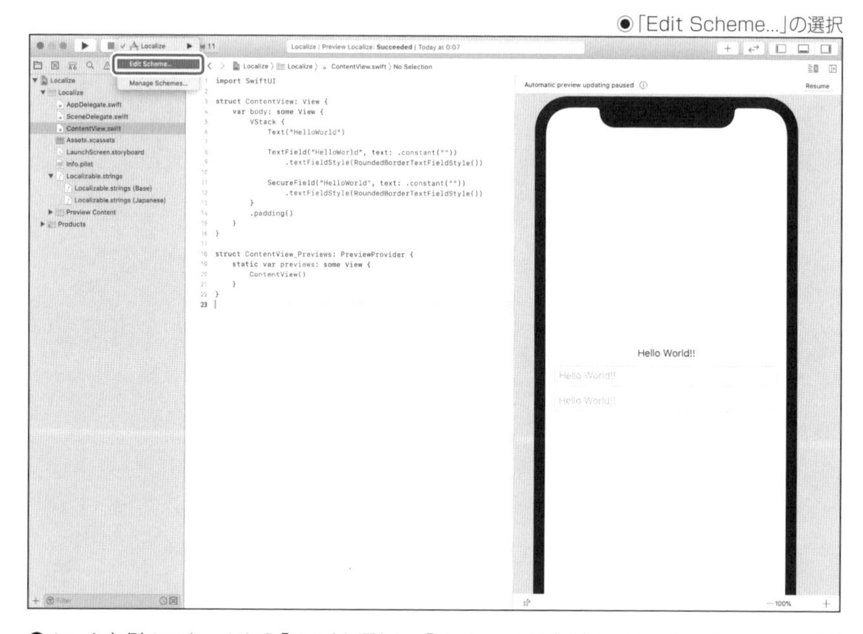

❷ シート左側のスキームから「Run」を選択し、「Options」タブの「Application Language」を「Japanese」に変更し、「Close」ボタンをクリックします。

●言語の設定

❸ ライブプレビューの更新が止まっているので、ライブプレビューの上部の「Resume」ボタンをクリックします。日本語のローカライズ文字列が表示されます。

●日本語のローカライズ文字列の表示

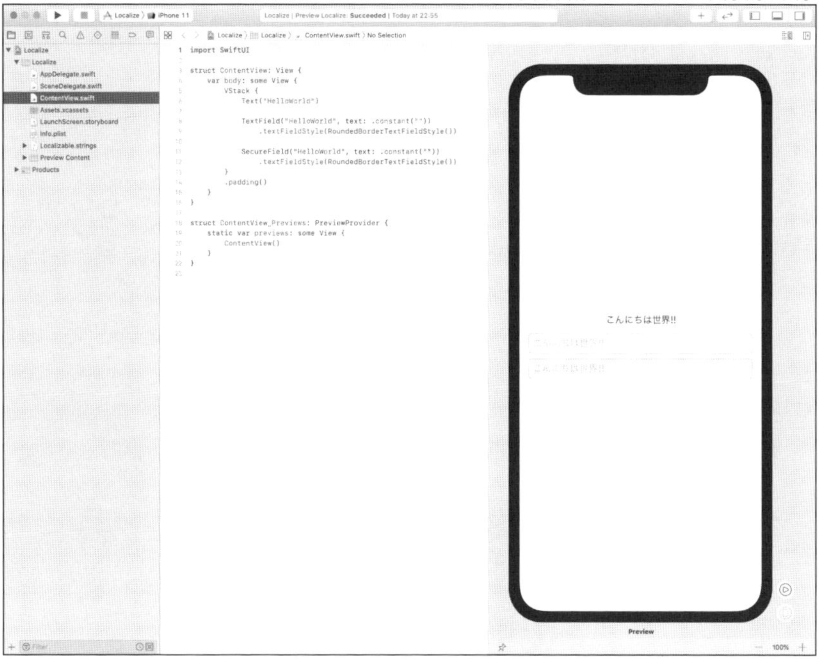
Localize | Preview Localize: Succeeded | Today at 22:55
Localize
AppDelegate.swift
SceneDelegate.swift
ContentView.swift
Assets.xcassets
LaunchScreen.storyboard
Info.plist
Localizable.strings
Preview Content
Products
import SwiftUI
struct ContentView: View {
var body: some View {
VStack {
Text("HelloWorld")
TextField("HelloWorld", text: .constant(""))
.textFieldStyle(RoundedBorderTextFieldStyle())
SecureField("HelloWorld", text: .constant(""))
.textFieldStyle(RoundedBorderTextFieldStyle())
}
.padding()
}
}
struct ContentView_Previews: PreviewProvider {
static var previews: some View {
ContentView()
}
}
こんにちは世界!!
Preview
100%

SwiftUIでのフォントの指定

SwiftUIは任意のフォントの指定も含めて、任意のテキストスタイルを自由に使うことができます。また、ダイナミックタイプにも対応しています。

ダイナミックタイプについて

ダイナミックタイプでは、フォントをサイズや太さを固定で指定するのではなく、OSにビルトインされた設定を使用します。ユーザーはOSで好みに合わせてデフォルトのフォントサイズや太さなどを変更することができ、ダイナミックタイプに対応しているアプリでは、その設定が反映されたフォントサイズや太さが使用されます。

たとえば、iOS 13では、次のように操作してダイナミックタイプに対応したアプリのデフォルトフォントサイズを設定できます。

❶「設定」アプリを起動します。

❷「画面表示と明るさ」を選択します。

◉「画面表示と明るさ」の選択

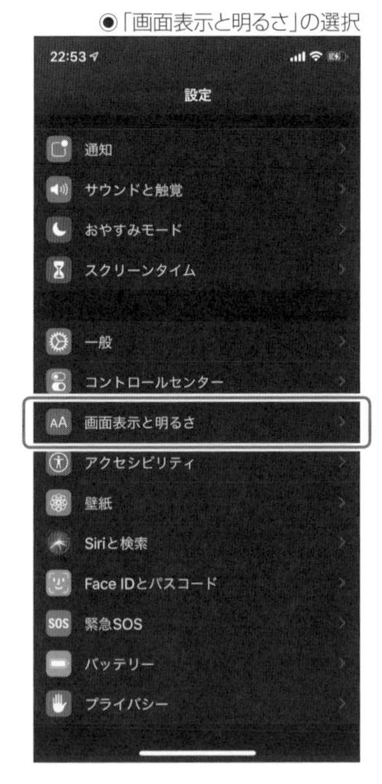

❸「文字サイズを変更」を選択します。

●「文字サイズを変更」の選択

❹ スライダーで文字サイズを変更します。太さを変更するときは❸の画面で「文字を太くする」を変更します。

●文字サイズの変更

Ⅲ ダイナミックタイプの指定方法

SwiftUIでダイナミックタイプでフォントを指定するには `font` モディファイアに、ダイナミックタイプ対応の `Font` を指定します。

まずは、コードを見てみましょう。次のコードは `largeTitle` と `caption` を使用しています。

SAMPLE CODE

```
// SampleCode/Chapter02/20_DynamicType/DynamicType/ContentView.swift

import SwiftUI

struct ContentView: View {
    var body: some View {
        VStack {
            Text("largeTitle")
                .font(.largeTitle)

            Text("caption")
                .font(.caption)
        }
    }
}

struct ContentView_Previews: PreviewProvider {
    static var previews: some View {
        ContentView()
    }
}
```

●「largeTitle」と「caption」

ダイナミックタイプ対応の Font は、Font 構造体のプロパティとして定義されています。定義されているプロパティは次のとおりです。

- largeTitle
- title
- headline
- subheadline
- body
- callout
- caption
- footnote

任意のサイズのフォントの指定方法

ダイナミックタイプで定義されたフォントは、ユーザーの環境によってフォントサイズが変わります。本来であれば、それが望ましい設定だとは思いますが、使う場所によっては、フォントサイズが変わってしまうと困ることもあります。また、システムフォントではなく、特定の名前のフォントを使用したいときもあります。

SwiftUIで任意のフォントを使うときにも、ダイナミックタイプと同じように font モディファイアを使用します。 font モディファイアに使用したいフォントを指定します。

SAMPLE CODE

```
// SampleCode/Chapter02/21_SystemFont/SystemFont/ContentView.swift
import SwiftUI

struct ContentView: View {
    var body: some View {
        VStack {
            // 36ptにする
            Text("36pt")
                .font(.system(size: 36.0))

            // 36pt+semiboldにする
            Text("36pt + semibold")
                .font(.system(size: 36.0, weight: .semibold))

            // 斜体にする
            Text("36pt + italic")
                .font(.system(size: 36.0))
                .italic()

            // 太字にする
            Text("36pt + bold")
                .font(.system(size: 36.0))
                .bold()
```

```
        }
    }
}

struct ContentView_Previews: PreviewProvider {
    static var previews: some View {
        ContentView()
    }
}
```

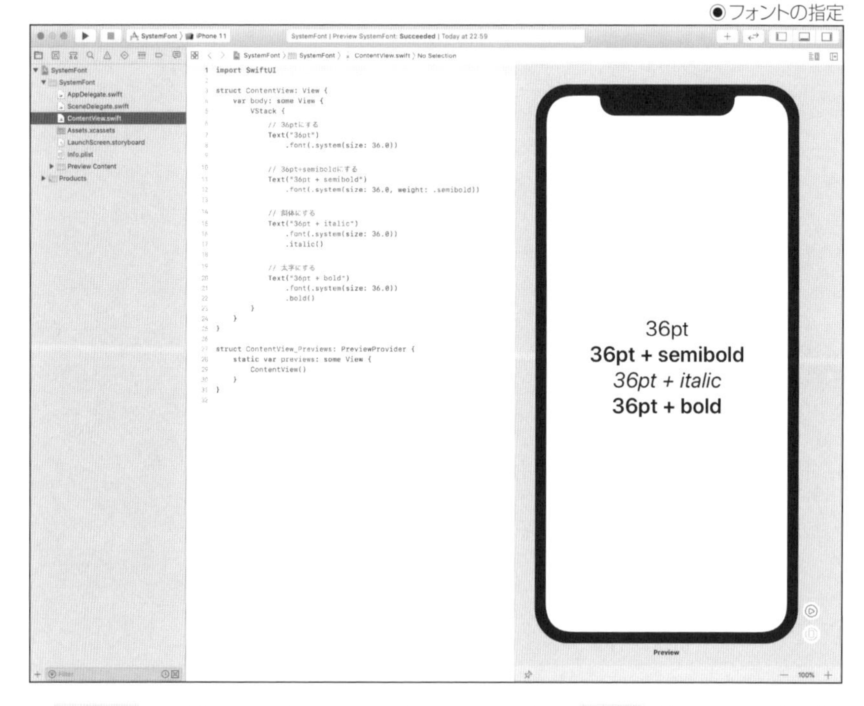

◉フォントの指定

`system` メソッドはシステムフォントを取得するメソッドです。`size` 引数でフォントサイズを指定します。太さを変更したいときは `weight` 引数に太さを指定します。

太さの変更は `bold` モディファイアを使うこともできます。細かい太さの指定はできませんが、ダイナミックタイプと組み合わせることもできます。`italic` モディファイアで斜体にすることもできます。

色と画像のレンダリング

SwiftUIでは `Color` 構造体で色を表現します。 `Color` 構造体は定義済みの色、RGB値やHSB値を指定した色、アセットカタログで定義した色、`NSColor` や `UIColor` の色など、さまざまな方法で色を指定することができます。

色は文字色の設定や背景色の設定、テンプレート画像での色合い指定など、さまざまな場所で使います。どのようなタイプのアプリでも色は触れることが多い事柄の1つではないでしょうか。

文字色を変更する

`Text` ビューや `TextField` を使うとき、常に背景が白とは限りません。使用場所の背景色や背景に表示されているビューの内容に合わせて文字色を変更することは多いと思います。文字色を変更するには、`foregroundColor` モディファイアを使います。

`foregroundColor` モディファイアは色を引数に取ります。色は `Color` 構造体で指定します。 `Color` は定義済みの色の他、RGB値などを指定して作ります。

コードで直接、書けますが、ここではXcode上で操作してコードを生成してみましょう。Xcodeで新規プロジェクトを作成してください。デフォルトの `ContentView.swift` は `Text` ビューが1つ配置されたコードが書かれています。そのファイルを開いて、次のように操作してください。

❶ プレビューで「command」キーを押しながら「Hello World」をクリックし、「Show SwiftUI Inspector」を選択します。

●「Show SwiftUI Inspector」の選択

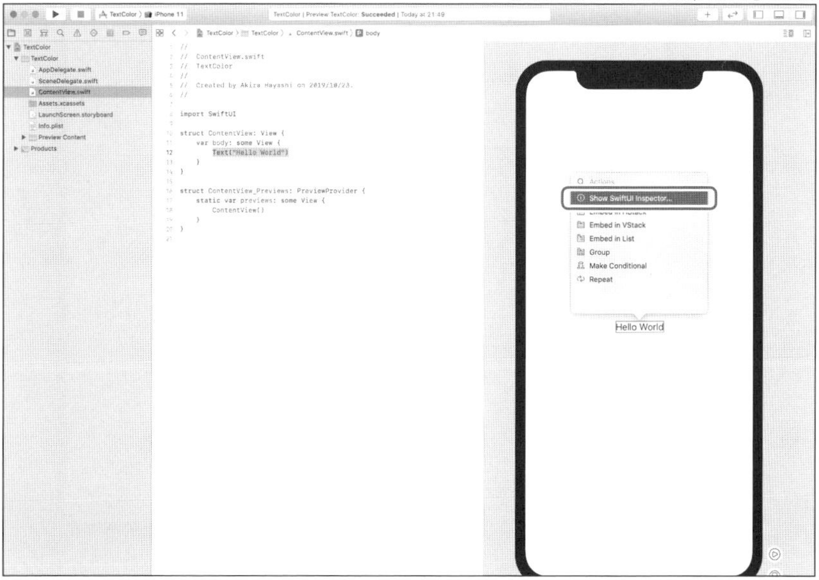

❷ インスペクタの「Font」の「Color」から色を選択します。たとえば「Blue」を選択してみましょう。文字色が青に変わります。

●インスペクタ

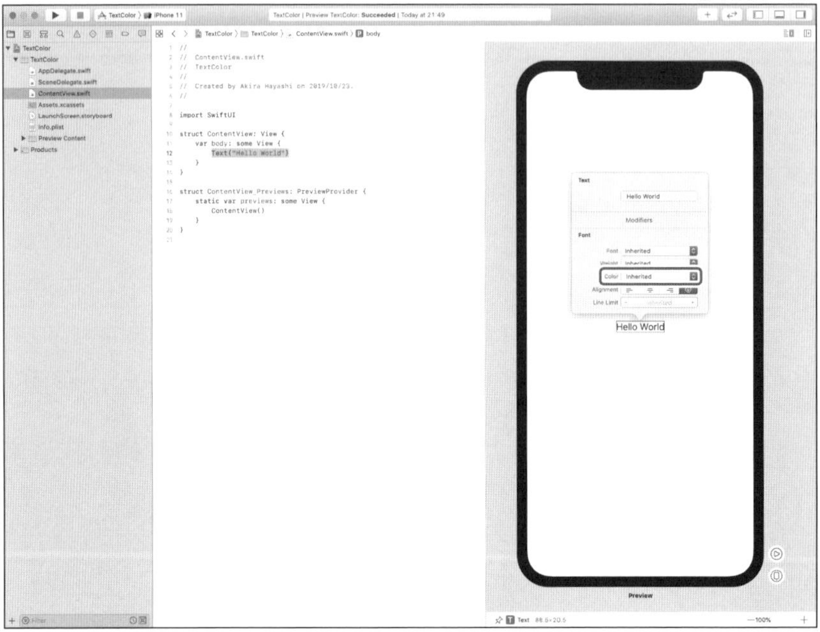

```
//
//  ContentView.swift
//  TextColor
//
//  Created by Akira Hayashi on 2019/10/23.
//

import SwiftUI

struct ContentView: View {
    var body: some View {
        Text("Hello World")
    }
}

struct ContentView_Previews: PreviewProvider {
    static var previews: some View {
        ContentView()
    }
}
```

●文字色の変更後のプレビュー


```
//
//  ContentView.swift
//  TextColor
//
//  Created by Akira Hayashi on 2019/10/23.
//

import SwiftUI

struct ContentView: View {
    var body: some View {
        Text("Hello World")
            .foregroundColor(Color.blue)
    }
}

struct ContentView_Previews: PreviewProvider {
    static var previews: some View {
        ContentView()
    }
}
```

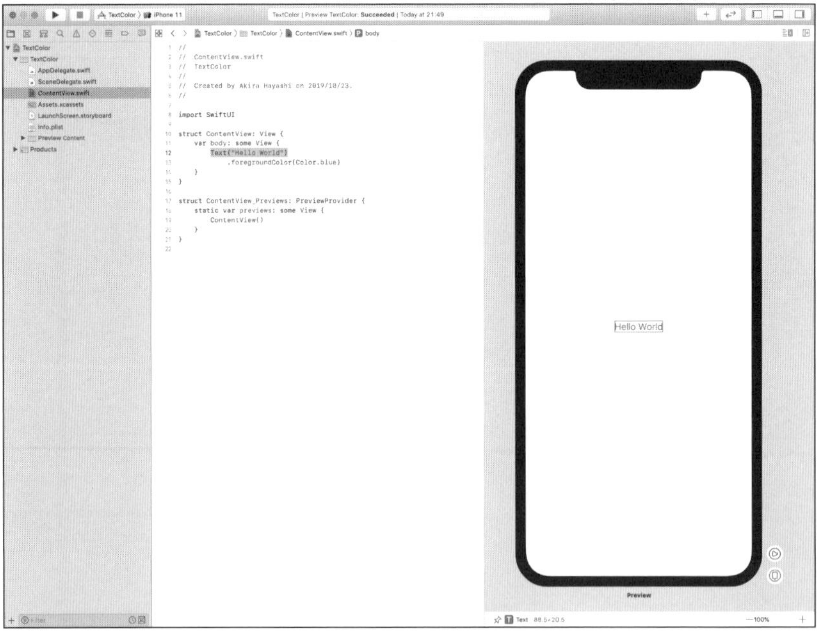

ここまでの操作でコードも更新されています。次のようなコードが生成されています。

SAMPLE CODE

```
// SampleCode/Chapter02/22_TextColor/TextColor/ContentView.swift
import SwiftUI

struct ContentView: View {
    var body: some View {
        Text("Hello World")
            .foregroundColor(Color.blue)
    }
}

struct ContentView_Previews: PreviewProvider {
    static var previews: some View {
        ContentView()
    }
}
```

インスペクタのポップアップボタンに表示された色は定義済みの色です。コードでも `Color` のスタティックプロパティとして定義されています。Xcodeが生成するコードもそれらを使用するようになっています。

任意のRGB値などを使うには `Custom` を選択します。早速やってみましょう。次のように操作します。

❶ プレビューで「command」キーを押しながら「Hello World」をクリックし、「Show SwiftUI Inspector」を選択します。

❷ インスペクタの「Font」の「Color」から「Custom」を選択します。

❸ RGB値を指定して「Color」を作成するコードが生成されるので、コード側でRGB値を変更します。RGB値は0.0以上1.0以下の実数で指定します。次のコードを入力してください。緑色に変わります。

SAMPLE CODE

```
// SampleCode/Chapter02/23_TextColor/TextColor/ContentView.swift
import SwiftUI

struct ContentView: View {
    var body: some View {
        Text("Hello World")
            .foregroundColor(Color(red: 0.0, green: 1.0, blue: 0.0,
                                   opacity: 1.0))
    }
}

struct ContentView_Previews: PreviewProvider {
    static var previews: some View {
```

```
        ContentView()
    }
}
```

●文字色の変更後のプレビュー

ビューの背景色を変更する

ビューを配置したときに背景色を変更したいということが多くあります。たとえば、`Button`や`Text`を半透過させたいなどです。ビューの背景色を変更する方法には、次の2つの方法があります。

- 「background」モディファイアを使って背景色を変更する
- 「ZStack」で背景を描画する「GeometryReader」を重ねる

`Text`ビューの背景色を変更したいなど、ビューの背景の色を変更したい場合には`background`モディファイアを使用します。背景色を変更したいビューよりも大きな範囲の色を変更したいときには`GeometryReader`を使います。ここでは、`backround`モディファイアを使用する方法でやってみましょう。`GeometryReader`の使用方法については、CHAPTER 05の『「GeometryReader」と「Path」を組み合わせる』(p.218)を参照してください。

Xcodeでプロジェクトを新規作成します。次に `ContentView.swift` を開いて、次のように操作します。

❶ Xcodeのプロジェクトウインドウのツールバーの「Library」ボタン（「+」アイコンのボタン）をクリックします。ライブラリが表示されます。

●ライブラリウインドウ

❷ ライブラリウインドウの左から2番目のボタン（「Shows the Modifiers library」と表示されるボタン）をクリックします。モディファイアライブラリが表示されます。

●モディファイアライブラリ

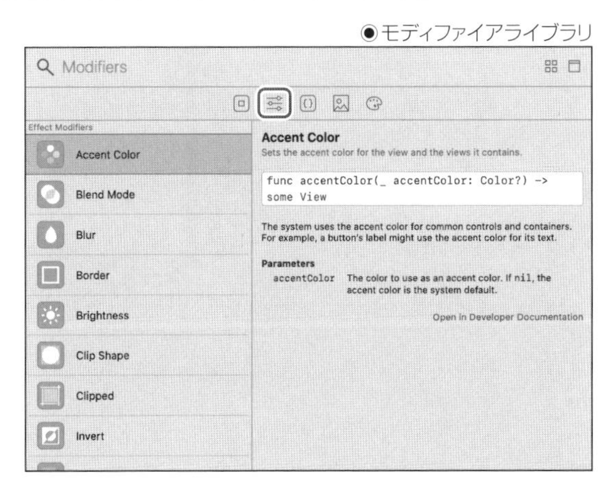

❸「background」と入力し、モディファイアライブラリに「Background」が表示されるので、プレビューの「Hello World」にドラッグ&ドロップします。

●モディファイアライブラリの「Background」

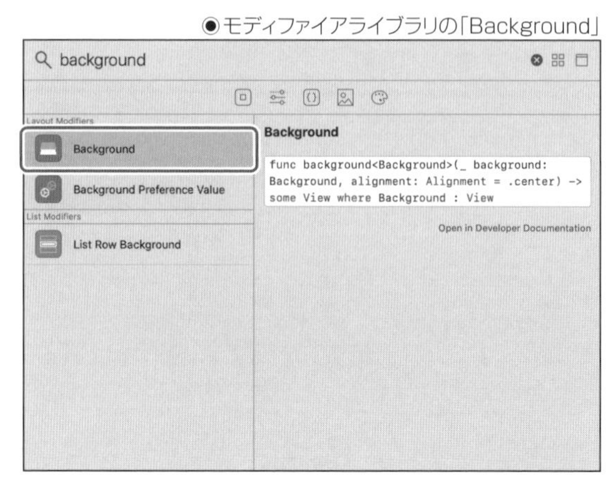

●「Hello World」にドラッグ&ドロップ

●背景色の変更

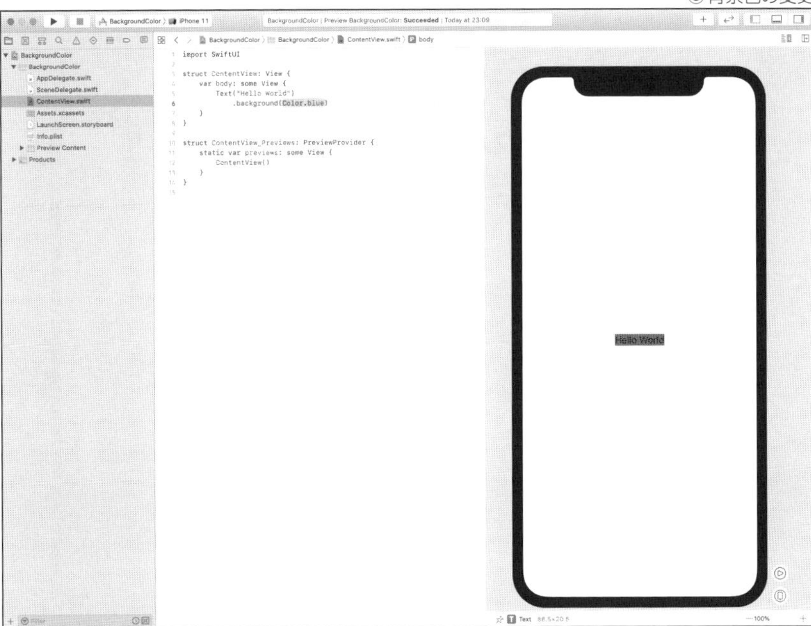

❹ Xcodeによって次のようなコードが生成されます。

SAMPLE CODE

```
// SampleCode/Chapter02/24_BackgroundColor/BackgroundColor/ContentView.swift
import SwiftUI

struct ContentView: View {
    var body: some View {
        Text("Hello World")
            .background(Color.blue)
    }
}

struct ContentView_Previews: PreviewProvider {
    static var previews: some View {
        ContentView()
    }
}
```

❹「Color.blue」を任意の色に変更します。

●背景色の変更

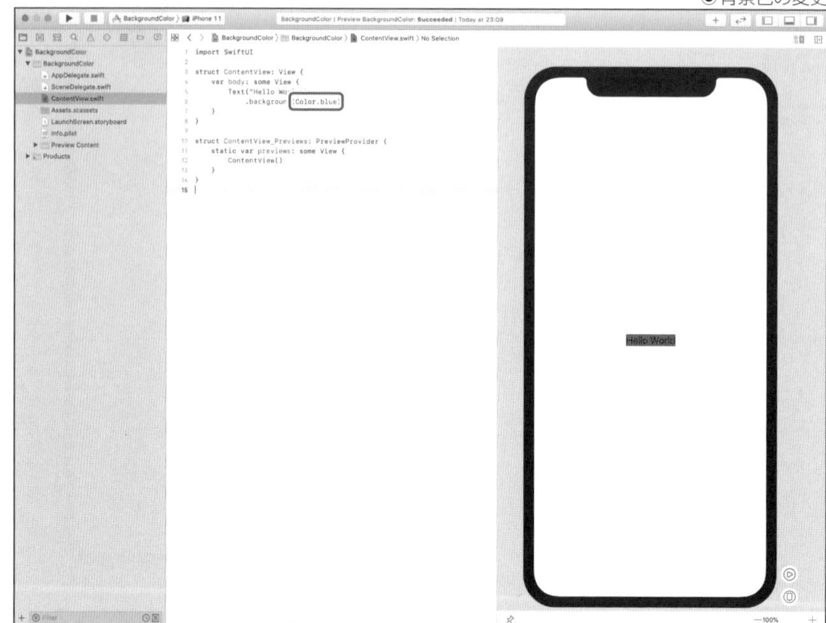

ここではXcodeで操作しましたが、コードを直接、書いても構いません。また、本書ではモディファイアを呼び出すコードを直接、コーディングすることが中心ですが、ここで行ったようにXcodeを操作してコードを生成することもできます。その時々で使いやすい方法で編集を行ってください。

アセットカタログで色を定義して使用する

RGB値を指定して任意の色を作ることができますが、この色をあらかじめアセットカタログで定義しておき、コードではアセットカタログに定義されている情報を使用することができます。

▶アセットカタログに色を定義する

アセットカタログで色を定義するには、次のように操作します。

❶ Xcodeで「Assets.xcassets」を開きます。

❷ 編集エリアの左側、アセットカタログ内のセットが一覧表示されるエリアの下側にある「+」ボタンをクリックし、「New Color Set」を選択します。

●「New Color Set」の選択

❸ ウインドウ右側のインスペクタの「Name」を参照する名前に変更します。たとえば「Sample Color」とします。

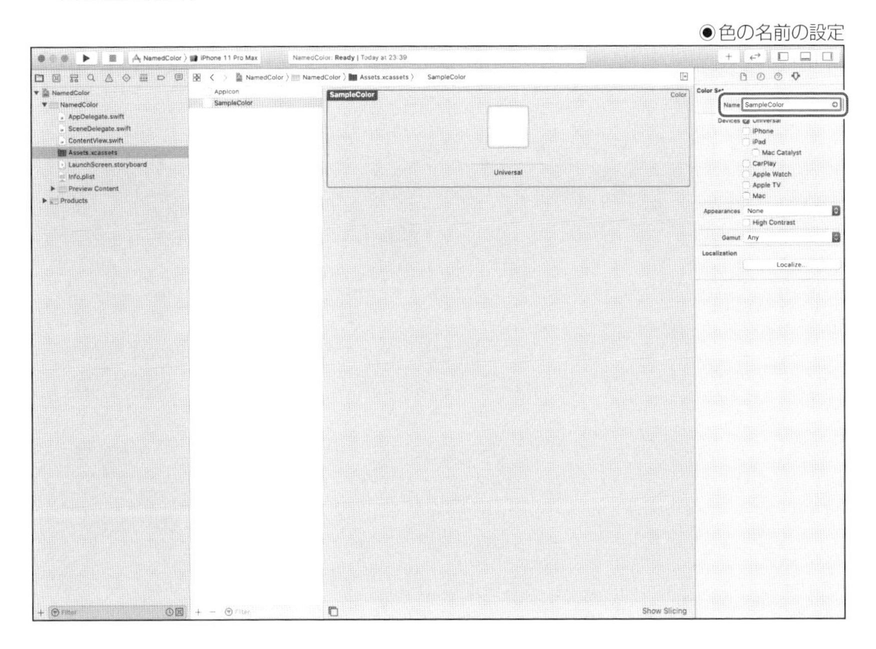

●色の名前の設定

❹ インスペクタの「Appearances」から「Any, Dark」を選択します。「Dark Appearance」にはダークモードのときの色、「Any Appearance」にはダークモード以外、つまりライトモードのときに使う色を設定できるようになります。

●「Any, Dark」の選択

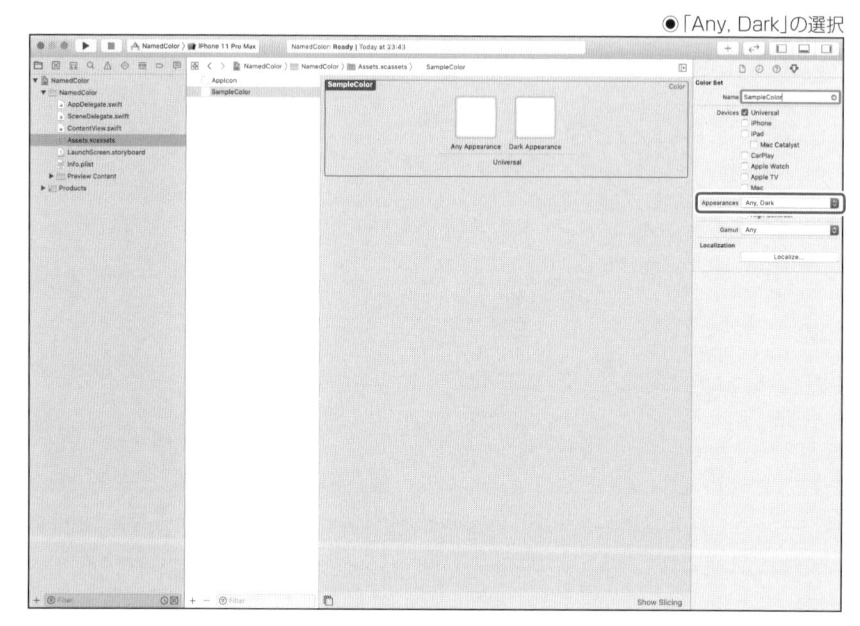

❺「Any Appearance」をクリックして選択します。インスペクタに「Color」という項目が表示され、色を編集できるようになります。任意に変更しましょう。

●「Any Appearance」の色の編集

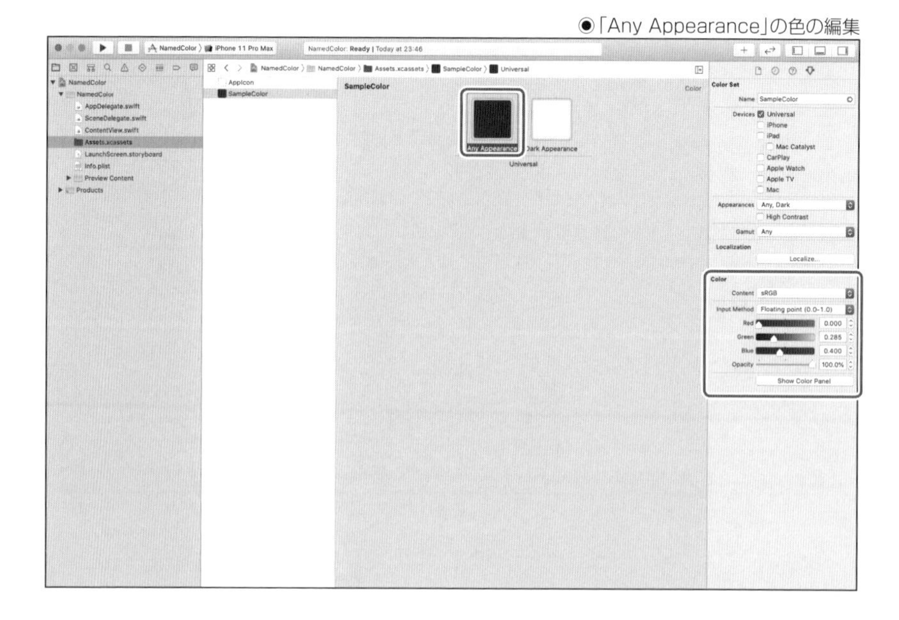

❻「Dark Appearance」をクリックして選択し、ダークモードの色を任意に編集します。ライトモードとは違う色にしてみましょう。

●「Dark Appearance」の色の編集

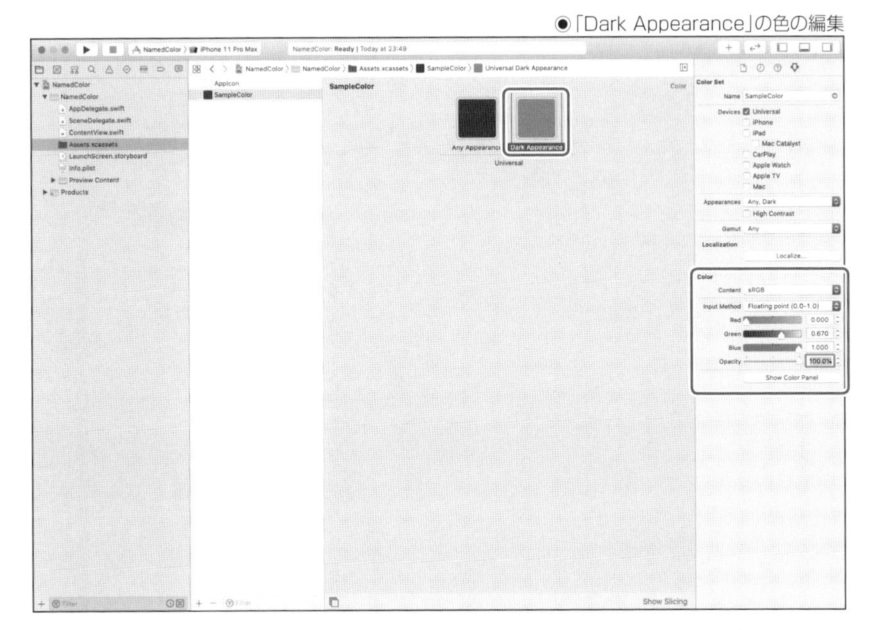

手順❹で「Any」を選択すると、常に同じ色、「Any, Light, Dark」を選択すると、ライトモード／ダークモード／その他の色を設定できるようになります。

▶ アセットカタログで定義した色を使う

上記で定義した色を使ってみましょう。アセットカタログで定義した色を使って Color を作るには、次のように名前を指定してインスタンスを作ります。

```
Color("アセットカタログで定義した名前")
```

SAMPLE CODE

```
// SampleCode/Chapter02/26_NamedColor/NamedColor/ContentView.swift
import SwiftUI

struct ContentView: View {
    var body: some View {
        Text("Hello World")
            .padding()
            .background(Color("SampleColor"))
            .foregroundColor(Color.white)
    }
}
```

▼

```
struct ContentView_Previews: PreviewProvider {
    static var previews: some View {
        ContentView()
    }
}
```


●アセットカタログで定義した色を背景色にする

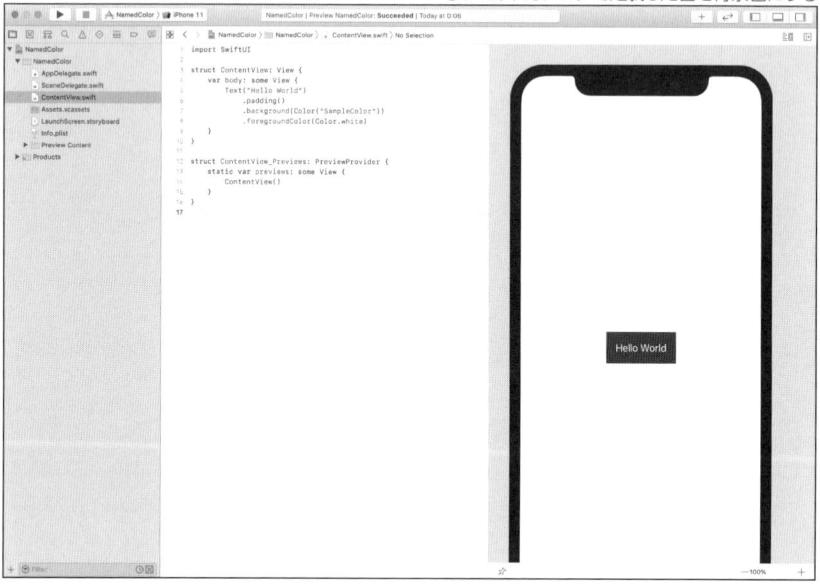

▶ダークモードをプレビュー表示する

Xcodeのライブプレビューでライトモードを使用するか、ダークモードを使用するかは、`environment` モディファイアを使用します。次のようにするとダークモードで表示されます。

```
// ... 省略 ...

struct ContentView_Previews: PreviewProvider {
    static var previews: some View {
        ContentView()
            .environment(\.colorScheme, .dark)
    }
}
```

デザインを調整しているときには、ライトモードとダークモードのプレビューを両方とも見られた方が効率がよいでしょう。そのようなときに便利なのが `Group` です。 `Group` を使うと複数の条件のプレビューを同時に表示することができます。次のようにコードを書くとライトモードとダークモードの両方がXcodeのプレビューに表示されます。

SAMPLE CODE

```
// SampleCode/Chapter02/27_NamedColor/NamedColor/ContentView.swift
// ... 省略 ...

struct ContentView_Previews: PreviewProvider {
    static var previews: some View {
        Group {
            ContentView()
                .environment(\.colorScheme, .light)

            ContentView()
                .environment(\.colorScheme, .dark)
        }
    }
}
```

●ライトモードとダークモードのプレビュー

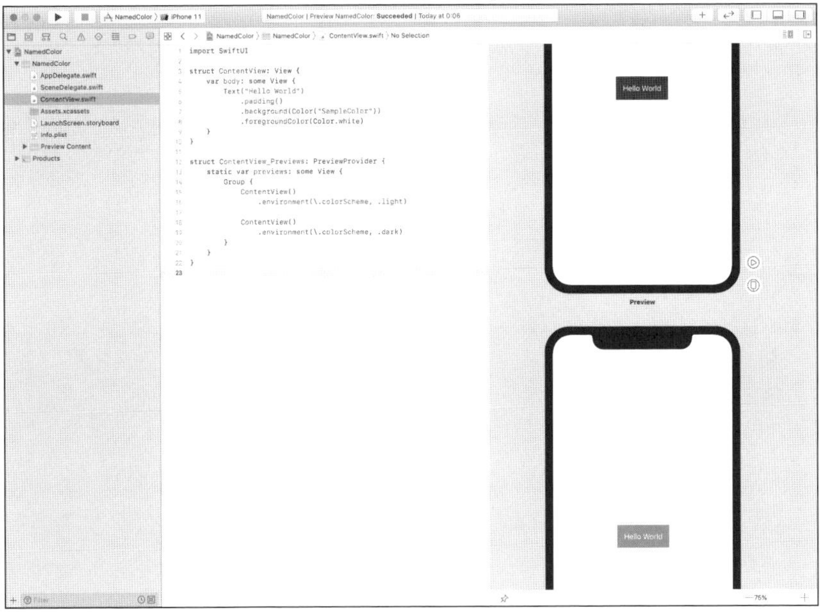

画像のレンダリングモードと色合いの指定

SwiftUIの画像の描画方法には2種類あります。1つは画像データをそのまま描画する方法です。もう1つの方法は画像の色情報は使わずに形状や透明度などの情報を使用して、指定した色合いで画像を描画するというものです。たとえば、ボタンなどはアイコンを後者の方法で描画するようにすれば、アプリ全体の色合いを自由に変更しつつ、画像データは変更しないでそのまま使用できます。複数のアプリで共有して使うアイコンなどでも効果的に使用できるでしょう。一方で、写真やイラストなどはそのままの色で描画する必要がある場合が多いでしょう。

▶ 画像のレンダリングモードを指定する

画像のレンダリングモードを指定するには `renderingMode` モディファイアを使用します。次のコードは同じ画像をレンダリングモードを変更して表示するコードです。レンダリングモードによって画像がどのように変わるかがわかります。

SAMPLE CODE

```
// SampleCode/Chapter02/28_ImageRendering/ImageRendering/ContentView.swift
import SwiftUI

struct ContentView: View {
    var body: some View {
        VStack {
            VStack {
                Image("Cup")
                    .renderingMode(.original)
                Text(".original")
            }

            VStack {
                Image("Cup")
                    .renderingMode(.template)
                Text(".template")
            }
        }
    }
}

struct ContentView_Previews: PreviewProvider {
    static var previews: some View {
        ContentView()
    }
}
```

◉画像のレンダリングモードによる違い

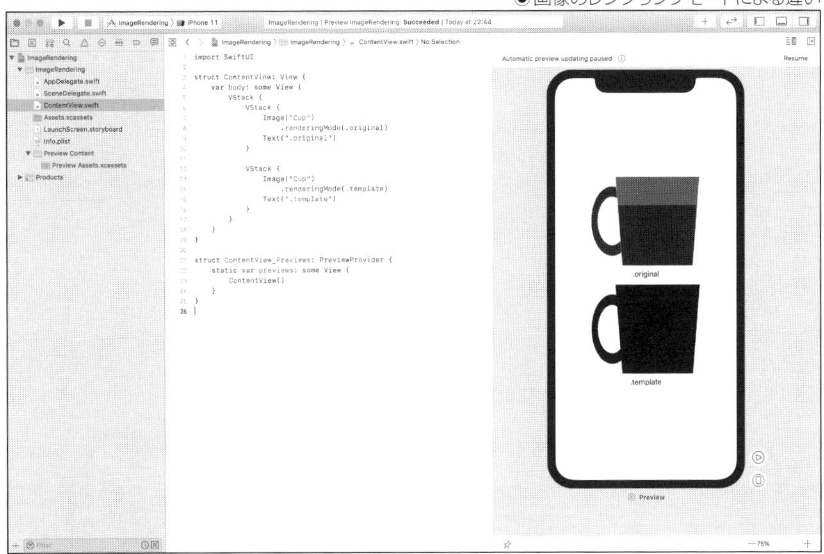

画像のレンダリングモードを指定しないときは、デフォルトのレンダリングモードが使われます。デフォルトのレンダリングモードは使用する場所によって異なります。

▶画像の色合いを指定する

画像の色合いは文字色などと同様に foregroundColor モディファイアで指定します。前ページのサンプルコードで、レンダリングモードを template にした側は黒一色になりました。この黒一緒になった領域が foregroundColor モディファイアによって色が変わります。

次のコードは同じ画像で色合いを変更しています。同じ画像から同じ形状で異なる色の画像が表示されることを確認できます。

SAMPLE CODE

```
// SampleCode/Chapter02/29_ImageRendering/ImageRendering/ContentView.swift
import SwiftUI

struct ContentView: View {
    var body: some View {
        VStack {
            Image("Cup")
                .renderingMode(.template)
                .foregroundColor(Color.blue)

            Image("Cup")
                .renderingMode(.template)
                .foregroundColor(Color.yellow)

            Image("Cup")
```

```
                .renderingMode(.template)
                .foregroundColor(Color.red)
        }
    }
}

struct ContentView_Previews: PreviewProvider {
    static var previews: some View {
        ContentView()
    }
}
```

●色合いの変更による画像の変化

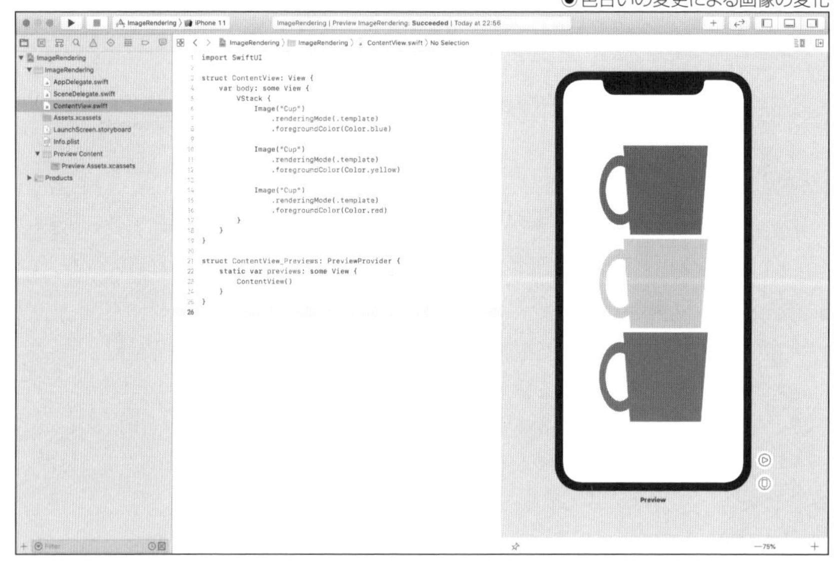

SwiftUIのレイアウトシステム

SwiftUIではスタックやスペーサーなどを組み合わせてレイアウトを作って行きます。複雑なレイアウトを組み上げていくには、入れ子にするだけではなく、揃える位置の指定や大きさの指定なども必要になるでしょう。SwiftUIではそのようなレイアウト調整に必要な機能も用意されています。

スタックによる位置揃え

スタックはデフォルトでは中央揃えですが、揃える位置を変更することができます。スタックで配置するサブビューの間隔を指定することもできます。 HStack 、VStack 、ZStack のそれぞれで指定可能なオプションが異なります。

▶「HStack」の位置揃え

HStack は alignment 引数で垂直方向の揃え位置、サブビューの間隔を spacing 引数で指定します。

SAMPLE CODE

```
// SampleCode/30_Stack/Stack/ContentView.swift
import SwiftUI

struct ContentView: View {
    var body: some View {
        VStack(spacing: 10) {
            HStack(alignment: .top, spacing: 10) {
                Text("Stack")
                    .font(.largeTitle)
                    .underline()
                Text("1\n2\n3\n4\n5")
                    .underline()
                Text("Programming")
                    .underline()
            }
            .background(Color.yellow)

            HStack(alignment: .firstTextBaseline, spacing: 10) {
                Text("Stack")
                    .font(.largeTitle)
                    .underline()
                Text("1\n2\n3\n4\n5")
                    .underline()
                Text("Programming")
                    .underline()
            }
```

```
            .background(Color.yellow)

            HStack(alignment: .center, spacing: 10) {
                Text("Stack")
                    .font(.largeTitle)
                    .underline()
                Text("1\n2\n3\n4\n5")
                    .underline()
                Text("Programming")
                    .underline()
            }
            .background(Color.yellow)

            HStack(alignment: .bottom, spacing: 10) {
                Text("Stack")
                    .font(.largeTitle)
                    .underline()
                Text("1\n2\n3\n4\n5")
                    .underline()
                Text("Programming")
                    .underline()
            }
            .background(Color.yellow)

            HStack(alignment: .lastTextBaseline, spacing: 10) {
                Text("Stack")
                    .font(.largeTitle)
                    .underline()
                Text("1\n2\n3\n4\n5")
                    .underline()
                Text("Programming")
                    .underline()
            }
            .background(Color.yellow)
        }
    }
}

struct ContentView_Previews: PreviewProvider {
    static var previews: some View {
        ContentView()
    }
}
```

◉「HStack」での垂直方向揃え

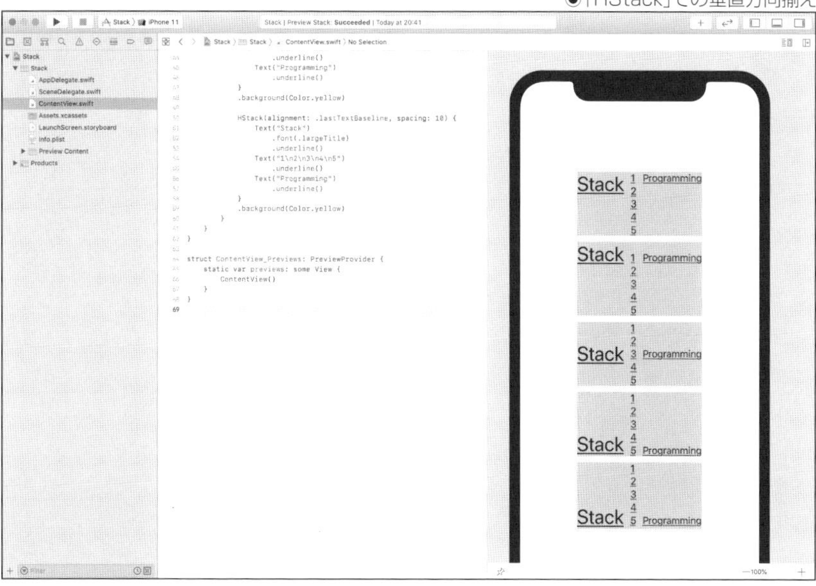

alignment 引数には次のような値を指定可能です。

値	説明
top	上揃え
center	中央揃え
bottom	下揃え
firstTextBaseline	先頭行のベースライン位置揃え
lastTextBaseline	最終行のベースライン位置揃え

少しわかりにくいのは、top と firstTextBaseline の違いと、bottom と lastTextBaseline の違いだと思います。上記のサンプルコードの結果を観察してください。top はサブビューの上端を揃えて配置します。firstTextBaseline は最初の行のベースライン位置を揃えて配置します。underline() でベースラインの位置に線が引かれています。線の位置が揃っているかどうかで、ベースラインの位置が揃っているかを確認できます。bottom と lastTextBaseline の違いも同様です。bottom はサブビューの下端を揃えて配置します。lastTextBaseline は最後の行のベースライン位置を揃えて配置します。

『テキストが1行だけのフォントサイズも同じ「Text」ビューが並ぶだけ』という場合には違いがわかりにくいと思いますが、サンプルコードのように行数が異なっていたり、フォントサイズが異なっていたりする Text ビューを並べると、違いがわかりやすいと思います。

▶「VStack」の位置揃え

VStack は alignment 引数で水平方向の揃え位置、サブビューの間隔を spacing 引数で指定します。

SAMPLE CODE

```
// SampleCode/31_Stack/Stack/ContentView.swift
import SwiftUI

struct ContentView: View {
    var body: some View {
        VStack(spacing: 10) {
            VStack(alignment: .leading, spacing:10) {
                Text("Stack")
                    .font(.largeTitle)
                    .underline()
                Text("1\n2\n3\n4\n5")
                    .underline()
                Text("Programming")
                    .underline()
            }
            .background(Color.yellow)

            VStack(alignment: .center, spacing:10) {
                Text("Stack")
                    .font(.largeTitle)
                    .underline()
                Text("1\n2\n3\n4\n5")
                    .underline()
                Text("Programming")
                    .underline()
            }
            .background(Color.yellow)

            VStack(alignment: .trailing, spacing:10) {
                Text("Stack")
                    .font(.largeTitle)
                    .underline()
                Text("1\n2\n3\n4\n5")
                    .underline()
                Text("Programming")
                    .underline()
            }
            .background(Color.yellow)
        }
    }
}
```

```
struct ContentView_Previews: PreviewProvider {
    static var previews: some View {
        ContentView()
    }
}
```

●「VStack」での水平方向揃え

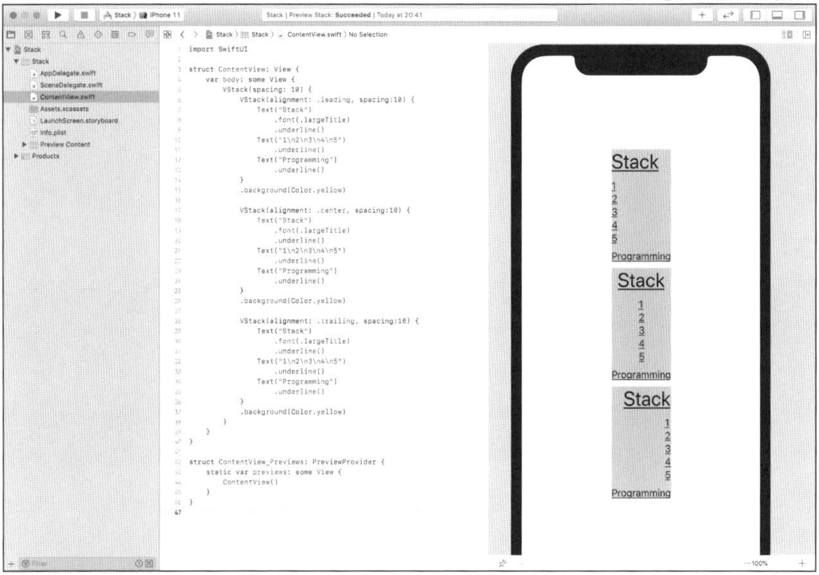

alignment 引数には次のような値を指定可能です。

値	説明
leading	左揃え(先頭揃え)
center	中央揃え
trailing	右揃え(後ろ揃え)

▶「ZStack」の位置揃え

ZStack は alignment 引数で揃え位置を指定可能です。

SAMPLE CODE

```
// SampleCode/32_Stack/Stack/ContentView.swift
import SwiftUI

struct ContentView: View {
    var body: some View {
        VStack(spacing: 10) {
            HStack(spacing: 20) {
                ExtractedView(stackAlign: .topLeading)
                ExtractedView(stackAlign: .top)
```

```
                ExtractedView(stackAlign: .topTrailing)
            }

            HStack(spacing: 20) {
                ExtractedView(stackAlign: .leading)
                ExtractedView(stackAlign: .center)
                ExtractedView(stackAlign: .trailing)
            }

            HStack(spacing: 20) {
                ExtractedView(stackAlign: .bottomLeading)
                ExtractedView(stackAlign: .bottom)
                ExtractedView(stackAlign: .bottomTrailing)
            }
        }
    }
}

struct ContentView_Previews: PreviewProvider {
    static var previews: some View {
        ContentView()
    }
}

struct ExtractedView: View {
    var stackAlign: Alignment

    var body: some View {
        ZStack(alignment: stackAlign) {
            Text("Stack")
                .background(Color.red.opacity(0.4))
            Text("1\n2\n3\n4\n5")
                .background(Color.blue.opacity(0.4))
        }
    }
}
```

●「ZStack」での位置揃え

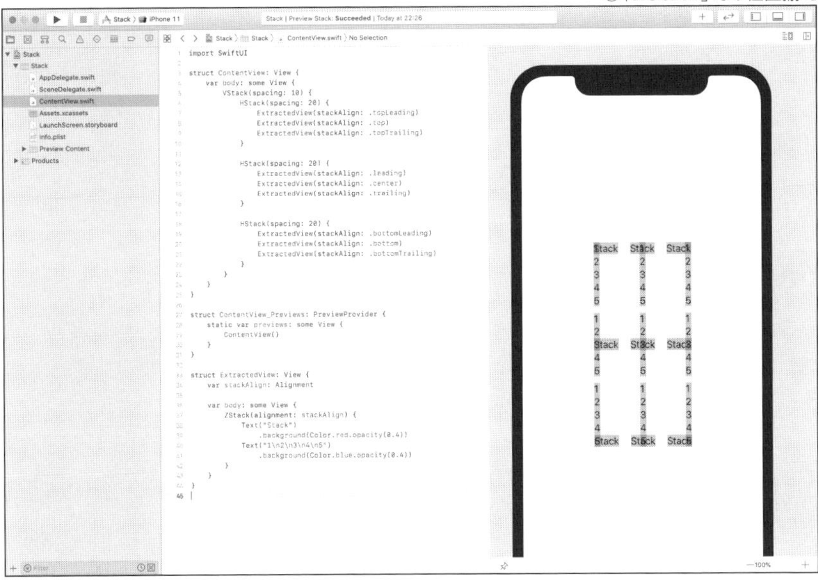

`alignment`引数には次のような値を指定可能です。

値	説明
topLeading	左上揃え(先頭上揃え)
top	上揃え
topTrailing	右上揃え(後ろ上揃え)
leading	左揃え(先頭揃え)
center	中央揃え
trailing	右揃え(後ろ揃え)
bottomLeading	左下揃え(先頭下揃え)
bottom	下揃え
bottomTrailing	右下揃え(後ろ下揃え)

「Spacer」による位置調整

Spacer は伸縮可能な空白を作るビューです。このビューを利用してスタックで位置揃えするときに空白を作ります。 Spacer は広がれるだけ広がります。たとえば、HStack で2つのビューを配置し、その間に Spacer を配置すると、2つのビューが両サイドに配置されます。HStack で最後に Spacer を入れることで左揃えにすることもできます。

HStack や VStack で指定できない方向の揃え位置を指定するのと同じ効果を得ることができます。

SAMPLE CODE

```
// SampleCode/Chapter02/33_StackAndSpacer/StackAndSpacer/ContentView.swift
import SwiftUI

struct ContentView: View {
    var body: some View {
        VStack(spacing: 20) {
            HStack {
                Text("SwiftUI\nProgramming")
                Spacer()
                Text("Programming")
            }
            .background(Color.yellow)

            HStack {
                Spacer()
                Text("SwiftUI\nProgramming")
                Text("Programming")
            }
            .background(Color.yellow)

            HStack {
                Text("SwiftUI\nProgramming")
                Text("Programming")
                Spacer()
            }
            .background(Color.yellow)
        }
    }
}

struct ContentView_Previews: PreviewProvider {
    static var previews: some View {
        ContentView()
    }
}
```

●「HStack」で水平方向揃えの効果を得る

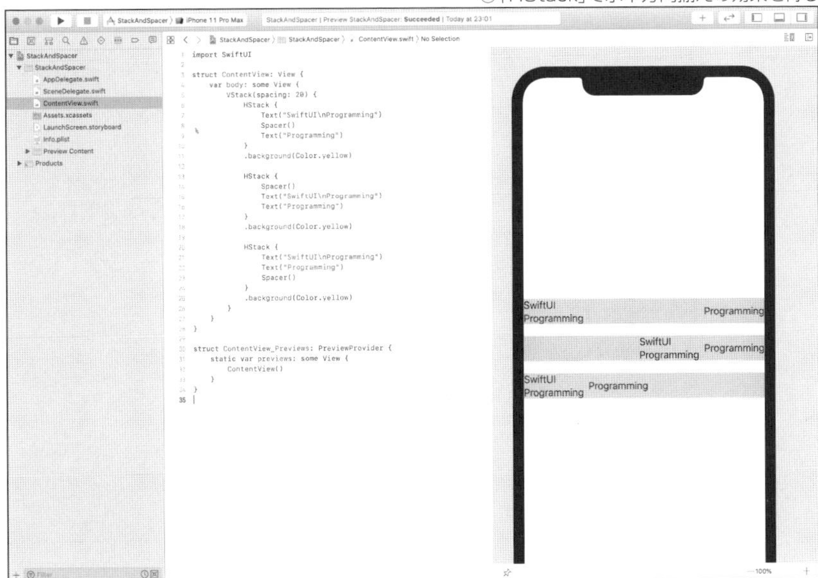

「padding」モディファイアを使った余白の追加

paddingモディファイアを使うとビューを少し広げて余白を作ることができます。スタックでビューを並べたときに、並べたビューが周囲のビューにくっついてしまうときなど、少し余裕が欲しいときに、手軽に余白を作ることができます。

▶「padding」モディファイアのデフォルトの動作

paddingモディファイアには余白を作る方向と余白の量を指定することができます。省略した場合には、4つの方向全てにデフォルトの余白量で余白を作ります。また、paddingモディファイアを使うときは書く順番にも注意が必要です。backgroundモディファイアで背景を指定するときに、余白にも適用したい場合には、backgroundモディファイアよりも前にpaddingモディファイアを書く必要があります。

SAMPLE CODE

```
// SampleCode/34_PaddingSample/PaddingSample/ContentView.swift
import SwiftUI

struct ContentView: View {
    var body: some View {
        VStack(spacing: 20) {
            HStack {
                Text("Paddingなし")
                    .background(Color.yellow)
                Spacer()
            }
```

▼

```
            HStack {
                Text("Paddingあり")
                    .padding()
                    .background(Color.yellow)
                Spacer()
            }

            // 「.background」を「.padding」の前に書くと
            // 余白まで「.background」が適用されない
            HStack {
                Text("Paddingあり")
                    .background(Color.yellow)
                    .padding()
                Spacer()
            }
        }
    }
}

struct ContentView_Previews: PreviewProvider {
    static var previews: some View {
        ContentView()
    }
}
```

●「padding」モディファイアのデフォルト動作

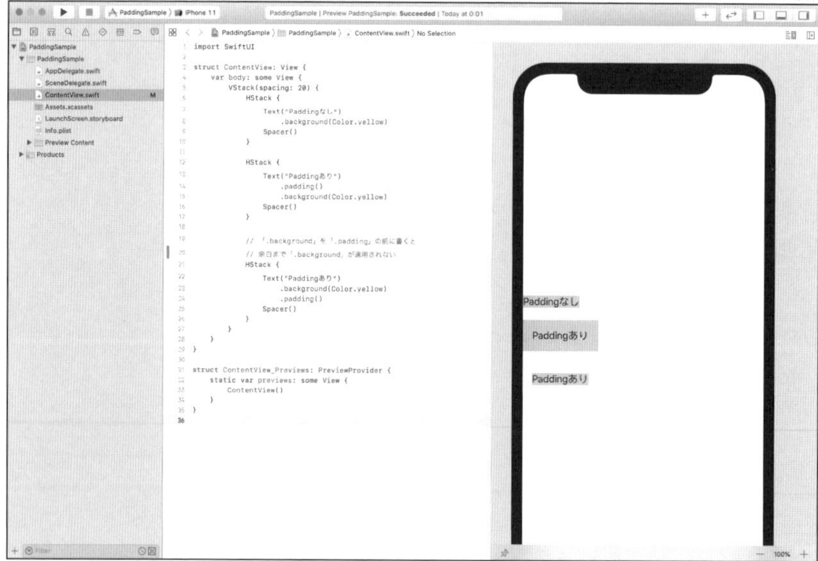

▶ 余白の方向や量を指定する

余白の方向や量は **padding** モディファイアの引数で指定します。

SAMPLE CODE

```
// SampleCode/35_PaddingSample/PaddingSample/ContentView.swift
import SwiftUI

struct ContentView: View {
    var body: some View {
        VStack(spacing: 20) {
            // 方向のみ指定する
            HStack {
                Text("horizontal")
                    .padding(.horizontal)
                    .background(Color.yellow)
                Spacer()
            }

            // 方向と量を両方指定する
            HStack {
                Text("vertical + amount")
                    .padding(.vertical, 20.0)
                    .background(Color.yellow)
                Spacer()
            }
        }
    }
}

struct ContentView_Previews: PreviewProvider {
    static var previews: some View {
        ContentView()
    }
}
```

◉余白の方向と量の指定

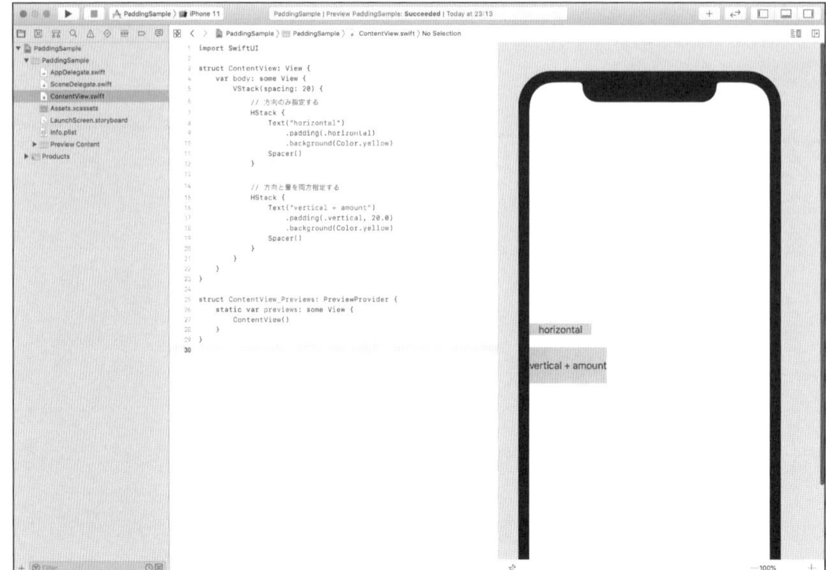

余白の方向には、次のような値を指定できます。複数の値を指定したいときは、配列で記述します。

値	説明
top	上方向
bottom	下方向
leading	左方向
trailing	右方向
vertical	垂直方向
horizontal	水平方向
all	全方向

▌位置やサイズの指定

SwiftUIでは、内容に合わせてビューの大きさが自動的に変わったり、スタックを使って、細かいことをあまり考えずにレイアウトが調整できたりするので、位置やサイズをあまり意識しません。しかし、細かく指定したいときもあります。また、内容に合わせて自動設定されるサイズが望ましいサイズではないこともあります。特に `Image` ビューは画像の大きさに合わせた大きさになるので、大きさを明示した方がよい場合も多いでしょう。

ビューの位置については、CHAPTER 06で解説しています。CHAPTER 06の『**ビューの位置を移動する**』(p.240)を参照してください。

▶ビューの大きさを指定する

ビューの大きさを指定するには `frame` モディファイアを使用します。

SAMPLE CODE

```
// SampleCode/36_Frame/Frame/ContentView.swift
import SwiftUI

struct ContentView: View {
    var body: some View {
        VStack(spacing: 20) {
            Image(systemName: "paperclip.circle")
                .resizable()
                .frame(width: 200, height: 200)

            Image(systemName: "paperclip.circle")
                .resizable()
                .frame(width: 100, height: 100)
        }
    }
}

struct ContentView_Previews: PreviewProvider {
    static var previews: some View {
        ContentView()
    }
}
```

◉ビューの大きさの指定

▶ アスペクト比を指定したリサイズと画像のリサイズ

ビューの大きさを変更するには107ページで解説したとおり、`frame` モディファイアを使用します。それ以外にもスタックに配置すると、スタックによって大きさの変更が行われます。これらのサイズ変更時に `aspectRatio` モディファイアを使用すると、アスペクト比を指定することができます。特に `Image` ビューを使用したときに、画像のアスペクト比は維持したままリサイズすることが一般的でしょう。

SAMPLE CODE

```
// SampleCode/Chapter02/37_AspectRatio/ContentView.swift
import SwiftUI

struct ContentView: View {
    var body: some View {
        VStack {
            Image(systemName: "paperclip.circle")
                .resizable()
                .frame(height: 100)

            Image(systemName: "paperclip.circle")
                .resizable()
                .aspectRatio(contentMode: .fit)
                .frame(height: 100)

            Image(systemName: "paperclip.circle")
                .resizable()
                .aspectRatio(1.0 / 2.0, contentMode: .fit)
                .frame(height: 100)

        }
    }
}

struct ContentView_Previews: PreviewProvider {
    static var previews: some View {
        ContentView()
    }
}
```

◉アスペクト比の指定

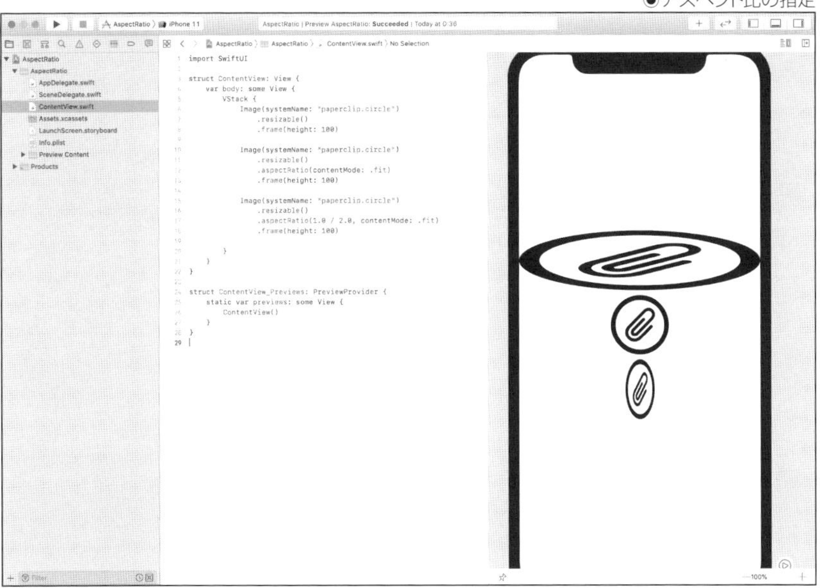

`aspectRatio` モディファイアには、アスペクト比と、親ビューに対してフィット方法を指定することができます。フィット方法は次の2種類です。

値	フィット方法
fit	内接フィット。内側にフィットする
fill	外接フィット。外側からフィットする。全体を埋めるイメージ

アスペクト比を省略した場合は、もとのアスペクト比を維持します。たとえば `Image` ビューであれば、画像のアスペクト比を維持します。

また、`Image` ビューのリサイズのときには忘れてはいけないモディファイアがあります。それは `resizable` モディファイアです。 `resizable` モディファイアは画像をリサイズ可能にするモディファイアです。これを忘れると、`Image` ビューの大きさが変わっても、表示される画像の大きさが追従して変化しません。

「ScrollView」を使ったビューのスクロール

`ScrollView` を使うと、スクロール可能なビューを作ることができます。`ScrollView` はサブビューが `ScrollView` よりも大きいときに、サブビューをスクロールできるようにします。

SAMPLE CODE

```
// SampleCode/38_ScrollViewSample/ScrollViewSample/ContentView.swift
import SwiftUI

struct ContentView: View {
    var body: some View {
        ScrollView([.horizontal]) {
            Image("Sample")
                .resizable()
                .aspectRatio(contentMode: .fill)
        }
    }
}

struct ContentView_Previews: PreviewProvider {
    static var previews: some View {
        ContentView()
    }
}
```

●スクロール可能なビュー

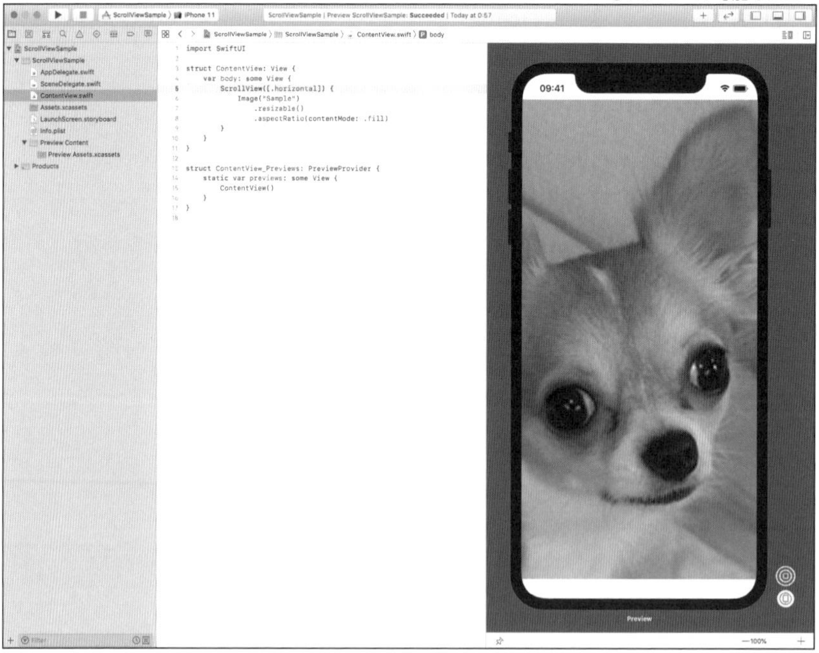

`ScrollView`には引数でスクロール可能な方向を指定することができます。指定可能な値は次のとおりです。配列表記で両方向指定することもできます。

値	方向
horizontal	水平方向
vertical	垂直方向

セーフエリア外へのビューの拡張

iPhone X系のiPhoneではディスプレイの角が丸まっています。iPhone Xが登場するまでのiPhoneのディスプレイにはない特徴の1つです。アプリを開発する側から見ると、この特徴は少し厄介です。デザインデータでは角が丸まっていないことを前提にデザインされているためです。また、ディスプレイの上部のステータスエリアは、アプリからは変更しない領域です。

これら、アプリが関与しない領域や、デバイスによって形状が変わってしまう領域などを除いた範囲をセーフエリアと呼びます。セーフエリア内はディスプレイの形状やOSが規定する領域などによって邪魔されることがない範囲です。SwiftUIでは、デフォルトではセーフエリア内にビューが配置されます。ビューが最大サイズまで広がった状態というのは、言い換えると、セーフエリアの最大サイズまでビューが広がった状態です。

しかし、実際のアプリではセーフエリアの外側の範囲もアプリ側で描画する必要があることが多くなります。たとえば、写真であれば、セーフエリアの外側まで広がっているのが一般的です。

SwiftUIで、ビューをセーフエリア外まで広げるには、`edgesIgnoringSafeArea`モディファイアを使用します。

SAMPLE CODE

```
// SampleCode/Chapter02/39_SafeArea/SafeArea/ContentView.swift
import SwiftUI

struct ContentView: View {
    var body: some View {
        Image("Sample")
            .resizable()
            .aspectRatio(contentMode: .fill)
            .edgesIgnoringSafeArea(.all)
    }
}

struct ContentView_Previews: PreviewProvider {
    static var previews: some View {
        ContentView()
    }
}
```

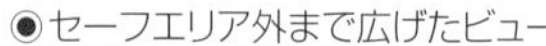
●セーフエリア外まで広げたビュー

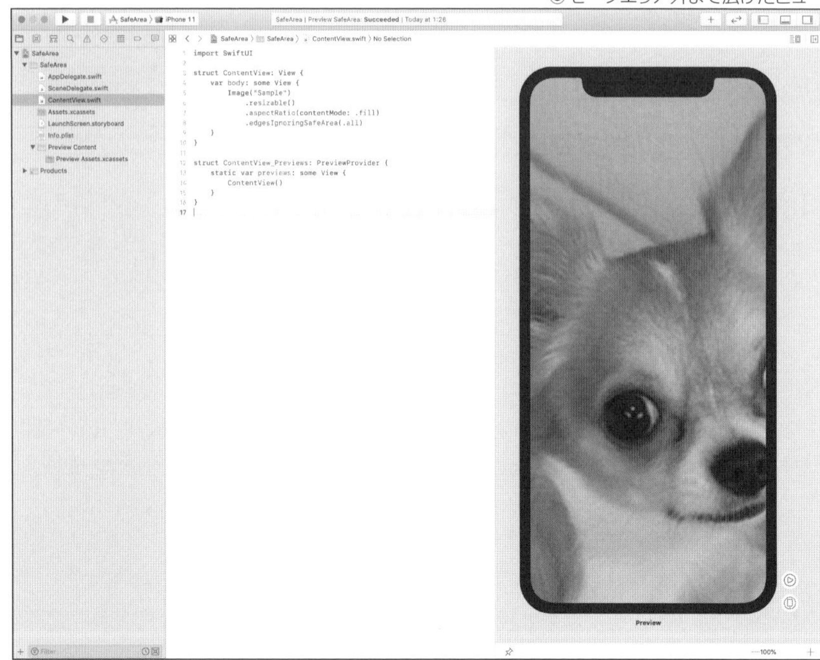

`edgesIgnoringSafeArea` モディファイアには、広げる方向を指定することができます。指定可能な値は次のとおりです。配列表記で複数の値を指定することもできます。

値	説明
top	上方向
bottom	下方向
leading	左方向
trailing	右方向
vertical	上下方向
horizontal	左右方向
all	全方向

バインディングとデータフロー

SwiftUIでのデータフロー

データフローとは、あるデータがどこからどのように伝わっていって、ビューの表示内容が更新されるかや、ビューをユーザーが操作したことで値が変わったときに、その新しい値がどのようにビューからアプリ内のデータモデルに伝わるかという、データの流れのことです。

SwiftUIでのデータフローは、UIKitやAppKitなどでのデータフローとは大きく異なります。

Ⅲ バインディングについて

テキストフィールドに入力された文字列をプロパティに代入するという処理を想像してみてください。UIKitでの開発経験がある読者の方ならば、テキストフィールドは`UITextField`クラスで、内容は`UITextField`クラスの`text`プロパティの値を取得するという処理を思い浮かべることでしょう。AppKitを使ったmacOSアプリであればどうでしょうか。テキストフィールドは`NSTextField`クラスです。入力された内容は`stringValue`プロパティの値を取得します。

SwiftUIでは、このような命令的な処理は書きません。SwiftUIではバインディングという仕組みを使います。バインディングは、ビューの内容とアプリ側のプロパティとを同期させる仕組みです。「同期」という言葉を使用したとおり、プロパティに値を取得するという処理や、プロパティの値をビューに設定するという明示的なコードは書きません。バインディングでは、ビューにバインディングさせたプロパティに値を代入すると自動的にビューが更新され、新しい値が表示されます。逆にユーザーがビューを操作して値を変更すると、自動的にバインディングしているプロパティに新しい値が代入されます。

このようにバインディングではビューとプロパティが常に同じ値になるように同期されます。次ページの図はテキストフィールドを編集したときに、アプリ側のコードのプロパティに、編集後の内容を代入するまでの流れを図にしたものです。UIKitでは流れを1つずつアプリで指示していくのに対して、SwiftUIではバインディングするということだけを宣言しておけば、編集後の代入はすべてSwiftUI側が自動的に行っています。このような部分でもSwiftUIの特徴の1つである「宣言的」という部分が見て取れます。

◉テキストフィールドを編集したときのデータフローの比較

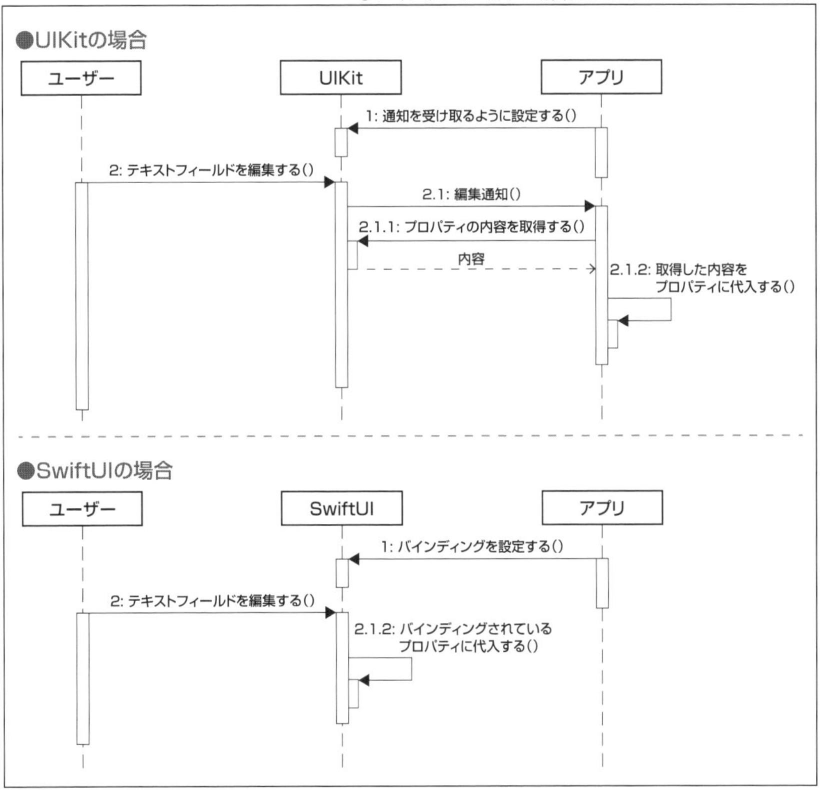

SwiftUIでのデータフローの設計方法

SwiftUIでのデータフローはバインディングを前提に設計します。バインディングは1対1だけではなく、1対多でも成り立ちます。つまり、バインディングを通して、1つのプロパティを複数のビューが参照することが可能です。これを前提にすると、正しい値は1箇所にするということが重要です。

ビューごとにプロパティを作成して値をコピーするというような設計ではなく、バインディングを使って、正しいデータが格納されるプロパティを、ビューは参照するように設計します。ビューによる値の更新はバインディングを通して行います。そのようにすることで、常にバインディング先のプロパティには最新の正しいデータがあるという状態を作れます。ビューが複数あっても、すべてのビューで正しいデータの表示を維持できます。バインディングを使うことで、どれか1つのビューで値を変更しても、そのデータを表示しているすべてのビューで表示が更新されます。

●SwiftUIでのデータフロー

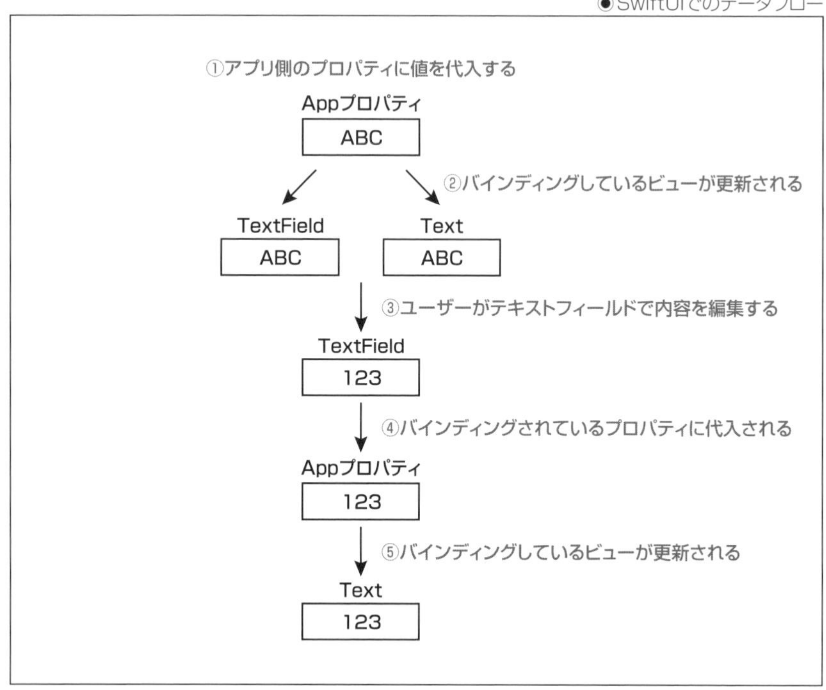

ビューとデータを同期させる

バインディングを使ってビューとデータを同期させるコードはとてもにシンプルです。使用目的に応じていくつかの種類が用意されています。

「State」について

State は最もシンプルなバインディングのためのオブジェクトです。任意のタイプのプロパティを次のように、@State というアノテーションを付けて定義すると State になります。

```
@State private var propertyName: Type
```

@State を付けたプロパティは普通のプロパティのように使用できます。何も変化がないように思われるかもしれませんが、実際は State になっています。 State はSwiftUIによってデータの実体を入れるのに必要なストレージ(メモリ領域)が管理され、変更も監視されます。変更されると、そのプロパティにバインディングしているSwiftUIのビューは表示更新されます。

State をバインディングを必要とするSwiftUIのビューに渡すときは、次のように $ というプレフィックスを付けて渡します。 $ プレフィックスを付けると Binding が取得できます。SwiftUIのビューは Binding を経由してプロパティにアクセスします。 Binding の使い方については《バインディング対応のカスタムビュー》(p.123)を参照してください。

```
$propertyName
```

State のプロパティには、プロパティを定義したビューの内部からのみ操作するように設計するのが望ましいとされています。編集中の一時的な状態を管理するために使うイメージです。できるだけ private で定義するようにしましょう。ただし、private に指定するとイニシャライザの引数で指定するなど、外からプロパティの初期値の設定もできなくなります。初期値を変更したいときには、private にしないか、別の方法を検討してください。

プロパティをビューにバインディングさせる

実際にプロパティをビューにバインディングさせてみましょう。 TextField と Text にプロパティをバインディングさせてみましょう。SwiftUIのビューの詳細を調べたいときは、Webサイトのリファレンス、または、Xcodeのオフラインリファレンスを参照しましょう。

- SwiftUI

  URL https://developer.apple.com/documentation/swiftui/

オフラインリファレンスは、Xcodeの「Help」メニューから「Developer Documentation」を選択すると表示されます。

今回は TextField と Text の内容をバインディングさせたいので、この2つのビューのドキュメントを参照します。すると、次のように TextField のイニシャライザで Binding を渡せることがわかります。

```
// 「TextField」のイニシャライザ
init(_ titleKey: LocalizedStringKey, text: Binding<String>,
    onEditingChanged: @escaping (Bool) -> Void = { _ in },
    onCommit: @escaping () -> Void = {})
```

一方、Text は次のようになっていて、Binding を渡すことができません。しかし、文字列を渡すことができます。

```
// 「Text」のイニシャライザ
init<S>(_ content: S) where S : StringProtocol
```

この2つの違いは何でしょうか。 Binding をSwiftUIで使用する理由を考えてみるとわかると思います。

Binding を使用する理由は、変更を監視し、変更されたらビューを更新することです。また、変更されたときに、データを入れる先のプロパティに代入することです。しかし、Text では Text 内からテキストを変更するということはありません。 Text は表示するのみです。そのため、Text は Binding を必要としないのです。しかし、変更されたときに表示を更新する必要があります。これはどのようにして実現されるのでしょうか。

答えは変更されたときに行われる処理にあります。監視しているプロパティが変更されると、ビューの body が再評価されます。つまり再描画されるのです。このときに、body に含まれる Text も新しいプロパティの値で再描画されるという仕組みです。

実際にコードで見てみましょう。次のコードは TextField に文字列を入力すると、Text にも表示されるというコードです。

SAMPLE CODE

```
// SampleCode/Chapter03/01_StateSample/StateSample/ContentView.swift
import SwiftUI

struct ContentView: View {
    // 「TextField」の入力内容を格納するプロパティ
    @State private var text: String = ""

    var body: some View {
        VStack {
            // 入力内容を入れるためのバインディングを渡す
            // 「$」プレフィックスを付けて、「text」の「Binding」を取得する
            TextField("", text: $text)
                .textFieldStyle(RoundedBorderTextFieldStyle())
```

```
            // 入力内容は「text」プロパティに格納されている
            // したがって「text」プロパティを「Text」に表示すれば
            // 入力内容を同期して表示できる
            Text(self.text)
        }
        .padding()
    }
}

struct ContentView_Previews: PreviewProvider {
    static var previews: some View {
        ContentView()
    }
}
```


●「TextField」の入力内容を「Text」に表示する

Ⅲ「ObservedObject」について

ビューに表示される内容は `State` を使った一時的な値だけではありません。アプリが管理している、アプリ独自のオブジェクトもあります。そのようなオブジェクトをバインディング可能にするのが `ObservedObject` です。 `ObservedObject` を使うにはプロパティに `@ObservedObject` アノテーションを付けて定義します。

```
@ObservedObject var myObject: MyObject
```

上記の例では `MyObject` が `ObservedObject` になるアプリ独自のタイプですが、上記のコードのように使えるようにするには準備が必要です。また、`ObservedObject` は `State` とは違って、ストレージ管理（メモリ管理）はアプリ側で行います。

▶「ObservableObject」プロトコル

ObservableObject プロトコルはCombineフレームワークで定義されているプロトコルです。このプロトコルに適合させたクラスは、プロパティの値を変更するときに、変更を通知することができます。変更を通知するプロパティは @Published アノテーションを付けて定義します。たとえば、次のように UserAccount クラスを定義し、userName 、email 、password というプロパティを定義したいときは、次のようなコードになります。

SAMPLE CODE

```
// SampleCode/Chapter03/02_ObservedObjectSample/UserAccount.swift
// 「ObservableObject」はCombineフレームワークのプロトコルなのでインポートする
import Combine

// 「UserAccount」クラスを「ObservedObject」対応にするため、
// 「ObservableObject」プロトコルに適合させる
class UserAccount : ObservableObject {
    // 「@Published」アノテーションを付けて、変更時に通知できるようにする
    @Published var userName: String = ""
    @Published var email: String = ""
    @Published var password: String = ""
}
```

▶アプリ独自のデータモデルをバインディングさせる

ObservableObject プロトコルに適合するクラスは ObservedObject で使えるようになります。 ObservedObject から Binding を取得する方法は、State と同様に $ プレフィックスを使います。次のコードは UserAccount の各プロパティの Binding を取得し、ビューにバインディングさせている例です。入力された内容は、確認用に配置した Text に表示されます。

SAMPLE CODE

```
// SampleCode/Chapter03/02_ObservedObjectSample/ContentView.swift
import SwiftUI

struct ContentView: View {
    // 入力内容を格納するプロパティ
    @ObservedObject var userAccount: UserAccount

    var body: some View {
        VStack {
            // 「$」プレフィックスを付けて、各ビューにバインディングを渡す
            TextField("User Name", text: $userAccount.userName)
                .textFieldStyle(RoundedBorderTextFieldStyle())
            TextField("E-Mail", text: $userAccount.email)
                .textFieldStyle(RoundedBorderTextFieldStyle())
            SecureField("Password", text: $userAccount.password)
                .textFieldStyle(RoundedBorderTextFieldStyle())
```

```
            // 区切り線
            Divider()

            // 入力内容をプロパティに格納できていることを確認するために
            // 配置したラベル
            Text(userAccount.userName)
            Text(userAccount.email)
            Text(userAccount.password)
        }
        .padding()
    }
}

struct ContentView_Previews: PreviewProvider {
    static var previews: some View {
        // 「ObservedObject」のストレージ管理はアプリ側なので
        // ライブプレビュー用のオブジェクトはここで作成する
        ContentView(userAccount: UserAccount())
    }
}
```

SAMPLE CODE

```
// SampleCode/Chapter03/02_ObservedObjectSample/SceneDelegate.swift
import UIKit
import SwiftUI

class SceneDelegate: UIResponder, UIWindowSceneDelegate {

    var window: UIWindow?


    func scene(_ scene: UIScene, willConnectTo session: UISceneSession,
               options connectionOptions: UIScene.ConnectionOptions) {
        // 実際のアプリ用の「UserAccount」のインスタンス作成
        let contentView = ContentView(userAccount: UserAccount())

        // Use a UIHostingController as window root view controller.
        if let windowScene = scene as? UIWindowScene {
            let window = UIWindow(windowScene: windowScene)
            window.rootViewController = UIHostingController(
                                                rootView: contentView)
            self.window = window
            window.makeKeyAndVisible()
        }
    }
```

```
    // ... 省略 ...
}
```


●「TextField」の入力内容をプロパティにバインディングする

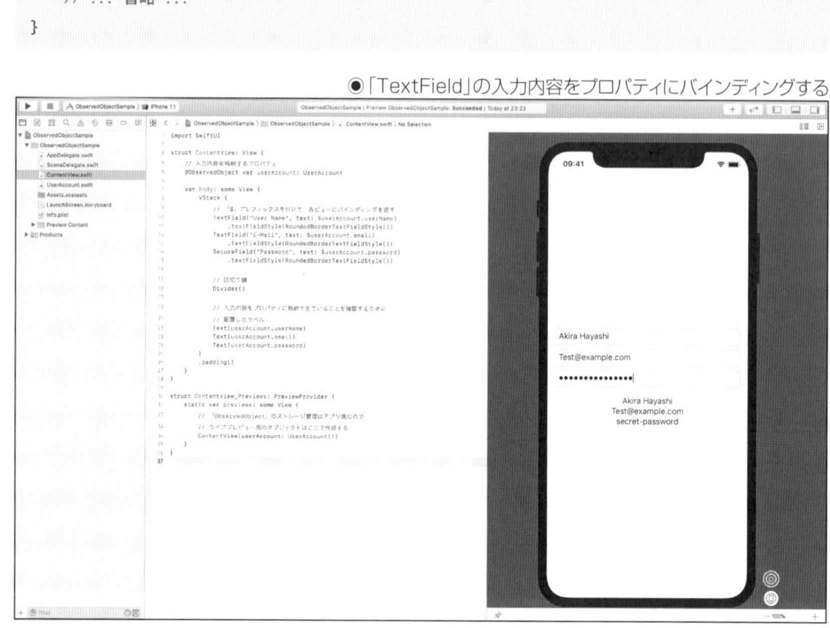

バインディング対応のカスタムビュー

アプリ独自のカスタムビューでもバインディングを使って、値を変更することができます。

「Binding」について

カスタムビューの利用側から渡されたバインディングを代入するためのプロパティを定義するには、`@Binding` アノテーションを使用します。次のように、バインディングを代入するプロパティの定義に `@Binding` アノテーションを付けます。

```
@Binding var myBindingProperty: Type
```

`@Binding` アノテーションを付けたプロパティの値は、バインディング元のプロパティと同期します。値を変更すれば、バインディング元のプロパティの値も更新されます。渡されたバインディングをそのままサブビューに渡すこともできます。

カスタムビューでバインディングを使用する

カスタムビューでバインディングを使用すれば、標準のコントロールのように値を変更する、独自のコントロールを作ることができます。次のコードは、カスタムビューの `ValueController` ビューにバインディングを渡しています。 `ValueController` ビューに配置したコントロールは、渡されたバインディングを通してプロパティの値を変更します。

SAMPLE CODE

```
// SampleCode/Chapter03/03_BindingSample/ValueControllerView.swift
import SwiftUI

struct ValueControllerView: View {
    // バインディングを格納するためのプロパティ
    @Binding var x: Double
    @Binding var y: Double

    var body: some View {
        VStack {
            // 現在値を表示するテキストビュー
            Text(String(format: "%.0f, %.0f",
                        $x.wrappedValue, $y.wrappedValue))
                .font(.largeTitle)

            // xの値を変更するスライダー
            Slider(value: $x, in: 0.0...100.0)

            // yの値を変更するスライダー
            Slider(value: $y, in: 0.0...100.0)
```

```
        }
        .padding()
    }
}

struct ValueControllerView_Previews: PreviewProvider {
    static var previews: some View {
        ValueControllerView(x: .constant(1.0), y: .constant(2.0))
    }
}
```

SAMPLE CODE

```
// SampleCode/Chapter03/03_BindingSample/ContentView.swift
import SwiftUI

struct ContentView: View {
    // バインディング元のプロパティ
    @State private var xValue: Double = 0.0
    @State private var yValue: Double = 0.0

    var body: some View {
        // このビューのプロパティのバインディングを渡して、
        // サブビューを作る
        ValueControllerView(x: $xValue, y: $yValue)
    }
}

struct ContentView_Previews: PreviewProvider {
    static var previews: some View {
        ContentView()
    }
}
```

◉カスタムビューでバインディング経由で値を変更する

▶「constant」メソッドについて

ValueControllerView_Previews の previews の中で contant というメソッドを使用しています。このメソッドは定数に対するバインディングを作成するメソッドです。このサンプルコードのように Binding をプロパティに持つ構造体のインスタンスを確保するには、インスタンスを作成する側から Binding を渡す必要があります。

このようなときに便利なのが constant メソッドです。引数に指定した値を持つ Binding を作ることができます。 Binding ができてしまえば、ValueControllerView もインスタンス化でき、ライブプレビューにプレビューを表示できます。ただし、名前のとおり変更不可能な Binding なので、コントロールを操作して値を変更しても、変化しません。

「EnvironmentObject」の利用

EnvironmentObject はバインディングの1つです。ビュー階層の最上位から伝達されるオブジェクトです。ビュー階層全体で共有する情報を入れたオブジェクトに使用します。

「EnvironmentObject」経由でのデータ渡し

EnvironmentObject は次のように @EnvironmentObject アノテーションを付けたプロパティで定義します。

```
@EnvironmentObject var objectName: Type
```

EnvironmentObject はビューに配置されると自動的に値(オブジェクト)が設定されます。設定されるオブジェクトは、ビュー階層の最上位のビューの environmentObject メソッドで設定します。設定するオブジェクトはバインディング可能なオブジェクトにする必要があるので ObservableObject プロトコルに適合しているオブジェクトを指定します。ライブプレビュー用の previews メソッド内の他、SceneDelegate 内で ContentView のインスタンスを作るところでも指定する必要があるでしょう。

次のコードは appData プロパティを EnvironmentObject を使って設定しています。カスタムビューはこのプロパティのオブジェクトを使って、各ビューの中に配置したビューの色を変更しています。共有するオブジェクトは最上位ビューとなる ContentView の environmentObject メソッドで設定します。

SAMPLE CODE

```
// SampleCode/Chapter03/04_EnvironmentObjectSample/AppData.swift
import Foundation
import SwiftUI
import Combine

// 「EnvironmentObject」でビュー階層を超えて共有するオブジェクト
class AppData : ObservableObject {
    @Published var favoriteColor: Color = Color.black
}
```

SAMPLE CODE

```
// SampleCode/Chapter03/04_EnvironmentObjectSample/SceneDelegate.swift
import UIKit
import SwiftUI

class SceneDelegate: UIResponder, UIWindowSceneDelegate {

    var window: UIWindow?
```

```
    func scene(_ scene: UIScene, willConnectTo session: UISceneSession,
               options connectionOptions: UIScene.ConnectionOptions) {

        // ビュー階層を超えて共有するオブジェクトを設定する
        let contentView = ContentView().environmentObject(AppData())

        if let windowScene = scene as? UIWindowScene {
            let window = UIWindow(windowScene: windowScene)
            window.rootViewController = UIHostingController(
                                                rootView: contentView)
            self.window = window
            window.makeKeyAndVisible()
        }
    }

    // ... 省略 ...

}
```

SAMPLE CODE

```
// SampleCode/Chapter03/04_EnvironmentObjectSample/TextMessageView.swift
import SwiftUI

struct TextMessageView: View {
    // 上位階層のビューから設定される
    @EnvironmentObject var appData: AppData

    var body: some View {
        Text("Hello SwiftUI")
            .font(.largeTitle)
            .foregroundColor(self.appData.favoriteColor)
    }
}

struct TextMessageView_Previews: PreviewProvider {
    static var previews: some View {
        TextMessageView()
    }
}
```

SAMPLE CODE

```
// SampleCode/Chapter03/04_EnvironmentObjectSample/ContentView.swift
import SwiftUI

struct ContentView: View {
```

```
    // 「environmentObject」メソッドによって設定される
    @EnvironmentObject var appData: AppData

    var body: some View {
        VStack {
            ColorSelectorView()
            TextMessageView()
        }
    }
}

struct ColorSelectorView: View {
    // 上位階層のビューから設定される
    @EnvironmentObject var appData: AppData

    var body: some View {
        HStack {
            Button(action: {
                self.appData.favoriteColor = Color.black
            }, label: {
                Text("Black")
                    .foregroundColor(Color.black)
            })

            Button(action: {
                self.appData.favoriteColor = Color.red
            }, label: {
                Text("Red")
                    .foregroundColor(Color.red)
            })

            Button(action: {
                self.appData.favoriteColor = Color.blue
            }, label: {
                Text("Blue")
                    .foregroundColor(Color.blue)
            })
        }
        .padding()
    }
}

struct ContentView_Previews: PreviewProvider {
    static var previews: some View {
        // ライブプレビュー用のオブジェクトを設定する
        ContentView()
            .environmentObject(AppData())
```

```
    }
}
```

●「EnvironmentObject」経由でオブジェクトを共有するビュー

```
import SwiftUI

struct ContentView: View {
    // 「ContentView」は「environmentObject」メソッドによって
    // 設定される
    @EnvironmentObject var appData: AppData

    var body: some View {
        VStack {
            ColorSelectorView()
            TextMessageView()
        }
    }
}

struct ColorSelectorView: View {
    // 上位階層のビューから設定される
    @EnvironmentObject var appData: AppData

    var body: some View {
        HStack {
            Button(action: {
                self.appData.favoriteColor = Color.black
            }, label: {
                Text("Black")
                    .foregroundColor(Color.black)
            })

            Button(action: {
                self.appData.favoriteColor = Color.red
            }, label: {
                Text("Red")
                    .foregroundColor(Color.red)
            })

            Button(action: {
                self.appData.favoriteColor = Color.blue
            }, label: {
                Text("Blue")
                    .foregroundColor(Color.blue)
            })
        }
        .padding()
    }
}

struct ContentView_Previews: PreviewProvider {
    static var previews: some View {
        // ライブプレビュー用に「favoriteColor」プロパティを指定する
        ContentView()
            .environmentObject(AppData())
    }
}
```

Black Red Blue

Hello SwiftUI

●「EnvironmentObject」で共有するオブジェクトのプロパティを変更する

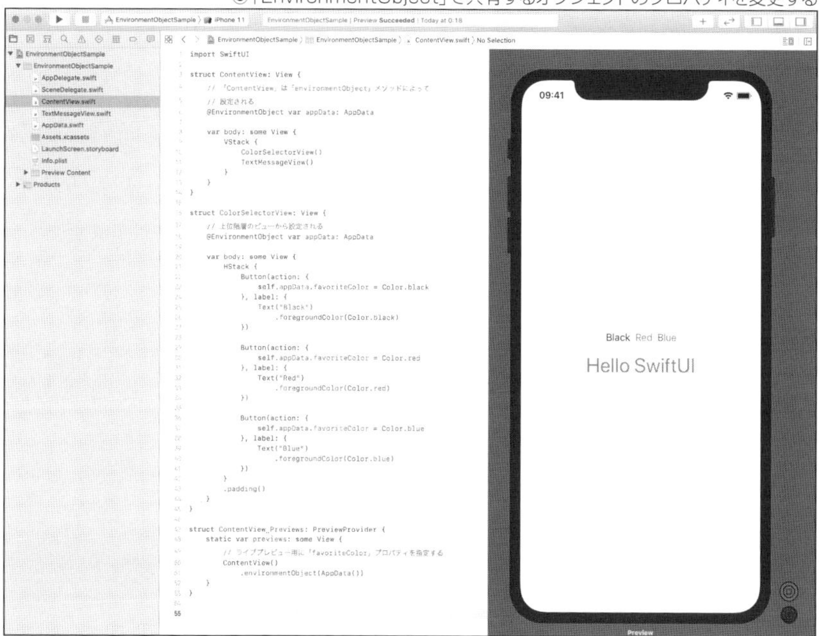

「State」「ObservedObject」「EnvironmentObject」の使い分け

この章では、3種類の方法でバインディングするオブジェクトを設定できることを解説しました。改めて挙げてみると次のとおりです。

- State
- ObservedObject
- EnvironmentObject

ここではこの3種類の使い分けについて解説します。

▶「State」を使うとき

`State` はSwiftUIがストレージも含めて管理するオブジェクトです。 `State` は他のビューからはアクセスされない `private` なプロパティにするのが望ましいとされています。本来の使用用途は一時的な値を代入するオブジェクトです。たとえば、次のようなときに使うのがよいでしょう。

- ビューが編集モードか閲覧モードか。切り替えるボタンもビューの中にあり、他のビューには編集状態を影響させないとき
- リスト表示のフィルタリングオプションの設定

▶「ObservedObject」を使うとき

`ObservedObject` はアプリ側でストレージを管理するオブジェクトです。また、オブジェクトのタイプもアプリ独自に定義するものです。アプリが管理するオブジェクトや複数のビューで共有して使用するオブジェクトをバインディングさせるときに使用するのが望ましいでしょう。

▶「EnvironmentObject」を使うとき

`EnvironmentObject` も `ObservedObject` と同様にアプリ側で管理するオブジェクトをバインディングさせるときに使用します。ただし、アプリ全体で普遍的に存在するようなオブジェクトを渡すのが望ましいでしょう。 `EnvironmentObject` は `ObservedObject` の特殊ケースです。また、ビューの階層をまたがってオブジェクトが渡されるときに、`ObservedObject` は1つ上のビューから1つ下のビューに順番に渡していくことが基本です。しかし、`EnvironmentObject` は最上位のビューでセットすると、下位階層のビューには自動的にオブジェクトが渡されます。

●「ObservedObject」のときのオブジェクトをビューが渡すイメージ

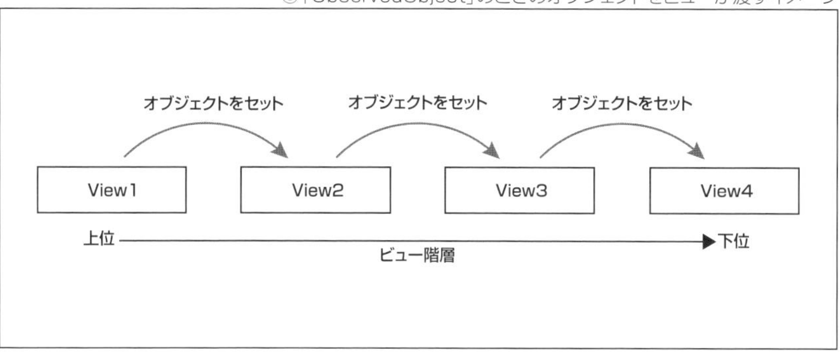

●「EnvironmentObject」のときのオブジェクトがビューに渡されるイメージ

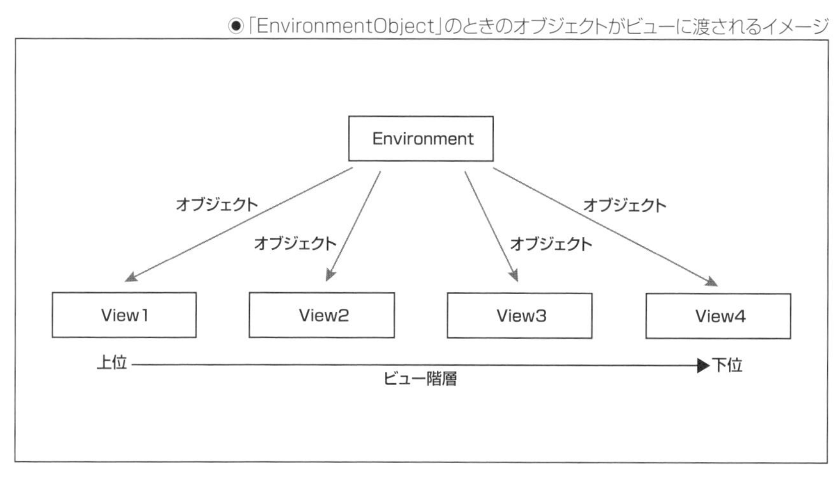

CHAPTER 04

複数のビューとビュー遷移

NavigationView

`NavigationView` は複数のビューをツリー構造による階層構造で管理するコンテナビューです。iOSでは「設定」アプリなどでも使われているお馴染みの表示方法です。このセクションではSwiftUIでの `NavigationView` の使い方を解説します。

ナビゲーションバーについて

`NavigationView` を使って複数のビューを階層構造で表示するときに、一緒に使われるのがナビゲーションバーです。ナビゲーションバーは画面の上部に表示されるエリアで、次のような要素で構成されています。

▶ タイトル

タイトルやナビゲーションバータイトルと呼ばれるエリアです。ナビゲーションビューで表示中のビューのタイトルを表示するエリアです。タイトルには次の2種類の表示スタイルがあります。

- large
- inline

●「large」表示スタイル

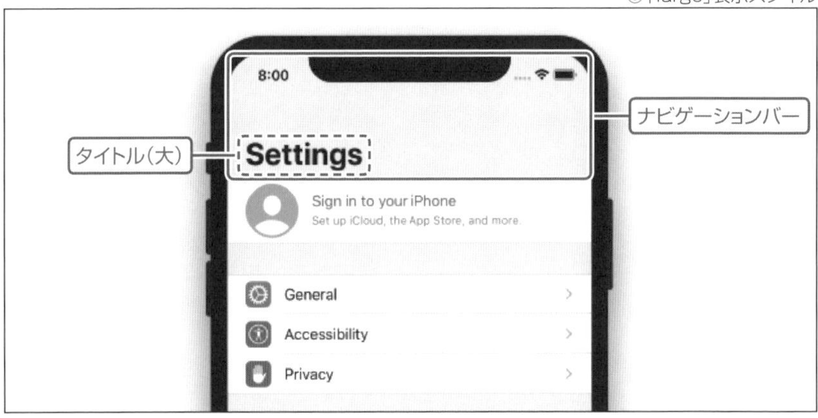

●「inline」表示スタイル

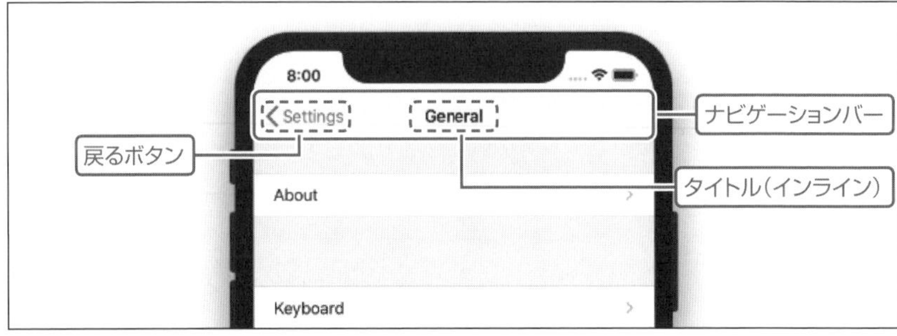

`large` は大きな文字で表示するスタイルです。このスタイルのときは、ナビゲーションバーアイテムや戻るボタンはタイトルとは別の行に表示されます。

`inline` はナビゲーションバーアイテムや戻るボタンの横にタイトルをインライン表示するスタイルです。 `large` のときは大きな文字が使われますが、`inline` のときは通常の文字サイズで表示されます。

▶ 戻るボタン

戻るボタンは1つ前(上位階層)のビューに戻るためのボタンです。戻り先のビューのタイトルも表示されます。

▶ ナビゲーションバーアイテム

ナビゲーションバーに配置したボタンなどをナビゲーションバーアイテムと呼びます。

●ナビゲーションバーアイテム

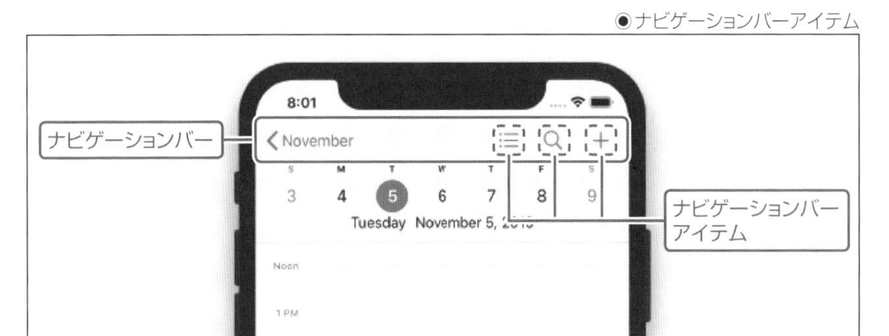

ナビゲーションビューを表示する

SwiftUIでは NavigationView を使用します。ナビゲーションビューの最上位になるビューの中で NavigationView を配置します。たとえば、アプリ起動時にナビゲーションビューを表示する場合は ContentView の中で NavigationView を配置します。

次のコードは ContentView に NavigationView を配置したコード例です。この段階ではまだタイトルを設定していません。そのため、ビューの上部には何も表示されませんが、ナビゲーションバーが追加されるので、「Hello World!」というテキストが少し下に下がります。

SAMPLE CODE

```
// SampleCode/Chapter04/01_NavigationViewSample/ContentView.swift
import SwiftUI

struct ContentView: View {
    var body: some View {
        NavigationView {
            Text("Hello, World!")
        }
    }
}
```

```
struct ContentView_Previews: PreviewProvider {
    static var previews: some View {
        ContentView()
    }
}
```


●「NavigationView」を配置する

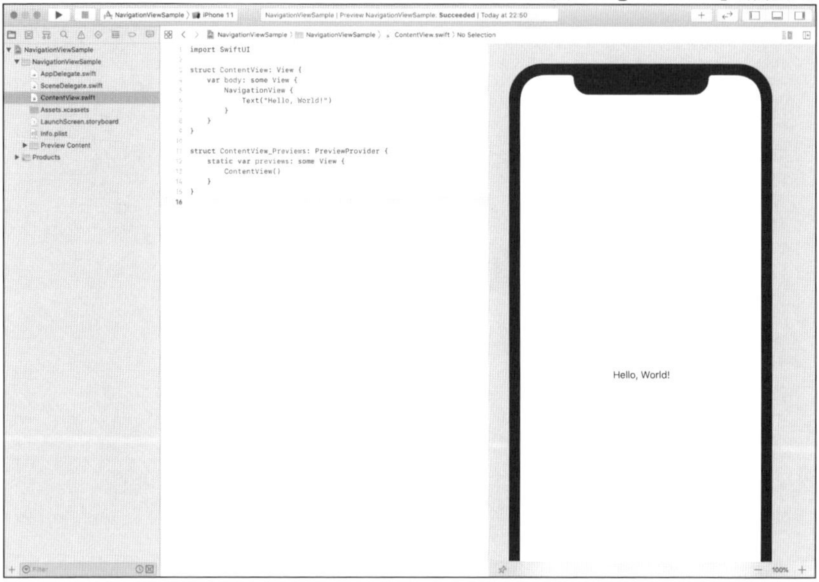

▶ナビゲーションバータイトルを設定する

ナビゲーションバータイトルを設定するには、NavigationView に配置したビューの navigationBarTitle モディファイアを使用します。 navigationBarTitle モディファイアの引数に指定した文字列がタイトルとして表示されます。

SAMPLE CODE

```
// SampleCode/Chapter04/02_NavigationViewSample/ContentView.swift
import SwiftUI

struct ContentView: View {
    var body: some View {
        NavigationView {
            Text("Hello, World!")
                .navigationBarTitle("Home")
        }
    }
}
```

```
struct ContentView_Previews: PreviewProvider {
    static var previews: some View {
        ContentView()
    }
}
```

●ナビゲーションバータイトルを表示する

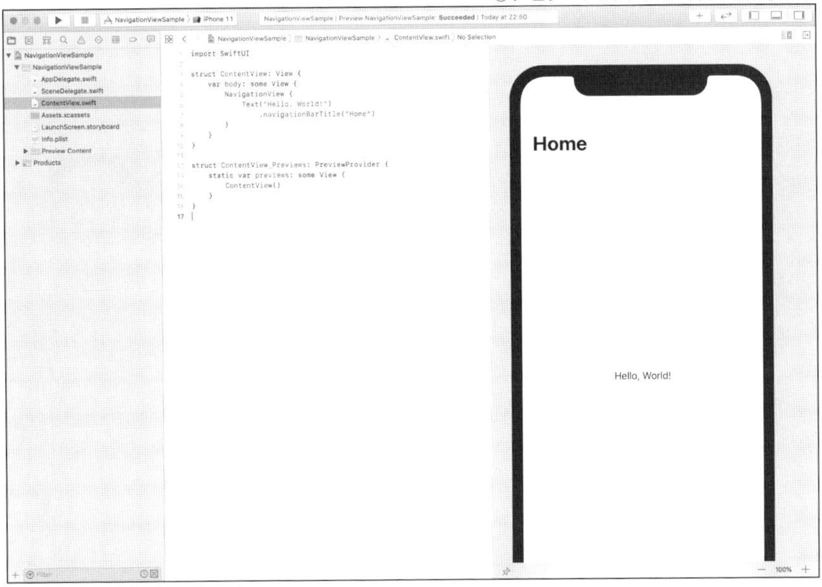

タイトルの表示スタイルを指定するときは displayMode 引数を追加して指定します。displayMode 引数には次のような値を指定できます。

「displayMode」の値	説明
large	大きい文字で表示するスタイル
inline	インライン表示するスタイル
automatic	1つ前(1つ上位の階層)のビューの表示スタイルを継承する

次のコードは inline を指定している例です。

SAMPLE CODE

```
// SampleCode/Chapter04/03_NavigationViewSample/ContentView.swift
import SwiftUI

struct ContentView: View {
    var body: some View {
        NavigationView {
            Text("Hello, World!")
                .navigationBarTitle("Home", displayMode: .inline)
        }
```

```
    }
}

struct ContentView_Previews: PreviewProvider {
    static var previews: some View {
        ContentView()
    }
}
```


●「inline」スタイルのタイトル

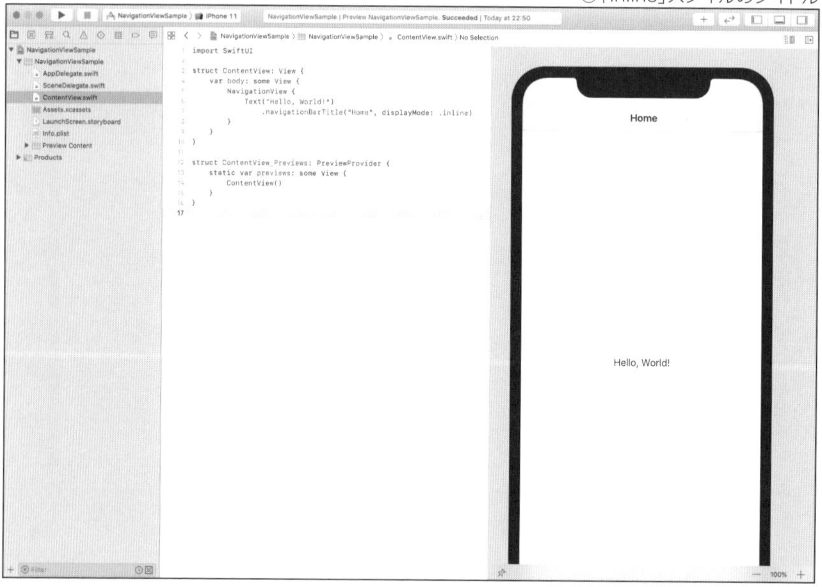

▶別のビューに遷移する

ナビゲーションビューの中で、1つのビューから別のビューへ遷移するには `NavigationLink` ボタンを使用します。`NavigationLink` ボタンを使用すると指定したビューを、階層構造の1つ下に追加して、そのビューに遷移するボタンが作れます。遷移後は遷移前のビューに戻るボタンがナビゲーションバーに表示されます。

`NavigationLink` ボタンは次のように作成します。

```
NavigationLink(destination: 遷移先のビュー) {
    // ボタンの表示内容
}
```

次のコードは NavigationLink ボタンを使用する例です。

SAMPLE CODE

```
// SampleCode/Chapter04/04_NavigationViewSample/MySubView.swift
import SwiftUI

struct MySubView: View {
    // プレフィックス文字列
    var prefix: String
    // サブビューのインデックス番号
    var index: Int
    // 何個までサブビューを作るか
    var childCount: Int

    // 表示するテキスト
    var displayText: String {
        return "\(prefix)(\(index))"
    }

    var body: some View {
        VStack {
            // ビューの外側で設定された文字列をビューとタイトルに表示する
            Text(displayText)
                .font(.largeTitle)
            // 更に下層に移動するボタンを作る
            if (index + 1) < childCount {
                NavigationLink(destination: MySubView(prefix: prefix,
                  index: index + 1, childCount: childCount), label: {
                    Text("Go To Child")
                })
            }
        }
        .navigationBarTitle("\(displayText)", displayMode: .inline)
    }
}

struct MySubView_Previews: PreviewProvider {
    static var previews: some View {
        // ライブプレビュー用にナビゲーションビューを追加する
        NavigationView {
            MySubView(prefix: "A", index: 0, childCount: 2)
        }
    }
}
```

SAMPLE CODE

```
// SampleCode/Chapter04/04_NavigationViewSample/ContentView.swift
import SwiftUI

struct ContentView: View {
    var body: some View {
        NavigationView {
            VStack {
                NavigationLink(destination:
                  MySubView(prefix: "A", index: 0, childCount: 3)) {
                    Text("A")
                }

                NavigationLink(destination:
                  MySubView(prefix: "B", index: 0, childCount: 1)) {
                    Text("B")
                }

                NavigationLink(destination:
                  MySubView(prefix: "C", index: 0, childCount: 5)) {
                    Text("C")
                }
            }
            .navigationBarTitle("Home")
        }
    }
}

struct ContentView_Previews: PreviewProvider {
    static var previews: some View {
        ContentView()
    }
}
```

◉トップ画面

◉サブビューがあるビュー

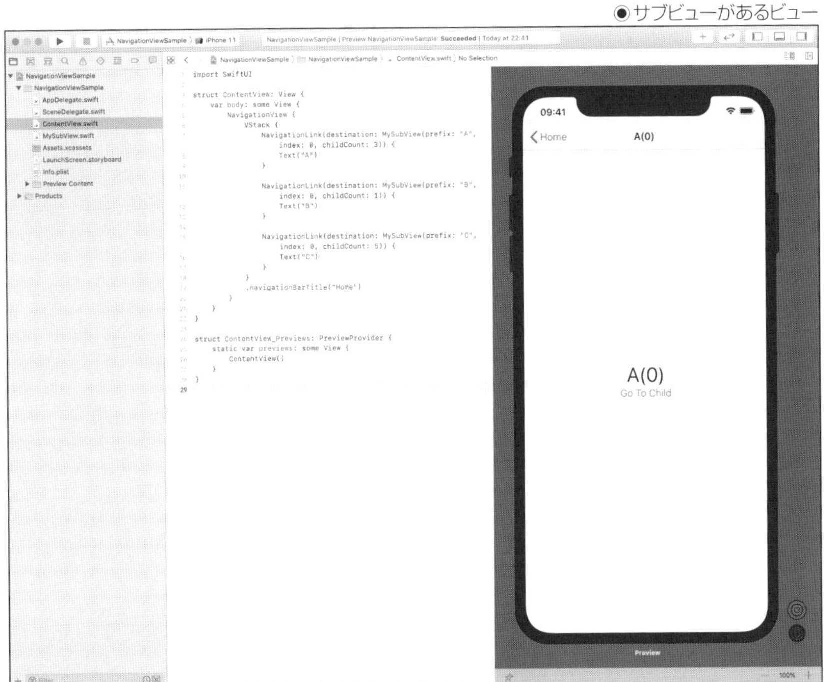

●サブビューがないビュー

このサンプルコードでは、次のような少し複雑なツリー構造が構築されます。

●サンプルコードのツリー構造

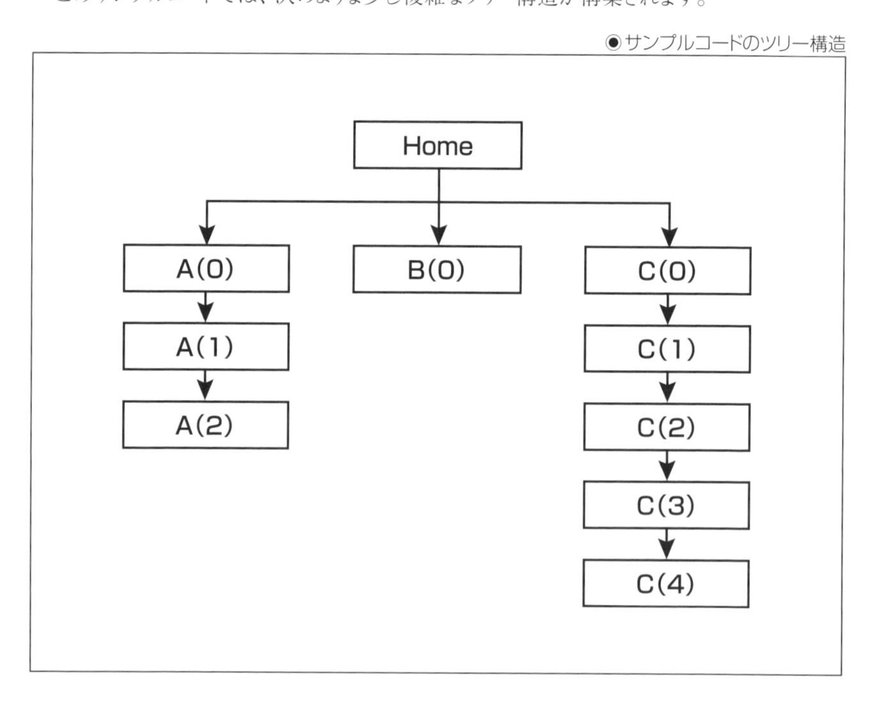

▶ ナビゲーションバーアイテムを作成する

ナビゲーションバーアイテムは左右それぞれを指定します。左側が `leading`、右側が `trailing` です。使用したい場所によって、片側だけ表示したい場合や両側表示したい場合があります。また、1つだけではなく、複数のアイテムを表示したい場合もあります。

SwiftUIでは、`navigationBarItems` モディファイアでナビゲーションバーアイテムを表示することができます。上記のように場所により表示方法も変える必要があるので、それに対応したモディファイアが用意されています。

```
// leading側にだけ表示する
func navigationBarItems<L>(leading: L) -> some View where L : View

// trailing側にだけ表示する
func navigationBarItems<T>(trailing: T) -> some View where T : View

// 両側に表示する
func navigationBarItems<L, T>(leading: L, trailing: T) ->
                                    some View where L : View, T : View
```

`HStack` を使って複数のバーアイテムを表示することもできます。

次のコードはナビゲーションバーアイテムを表示している例です。

SAMPLE CODE

```
// SampleCode/Chapter04/
// 05_NavigationViewSample/NavigationViewSample/MySubView.swift
import SwiftUI

struct MySubView: View {

    var body: some View {
        // 「navigationBarItems」に「HStack」を指定して
        // 複数ボタンを配置する
        Text("Subview")
            .navigationBarTitle("Subview", displayMode: .inline)
            .navigationBarItems(trailing: HStack {
                Button(action: {}) {
                    Image(systemName: "folder.badge.plus")
                    .resizable()
                    .aspectRatio(contentMode: .fit)
                }

                Button(action: {}) {
                    Image(systemName: "square.and.arrow.up")
                    .resizable()
                    .aspectRatio(contentMode: .fit)
                }
```

```
            })
        }
}

struct MySubView_Previews: PreviewProvider {
    static var previews: some View {
        NavigationView {
            MySubView()
        }
    }
}
```


SAMPLE CODE

```
// SampleCode/Chapter04/
// 05_NavigationViewSampel/NavigationViewSample/ContentView.swift
import SwiftUI

struct ContentView: View {
    var body: some View {
        // 「navigationBarItems」モディファイアにボタンを指定する
        NavigationView {
            NavigationLink(destination: MySubView()) {
                Text("Go To Subview")
            }
            .navigationBarTitle("Home")
            .navigationBarItems(trailing: Button(action: {}) {
                Text("Trailing")
            })
        }
    }
}

struct ContentView_Previews: PreviewProvider {
    static var previews: some View {
        ContentView()
    }
}
```

●「large」スタイルのタイトルでのナビゲーションバーアイテム

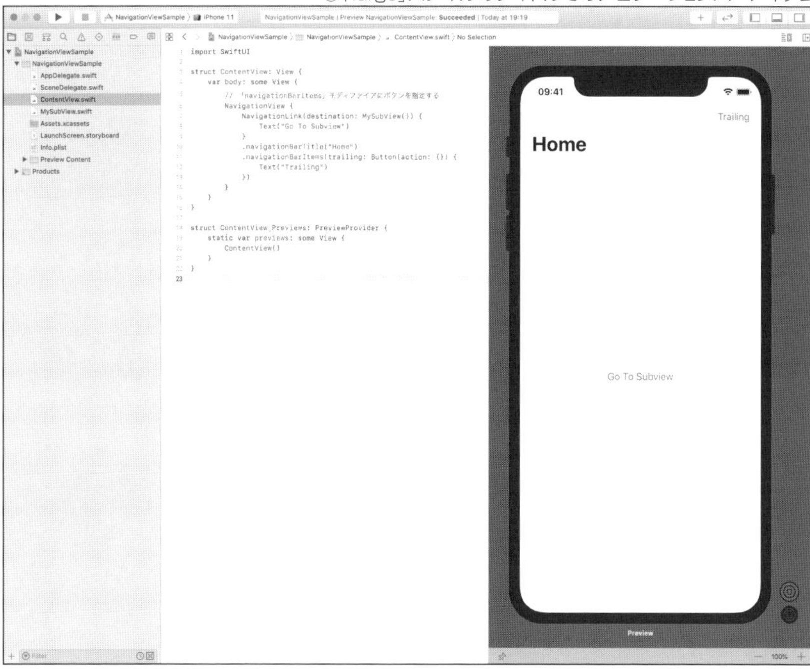

●「inline」スタイルのタイトルでのナビゲーションバーアイテム

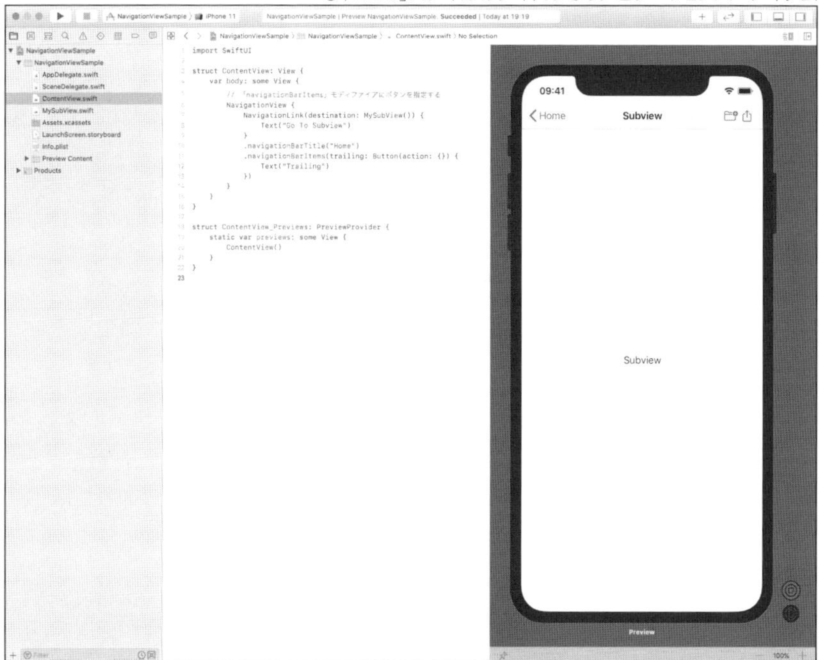

TabView

TabView は複数のビューをタブを使って切り替えできるようにするコンテナビューです。タブは画面の下部に表示されるタブバーに表示されます。ユーザーは表示したいビューのタブをタップすることで、表示されるビューを変更することができます。

別々のコンテキストに属するビュー、つまり、個々のビューが独立して同時に存在していて、ユーザーが好きなタイミングで好きなビューを操作できるようにしたいときに使用します。

タブビューを表示する

タブビューはスタックなどと同様に、タブで切り替えるようにしたいビューを TabView のサブビューに配置します。また、配置したサブビューの tabItem モディファイアを使ってタブアイテムを作ります。基本形は次のようなコードになります。

```
TabView {
    View() // タブで切り替えるビュー1
        .tabItem {
            Image() // タブアイテムに表示するアイコン
            Text("Label1") // タブアイテムに表示するラベル
        }

    View() // タブで切り替えるビュー2
        .tabItem {
            Image() // タブアイテムに表示するアイコン
            Text("Label2") // タブアイテムに表示するラベル
        }

    View() // タブで切り替えるビュー3
        .tabItem {
            Image() // タブアイテムに表示するアイコン
            Text("Label3") // タブアイテムに表示するラベル
        }
}
```

tabItem ビューのサブビューに配置したビューがタブアイテムのラベルとして使われます。

次のコードは、3つのタブを作り、3枚の画像を切り替えられるようにするというコードです。画像は Assets.xcassets に追加しています。タブで切り替えるビューは ItemView というカスタムビューです。 ItemView は Image ビューを使って画像を表示するビューになっています。

SAMPLE CODE

```
// SampleCode/Chapter04/06_TabViewSample/TabViewSample/ItemView.swift
import SwiftUI

struct ItemView: View {
    var imageName: String

    var body: some View {
        Image(imageName)
            .resizable()
            .aspectRatio(contentMode: .fill)
    }
}

struct ItemView_Previews: PreviewProvider {
    static var previews: some View {
        ItemView(imageName: "Image1")
    }
}
```

SAMPLE CODE

```
// SampleCode/Chapter04/06_TabViewSample/TabViewSample/ContentView.swift
import SwiftUI

struct ContentView: View {
    var body: some View {
        TabView {
            ItemView(imageName: "Image1")
                .tabItem {
                    Image(systemName: "photo")
                    Text("Image1")
                }
            .edgesIgnoringSafeArea(.top)

            ItemView(imageName: "Image2")
                .tabItem {
                    Image(systemName: "photo")
                    Text("Image2")
                }
            .edgesIgnoringSafeArea(.top)

            ItemView(imageName: "Image3")
                .tabItem {
                    Image(systemName: "photo")
                    Text("Image3")
                }
            .edgesIgnoringSafeArea(.top)
```

```
        }
        .edgesIgnoringSafeArea(.top)
    }
}

struct ContentView_Previews: PreviewProvider {
    static var previews: some View {
        ContentView()
    }
}
```

●先頭のタブを選択する

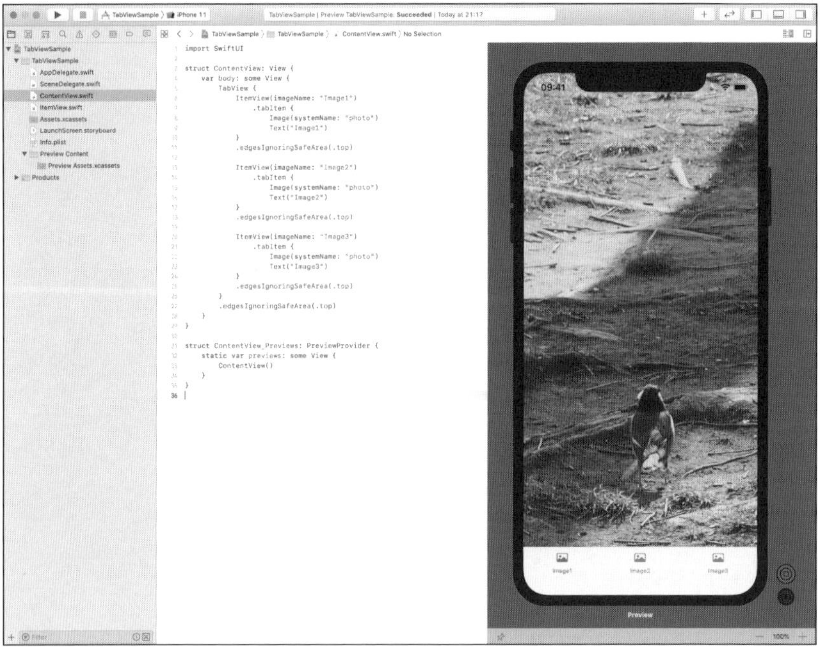

●2番目のタブを選択する

●3番目のタブを選択する

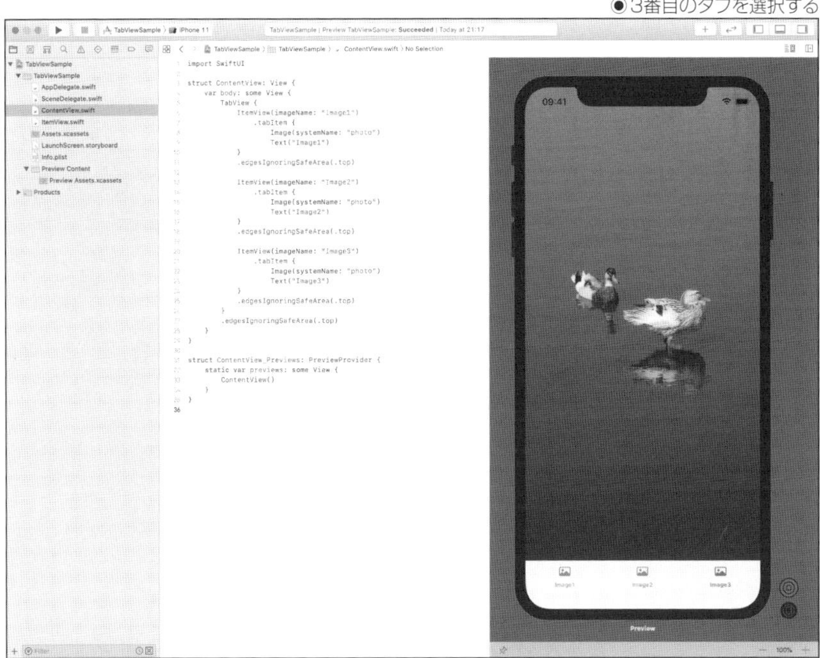

シート

シートはビューの上に重なって表示されるビューです。ある機能が現在表示中のビューとは独立して動作し、そのビューの中で完結したり、その結果を、シートを表示する前に表示していたビューに伝えるときなどに表示します。SwiftUIではシートも他のビューと同じビューです。`sheet` モディファイアを使って、カスタムビューをシートとして表示することができます。

シートを表示する

SwiftUIでのシートの表示方法はUIKitなどと考え方が少し異なります。UIKitなどでは「表示する」という「命令」を実行するメソッドを呼び出すことでシートを表示します。一方、SwiftUIの `sheet` モディファイアは次のように定義されています。

```
func sheet<Content>(isPresented: Binding<Bool>,
  onDismiss: (() -> Void)? = nil,
  content: @escaping () -> Content) -> some View where Content : View
```

`isPresented` 引数は「シートが表示されている」という「状態」を渡すようになっています。ここにSwiftUIの「宣言的」という特徴が現れていると筆者は思います。UIKitなどは「行動」を記述します。一方、SwiftUIでは「状態」を宣言します。シートを表示するということは、シートを表示するという「行動」ではなく、シートが表示されている「状態」であるとSwiftUIは捉えています。次のコードはボタンがタップされたら `SheetView` をシート表示するコードです。

SAMPLE CODE

```
// SampleCode/Chapter04/07_SheetSample/SheetSample/SheetView.swift
import SwiftUI

struct SheetView: View {
    var body: some View {
        Text("SheetView")
    }
}

struct SheetView_Previews: PreviewProvider {
    static var previews: some View {
        SheetView()
    }
}
```

SAMPLE CODE

```
// SampleCode/Chapter04/07_SheetSample/SheetSample/ContentView.swift
import SwiftUI

```

```
struct ContentView: View {
    // シートの表示状態を管理するプロパティ
    @State private var isShowingSheet: Bool = false

    var body: some View {
        Button(action: {
            // シートを表示するため、プロパティを変更する
            self.isShowingSheet = true
        }) {
            Text("Open the Sheet")
        }
        .sheet(isPresented: $isShowingSheet) {
            // シートで表示するビュー
            SheetView()
        }
    }
}

struct ContentView_Previews: PreviewProvider {
    static var previews: some View {
        ContentView()
    }
}
```


●シートを表示する

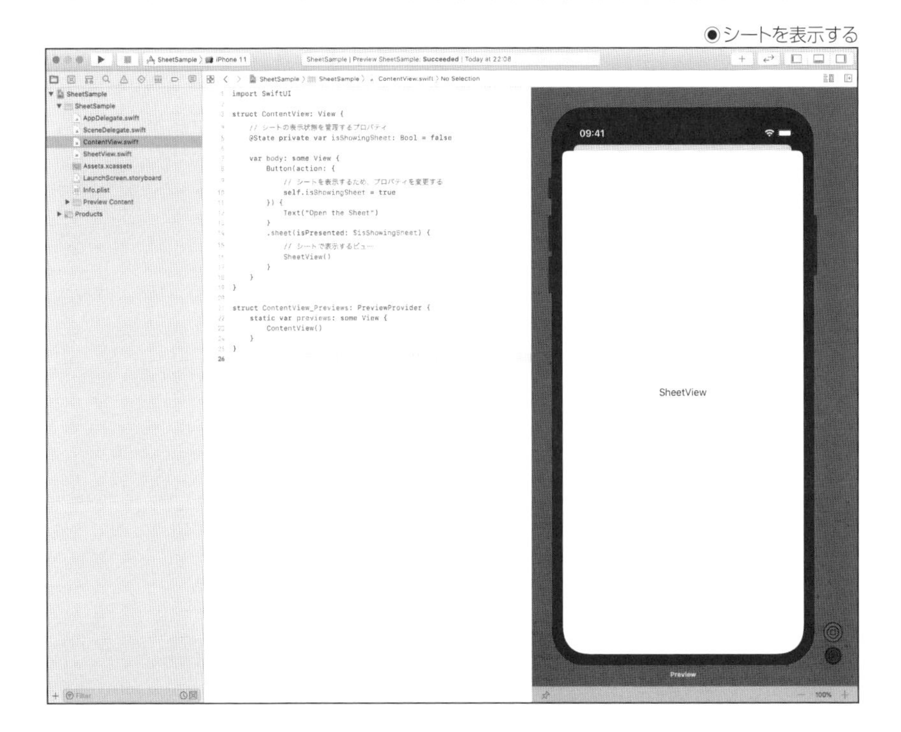

シートを閉じる

sheet モディファイアで表示されたシートを閉じるには、シートの表示状態を false に変更します。つまり、sheet モディファイアの isPresented 引数に渡されるバインディングを false に変えます。シートに表示されたカスタムビューで isPresented の値を変更したいので、カスタムビューにバインディングを渡し、カスタムビューはバインディングを使って値を変更するようにします。isPresented 引数に渡される値が false に変わるとシートが閉じます。閉じるときにはアニメーションも実行されます。

次のコードは、シートで表示されるビューに「Close」ボタンを追加した例です。

SAMPLE CODE

```
// SampleCode/Chapter04/08_SheetSample/SheetSample/SheetView.swift
import SwiftUI

struct SheetView: View {
    // シートの状態を管理するプロパティのバインディング
    @Binding var isShowingSheet: Bool

    var body: some View {
        Button(action: {
            // タップされたら状態を変更する
            self.isShowingSheet = false
        }) {
            Text("Close")
        }
    }
}

struct SheetView_Previews: PreviewProvider {
    static var previews: some View {
        SheetView(isShowingSheet: .constant(true))
    }
}
```

SAMPLE CODE

```
// SampleCode/Chapter04/08_SheetSample/SheetSample/ContentView.swift
import SwiftUI

struct ContentView: View {
    // シートの表示状態を管理するプロパティ
    @State private var isShowingSheet: Bool = false

    var body: some View {
        Button(action: {
            // シートを表示するため、プロパティを変更する
            self.isShowingSheet = true
```

```
        }) {
            Text("Open the Sheet")
        }
        .sheet(isPresented: $isShowingSheet) {
            // シートで表示するビュー
            SheetView(isShowingSheet: self.$isShowingSheet)
        }
    }
}

struct ContentView_Previews: PreviewProvider {
    static var previews: some View {
        ContentView()
    }
}
```


COLUMN 「isPresented」がバインディングになっているのはなぜか?

シートを閉じるときは、sheet モディファイアの isPresented 引数に渡される値を変更します。値を変更する処理は上記のサンプルコードのとおり、アプリ側で書いているロジックです。それならば、なぜバインディングを使用しているのかと思われると思います。

理由はジェスチャーです。iOS 13から、シートを閉じるジェスチャーが追加されています。シートを上から下にスワイプして、シートを閉じることができます。この処理はアプリ側の処理ではなく、OS側の処理、つまり、SwiftUIのフレームワーク内で対応している処理です。ジェスチャーによって閉じられたときに、isPresented 引数に渡される値を変更するのは、SwiftUIフレームワークが行うべきです。そのため、バインディングを渡すようになっています。バインディングを渡すことで、SwiftUIフレームワーク内でアプリ側のプロパティの値を変更することができます。

SECTION-015

Alert

`Alert` はOS標準のアラートを作るためのコンテナです。 `Alert` はボタンの個数や種類によって、使用するイニシャライザやボタンの作り方が少しずつ異なります。ここでは3つのパターンを解説します。

ボタンを1つだけ持ったアラートを表示する

アラートを使用するときの最も単純なパターンは、メッセージと閉じるためのボタンを持つというアラートです。`Alert` を表示するには `alert` モディファイアを使用します。`sheet` モディファイアと同様に、`alert` モディファイアの `isPresented` 引数が `true` のときに `Alert` が表示されます。

SAMPLE CODE

```
// SampleCode/Chapter04/09_AlertSample/AlertSample/ContentView.swift
import SwiftUI

struct ContentView: View {
    // アラートの表示状態を管理するプロパティ
    @State private var isShowingAlert = false

    var body: some View {
        Button(action: {
            self.isShowingAlert = true
        }) {
            Text("Show Alert")
        }
        .alert(isPresented: $isShowingAlert) {
            Alert(title: Text("Sample"),
                message: Text("SwiftUI Alert Message"),
                dismissButton: .default(Text("Close")))
        }
    }
}

struct ContentView_Previews: PreviewProvider {
    static var previews: some View {
        ContentView()
    }
}
```

●ボタンを1つだけ持ったアラート

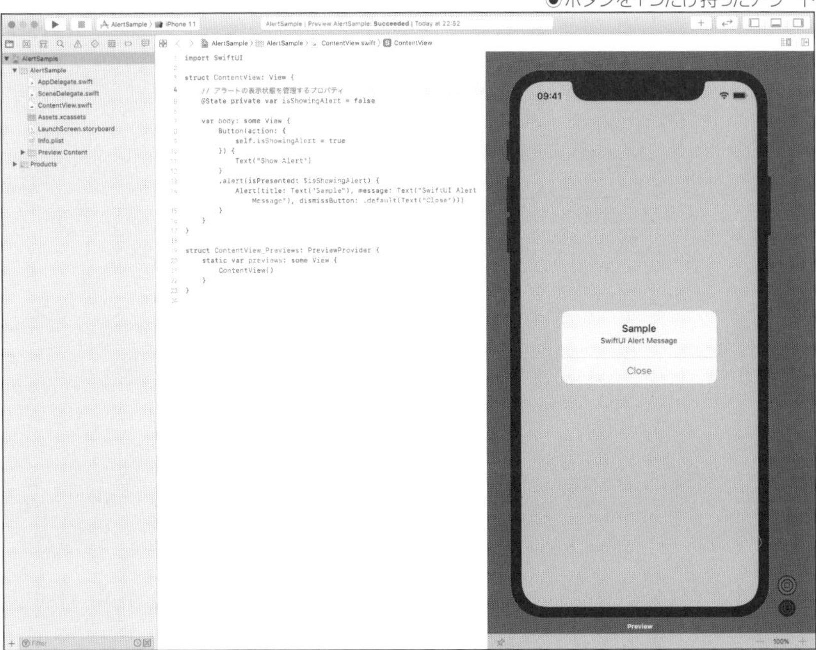

`dismissButton` 引数に指定している `default` メソッドは通常のタイプのボタンを作るためのメソッドです。他に `cancel` メソッドと `destructive` メソッドがあります。この後の項目でこれらのメソッドも使用します。

ボタンを2つ持ったアラートを表示する

ボタンを2つ持ったアラートを表示するには、`Alert` を作るときにボタンを2つ指定できるイニシャライザを使用します。

SAMPLE CODE

```
// SampleCode/Chapter04/10_AlertSample/AlertSample/ContentView.swift
import SwiftUI

struct ContentView: View {
    // アラートの表示状態を管理するプロパティ
    @State private var isShowingAlert = false
    // 選択されたアクションの文字列
    @State private var actionName = ""

    var body: some View {
        VStack {
            Button(action: {
                self.isShowingAlert = true
            }) {
```

```
                Text("Show Alert")
            }
            .alert(isPresented: $isShowingAlert) {
                Alert(title: Text("Sample"),
                  message: Text("Are you sure to execute?"),
                  primaryButton: .default(Text("OK"),
                    action: {self.actionName = "OK"}),
                  secondaryButton: .cancel(Text("Cancel"),
                    action: {self.actionName="Cancel"}))
            }

            Text(actionName)
        }
    }
}

struct ContentView_Previews: PreviewProvider {
    static var previews: some View {
        ContentView()
    }
}
```

●ボタンを2つ持ったアラート

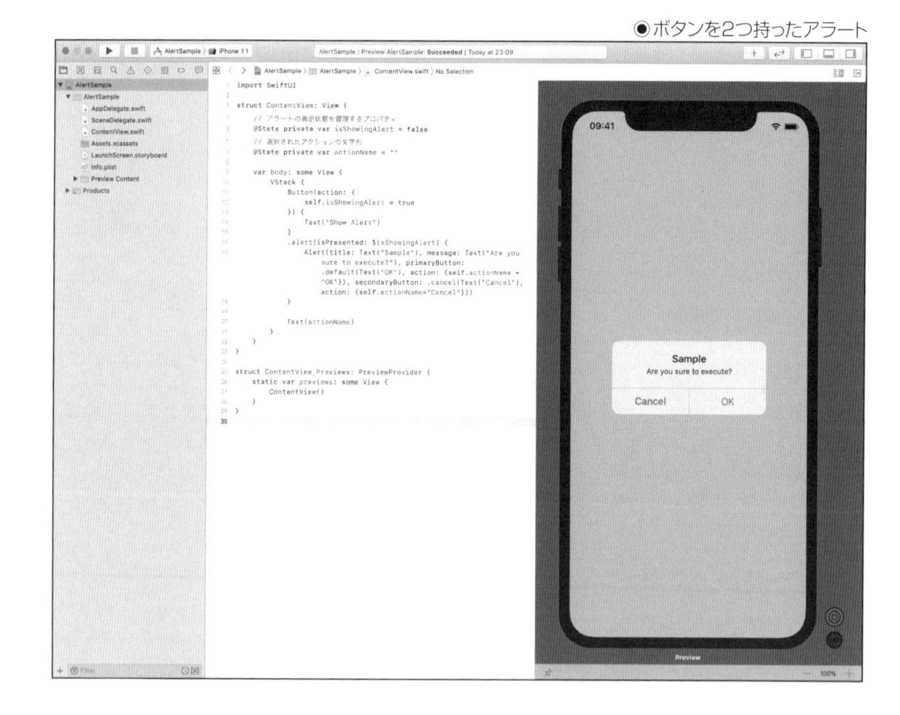

primaryButton 引数と secondaryButton 引数を使って2つのボタンを指定します。secondaryButton 引数に指定している cancel メソッドを使って作っているボタンは、名前のとおり、キャンセルするためのボタンです。ボタンが複数になったので、どちらがタップされたのかを知る必要があります。そこで、ボタンを作成するときに action 引数を追加しています。action 引数にはボタンがタップされたときに実行する処理を書きます。このサンプルコードではどちらのボタンかを知りたいだけなので、プロパティに文字列を入れています。入れた文字列は Text ビューで表示します。

何かを削除するときの確認用のアラートを表示する

iOSでは何かを削除したり、破壊したりするときには、それ専用のボタンを表示するようになっています。SwiftUIでもそのようなときに表示するためのボタンを作れます。アラートのボタンを作るときに destructive メソッドを使用します。

SAMPLE CODE

```
// SampleCode/Chapter04/11_AlertSample/AlertSample/ContentView.swift
import SwiftUI

struct ContentView: View {
    // アラートの表示状態を管理するプロパティ
    @State private var isShowingAlert = false
    // 選択されたアクションの文字列
    @State private var actionName = ""

    var body: some View {
        VStack {
            Button(action: {
                self.isShowingAlert = true
            }) {
                Text("Show Alert")
            }
            .alert(isPresented: $isShowingAlert) {
                Alert(title: Text("Sample"),
                  message: Text("Are you sure to delete?"),
                  primaryButton: .destructive(Text("Delete"),
                    action: {self.actionName = "Delete"}),
                  secondaryButton: .cancel(Text("Cancel"),
                    action: {self.actionName="Cancel"}))
            }

            Text(actionName)
        }
    }
}
```

▼

```
struct ContentView_Previews: PreviewProvider {
    static var previews: some View {
        ContentView()
    }
}
```

●何かを削除するときの確認用のアラート

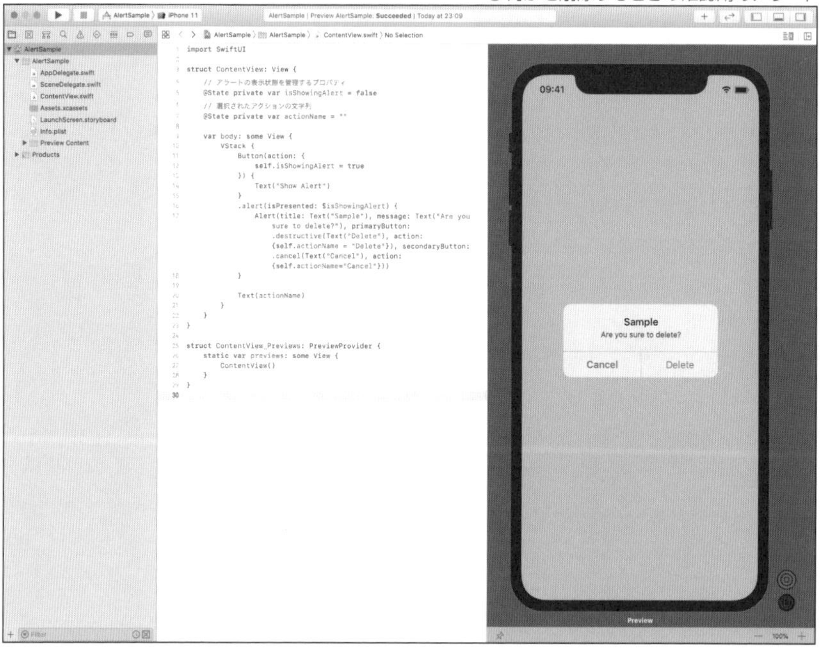

ActionSheet

ActionSheet はOS標準のアクションシートを作るためのコンテナです。アクションシートには複数のボタンが表示され、ユーザーは表示された選択肢の中から1つを選択します。ボタンの種類は Alert と同じです。アラートで表示されるボタンは2つでしたが、アクションシートは3つ以上のボタンを表示できます。

「ActionSheet」を表示する

アクションシートを表示するには actionSheet モディファイアを使用します。sheet モディファイアや alert モディファイアと同様に、actionSheet モディファイアの isPresented 引数が true のときに ActionSheet が表示されます。

```
View
    .actionSheet(isPresented: $isShowing) {
        ActionSheet(title: Text("タイトル"),
                    message: Text("メッセージ") buttons:[ボタンの配列])
    }
```

buttons に指定するボタンは、次のようにボタンに表示するタイトルと、ボタンがタップされたときに実行する処理を指定して作ります。

```
// 通常のボタン
.default(Text("タイトル"), action: { タップされたときに実行する処理 })

// キャンセルボタン
.cancel(Text("タイトル"), action: { タップされたときに実行する処理 })

// 何かを削除するときに使うボタン
.destructive(Text("タイトル"), action: { タップされたときに実行する処理 })
```

次のコードはアクションシートにボタンを3つ表示する例です。 Alert のサンプルコードでも使用した3種類のボタンを表示しています。

SAMPLE CODE

```
// SampleCode/Chapter04/
// 12_ActionSheetSample/ActionSheetSample/ContentView.swift
import SwiftUI

struct ContentView: View {
    // アクションシートの表示状態
    @State private var isShowing: Bool = false
```

```
    // ラベルに表示するテキスト
    @State private var actionName: String = ""

    var body: some View {
        VStack {
            Button(action: {
                self.isShowing = true
            }) {
                Text("Show ActionSheet")
            }
            .actionSheet(isPresented: $isShowing) {
                // ボタンを3つ持ったアクションシートを表示する
                ActionSheet(title: Text("Sample"),
                  message: Text("Are you sure to delete?"),
                  buttons: [
                    .default(Text("Option"),
                            action: { self.actionName = "Option" }),
                    .destructive(Text("Delete"),
                            action: { self.actionName = "Delete" }),
                    .cancel(Text("Cancel"),
                            action: { self.actionName = "Cancel" })
                ])
            }

            Text("\(self.actionName)")
        }
    }
}

struct ContentView_Previews: PreviewProvider {
    static var previews: some View {
        ContentView()
    }
}
```

●アクションシート

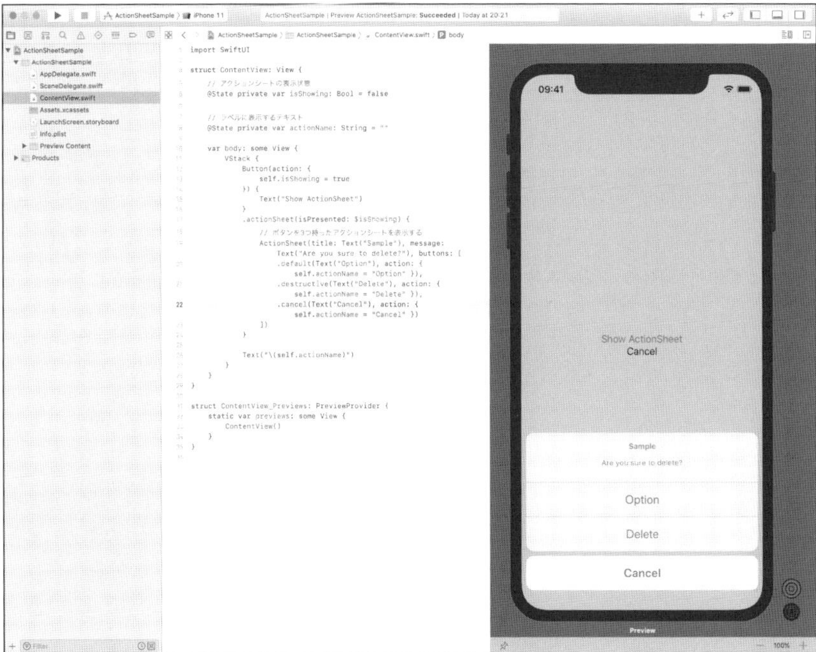
ActionSheetSample
iPhone 11
ActionSheetSample | Preview ActionSheetSample: Succeeded | Today at 20:21
ActionSheetSample
AppDelegate.swift
SceneDelegate.swift
ContentView.swift
Assets.xcassets
LaunchScreen.storyboard
Info.plist
Preview Content
Products
ContentView.swift
body
import SwiftUI
struct ContentView: View {
// アクションシートの表示状態
@State private var isShowing: Bool = false
// ラベルに表示するテキスト
@State private var actionName: String = ""
var body: some View {
VStack {
Button(action: {
self.isShowing = true
}) {
Text("Show ActionSheet")
}
.actionSheet(isPresented: $isShowing) {
// ボタンを3つ持ったアクションシートを表示する
ActionSheet(title: Text("Sample"), message:
Text("Are you sure to delete?"), buttons: [
.default(Text("Option"), action: {
self.actionName = "Option" }),
.destructive(Text("Delete"), action: {
self.actionName = "Delete" }),
.cancel(Text("Cancel"), action: {
self.actionName = "Cancel" })
])
}
Text("\(self.actionName)")
}
}
}
struct ContentView_Previews: PreviewProvider {
static var previews: some View {
ContentView()
}
}
09:41
Show ActionSheet
Cancel
Sample
Are you sure to delete?
Option
Delete
Cancel
Preview
100%

SECTION-017

ビューの動的生成

ここまでの解説で使ってきた方法では、配置するビューは、ハードコーディングされ、生成される最大数は決まっていました。たとえば、ユーザーがテキストフィールドから入力した個数の `Image` を配置するにはどうしたらよいでしょうか。たとえば、UIKitであれば、`UIImageView` を表示先のビューに作成して追加するという処理を、`for` ループで必要な回数だけループさせるといった方法で実現できます。SwiftUIでは `ForEach` という構造体を使って同様の処理を実現できます。

単純な値のコレクションからビューを作成する

`String` や `Int` といった単純な値のコレクション(配列など)と `ForEach` を組み合わせるときは、次のような使い方をします。

```
ContainerView {
    ForEach(collection, id: \.self) { item in
        // ビューを作成する処理。「item」にはコレクションの要素が格納される。
        // ビューの生成で必要に応じて使用する
    }
}
```

`id` 引数には、コレクション内の要素を識別する情報へのキーパスを指定します。`String` や `Int` のような単純な値を表すタイプの場合は、それ自体が識別する情報となるので、`\.self` を指定します。ビューを生成する処理はコレクションに格納されている要素ごとに呼ばれます。上記のコードでは `item` に要素が代入されるので、後はビューを生成するときに `item` の値を使って要素ごとに異なるビューを作ることができます。 `ContainerView` は生成したビューを入れるコンテナビューです。 `HStack` や `VStack` など、表示したい内容に合わせたビューを使用します。

次のコードは `String` の配列を指定して、各文字列を表示する `Text` ビューを表示する例です。

SAMPLE CODE

```
// SampleCode/Chapter04/13_ForEachSample/ForEachSample/ContentView.swift
import SwiftUI

struct ContentView: View {
    // 表示する文字列の配列
    var strArray: [String] = []

    var body: some View {
        VStack {
```

```
            // 配列の要素ごとにビューを作る
            ForEach(strArray, id: \.self) { str in
                Text("\(str)")
                    .background(Color.yellow)
                    .padding()
            }
        }
    }
}

struct ContentView_Previews: PreviewProvider {
    static var previews: some View {
        ContentView(strArray: ["SwiftUI", "Swift", "iOS"])
    }
}
```

●文字列の配列の要素ごとにビューを作成する

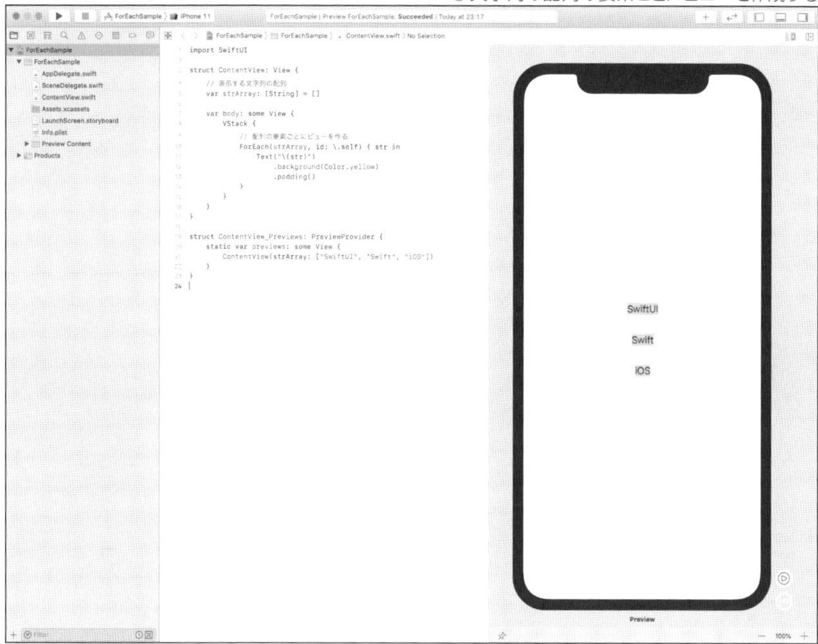

独自のタイプのコレクションからキーパスを指定してビューを作成する

アプリで定義している構造体など、String や Int のような単純な値のタイプではないときは、そのタイプの値を識別する情報へのキーパスを指定します。キーパスは ForEach のイニシャライザの id 引数に指定します。単純な値のタイプのときには \.self を指定した引数です。

次のコードは、アプリが独自に定義している UserData という構造体のコレクションを使っている例です。 UserData を識別する情報は userID というプロパティに入っています。そのため、id 引数に指定するのは、プロパティ userID へのキーパスです。

SAMPLE CODE

```
// SampleCode/Chapter04/14_ForEachSample/ForEachSample/ContentView.swift
import SwiftUI

struct UserData {
    var userID: Int
    var userName: String
    var iconName: String
}

struct ContentView: View {
    // 表示する情報の配列
    var users: [UserData] = []

    var body: some View {
        VStack {
            // 配列の要素ごとにビューを作る
            ForEach(users, id: \UserData.userID) { user in
                HStack {
                    Image(systemName: user.iconName)
                        .resizable()
                        .aspectRatio(contentMode: .fit)
                        .frame(width: 40, height: 40)

                    Text(user.userName)
                        .font(.largeTitle)
                }
            }
        }
    }
}

struct ContentView_Previews: PreviewProvider {
    static var previews: some View {
        // 表示する「UserData」の配列を作って「ContentView」を表示
        ContentView(users: [
```

```
            UserData(userID: 0, userName: "Hayashi", iconName: "star"),
            UserData(userID: 1, userName: "Tanaka", iconName: "moon.stars"),
            UserData(userID: 2, userName: "Yamada", iconName: "wand.and.stars")
        ])
    }
}
```

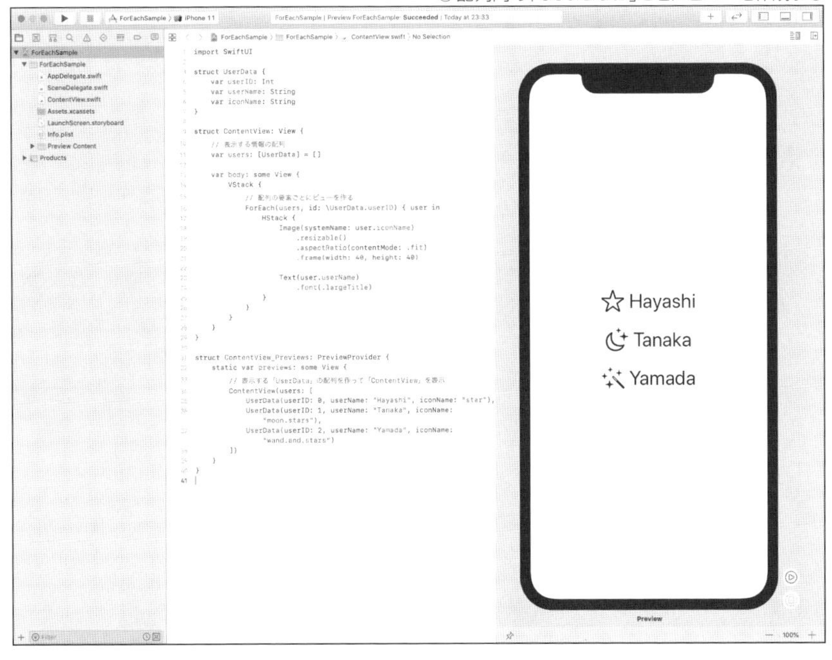

●配列内の「UserData」ごとにビューを作成する

「Identifiable」に適合するタイプのコレクションからビューを作成する

アプリで定義したタイプが **Identifiable** プロトコルに適合しているときには、引数 **id** を指定しないイニシャライザを使用し、コレクションのみを指定します。

次のコードは1つ前の項目で使ったコードをもとに、**UserData** を **Identifiable** プロトコルに適合するように変更したコードの例です。

SAMPLE CODE

```
// SampleCode/Chapter04/15_ForEachSample/ForEachSample/ContentView.swift
import SwiftUI

struct UserData : Identifiable {
    var id: Int
    var userName: String
    var iconName: String
}
```

```
struct ContentView: View {
    // 表示する情報の配列
    var users: [UserData] = []

    var body: some View {
        VStack {
            // 配列の要素ごとにビューを作る
            ForEach(users) { user in
                HStack {
                    Image(systemName: user.iconName)
                        .resizable()
                        .aspectRatio(contentMode: .fit)
                        .frame(width: 40, height: 40)

                    Text(user.userName)
                        .font(.largeTitle)
                }
            }
        }
    }
}

struct ContentView_Previews: PreviewProvider {
    static var previews: some View {
        // 表示する「UserData」の配列を作って「ContentView」を表示
        ContentView(users: [
            UserData(id: 0, userName: "Hayashi", iconName: "star"),
            UserData(id: 1, userName: "Tanaka", iconName: "moon.stars"),
            UserData(id: 2, userName: "Yamada", iconName: "wand.and.stars")
        ])
    }
}
```

●配列内の「UserData」ごとにビューを作成する

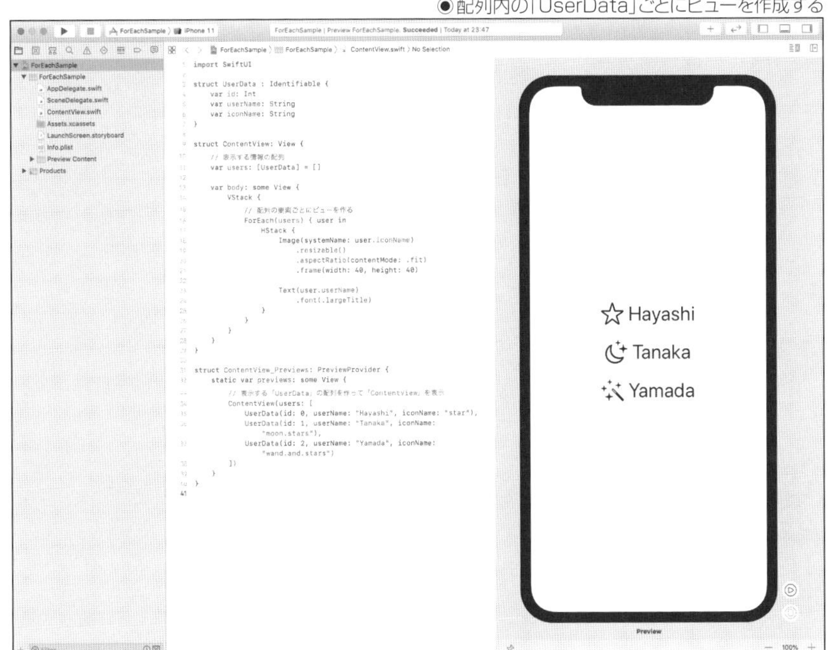

List

List はテーブルビューを表示するためのコンテナビューです。UIKitではテーブルビューを表示するときには、データソースを作って、テーブルビューにデータソースから表示内容を提供するというコードが必要でした。しかし、SwiftUIの List は特別なビューではなく、他のコンテナビューと同様です。テーブルビューのセルとして表示したいビューをサブビューに配置するだけでテーブルビューを作ることができます。

「List」を表示する

List ビューはサブビューを List のセル(項目)として表示します。行の高さはセルのビューに合わせて自動的に調整されます。高さが大きなビューと小さなビューを入れると、大きなビューを表示する行は高くなります。

次のコードはリストに2つのセルを表示しています。

SAMPLE CODE

```
// SampleCode/Chapter04/16_ListSample/ListSample/ContentView.swift
import SwiftUI

struct ContentView: View {
    var body: some View {
        List {
            // テキストを表示
            Text("SwiftUI Programming")
            // 画像を表示
            Image(systemName: "sun.max")
            // 「HStack」で画像とテキストを並べて表示
            HStack {
                Image(systemName: "moon.stars")
                Text("moon.stars")
            }
            // 「VStack」でテキストを縦に並べて表示。高さも変わる
            VStack {
                Text("Line 1")
                Text("Line 2")
                Text("Line 3")
            }
        }
    }
}

struct ContentView_Previews: PreviewProvider {
    static var previews: some View {
```

```
        ContentView()
    }
}
```

●「List」を表示する

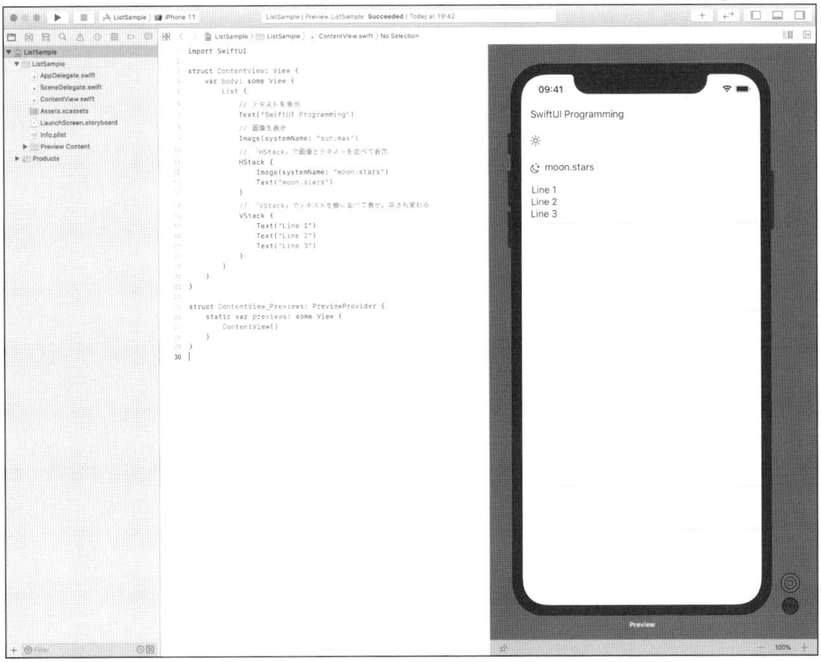

「List」と「ForEach」の組み合わせ

WebやDBから取得した情報を元にリストを表示するときや、検索結果を表示するときなど、リストに表示する項目数が動的に変化するときには ForEach と組み合わせます。ForEach はビューをコレクションから動的に作成することができます。 ForEach については《**ビューの動的生成**》(p.162)を参照してください。条件によって表示される項目が変化することがないときは ForEach を使わずに、List のイニシャライザにコレクションを渡しても同じように動的生成ができます。

次のコードはプロパティに入れた配列から List のセルを作っています。上部の Favorite トグルでフィルタリングも行っています。

SAMPLE CODE

```
// SampleCode/Chapter04/17_SampleCode/ListSample/Item.swift
import Foundation

struct Item : Identifiable {
    var id: Int
```

```
    var isFavorite: Bool
    var text: String
}
```

SAMPLE CODE

```
// SampleCode/Chapter04/17_SampleCode/ListSample/ListItemView.swift
import SwiftUI

struct ListItemView: View {
    var item: Item

    var body: some View {
        HStack {
            Text(item.text)

            // Favoriteの項目の後ろに星を表示
            if (item.isFavorite) {
                Image(systemName: "star")
            }
        }
    }
}

struct ListItemView_Previews: PreviewProvider {
    static var previews: some View {
        ListItemView(item: Item(id: 1, isFavorite: true, text: "Swift"))
    }
}
```

SAMPLE CODE

```
// SampleCode/Chapter04/17_ListSample/ListSample/ContentView.swift
import SwiftUI

struct ContentView: View {
    // リストに表示するデータの配列
    var items: [Item] = []

    // Favoriteのみを絞り込むか
    @State private var isOnlyFavorite: Bool = false

    var body: some View {
        VStack {
            Toggle(isOn: $isOnlyFavorite) {
                Text("Only Favorite")
            }
            .padding()
```

```
            List {
                ForEach(items) { item in
                    // 表示する項目かを判定する
                    if (!self.isOnlyFavorite || item.isFavorite) {
                        ListItemView(item: item)
                    }
                }
            }
        }
    }
}

struct ContentView_Previews: PreviewProvider {
    static var previews: some View {
        ContentView(items: [
            Item(id: 1, isFavorite: true, text: "Swift"),
            Item(id: 2, isFavorite: false, text: "C/C++"),
            Item(id: 3, isFavorite: true, text: "Objective-C"),
            Item(id: 4, isFavorite: false, text: "Java"),
            Item(id: 5, isFavorite: true, text: "Kotlin"),
        ])
    }
}
```

◉絞り込みなしの表示

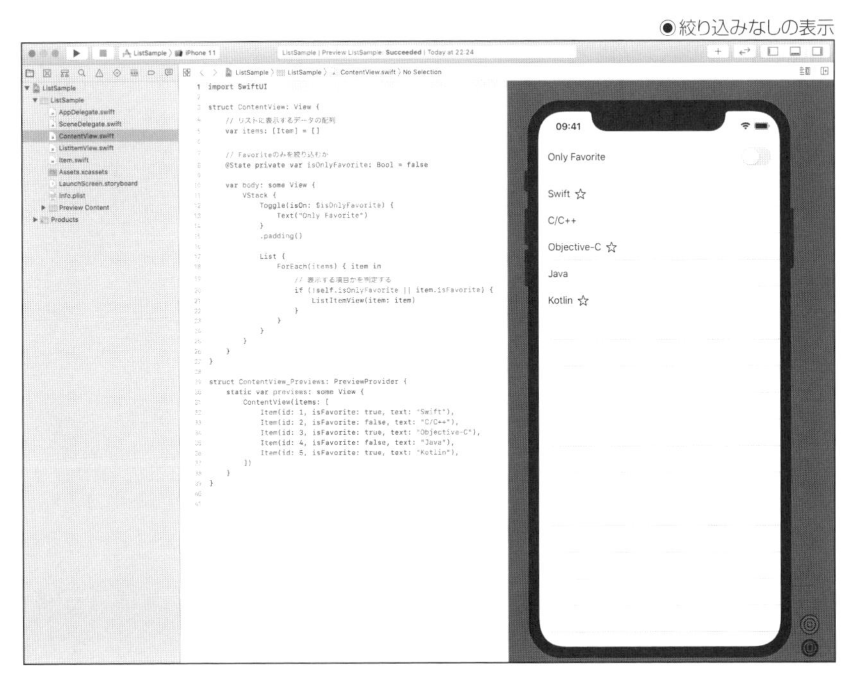

●絞り込みありの表示

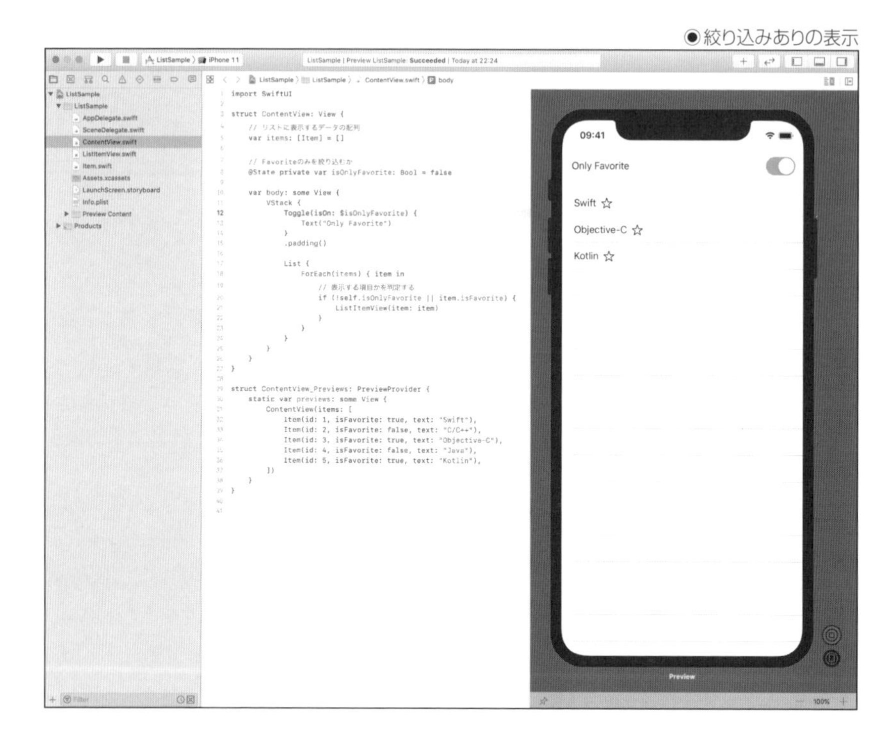

「List」と「NavigationView」の組み合わせ

`List` に表示されている項目を選択して、詳細画面に遷移するという動作はよくあるパターンです。このパターンの動作をSwiftUIで実現するには `NavigationView` と `NavigationLink` を組み合わせます。 `NavigationView` と `NavigationLink` については、《NavigationView》(p.134)を参照してください。

`List` のセルがタップされたときに別のビューに遷移するようにするには、次のように、セルのビューの親ビューを `NavigationLink` にします。

```
List {
    NavigationLink(destination: DestinationView) {
        ListItemCell()
    }
}
```

次のコードは『「List」とForEachの組み合わせ』(p.169)のサンプルコードをベースにして、`Item.isFavorite` プロパティの編集画面を追加した例です。編集できるようにするため `Item` は `ObservableObject` プロトコルに適合するクラスに変更しています。それに合わせて `ListItemView` のプロパティは `@ObservedObject` アノテーションを追加しています。 `ContentView` の `ListItemView` の親ビューを `NavigationLink` に変更しています。

SAMPLE CODE

```
// SampleCode/Chapter04/18_ListSample/ListSample/Item.swift
import Foundation

class Item : Identifiable, ObservableObject {
    var id: Int
    @Published var isFavorite: Bool
    @Published var text: String

    init(id: Int, isFavorite: Bool, text: String) {
        self.id = id
        self.isFavorite = isFavorite
        self.text = text
    }
}
```

SAMPLE CODE

```
// SampleCode/Chapter04/18_ListSample/ListSample/ListItemView.swift
import SwiftUI

struct ListItemView: View {
    @ObservedObject var item: Item

    var body: some View {
        HStack {
            Text(item.text)

            // Favoriteの項目の後ろに星を表示
            if (item.isFavorite) {
                Image(systemName: "star")
            }
        }
    }
}

struct ListItemView_Previews: PreviewProvider {
    static var previews: some View {
        ListItemView(item: Item(id: 1, isFavorite: true, text: "Swift"))
    }
}
```

SAMPLE CODE

```
// SampleCode/Chapter04/18_ListSample/ListSample/ItemEditorView.swift
import SwiftUI

struct ItemEditorView: View {
    // 編集対象のアイテム
    @ObservedObject var item: Item

    var body: some View {
        VStack (alignment: .leading) {
            Text("Language: \(item.text)")
            Toggle(isOn: $item.isFavorite) {
                Text("Favorite")
            }
            Spacer()
        }
        .padding()
        .navigationBarTitle("\(item.text)", displayMode: .inline)
    }
}

struct ItemEditorView_Previews: PreviewProvider {
    static var previews: some View {
        NavigationView {
            ItemEditorView(item: Item(id: 1, isFavorite: false, text: "Swift"))
        }
    }
}
```

SAMPLE CODE

```
// SampleCode/Chapter04/18_ListSample/ListSample/ContentView.swift
import SwiftUI

struct ContentView: View {
    // リストに表示するデータの配列
    var items: [Item] = []

    // Favoriteのみを絞り込むか
    @State private var isOnlyFavorite: Bool = false

    var body: some View {
        NavigationView {
            List {
                ForEach (items) { item in
                    // 表示する項目かを判定する
                    if (!self.isOnlyFavorite || item.isFavorite) {
                        NavigationLink(destination:
```

```
                          ItemEditorView(item: item)) {
                            ListItemView(item: item)
                        }
                    }
                }
            }
            .navigationBarTitle("Languages")
            .navigationBarItems(trailing: Toggle(isOn: $isOnlyFavorite) {
                Image(systemName: "star")
            })
        }
    }
}

struct ContentView_Previews: PreviewProvider {
    static var previews: some View {
        ContentView(items: [
            Item(id: 1, isFavorite: false, text: "Swift"),
            Item(id: 2, isFavorite: false, text: "C/C++"),
            Item(id: 3, isFavorite: false, text: "Objective-C"),
            Item(id: 4, isFavorite: false, text: "Java"),
            Item(id: 5, isFavorite: false, text: "Kotlin"),
        ])
    }
}
```

◉初期状態

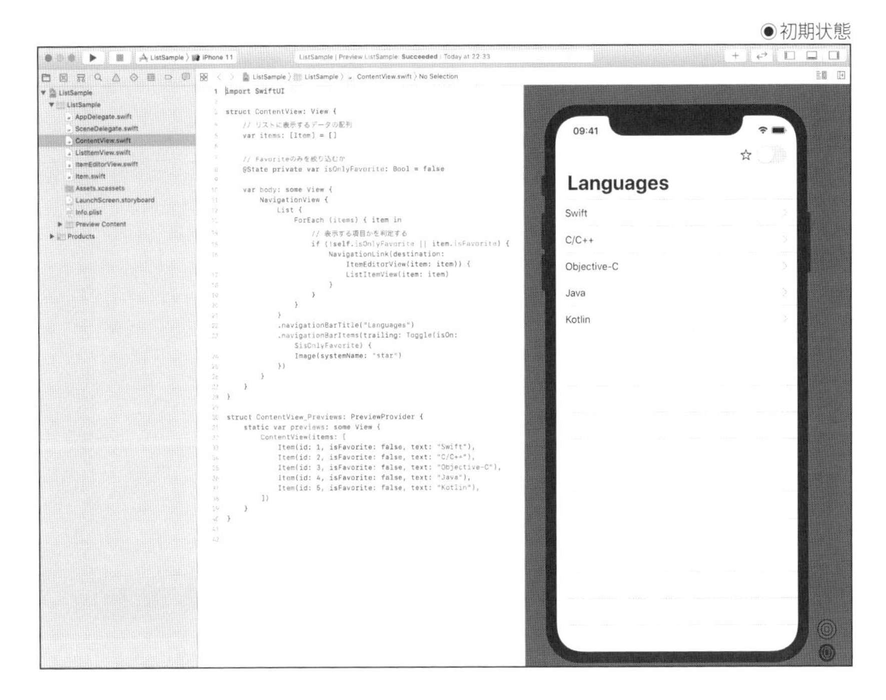

●編集画面

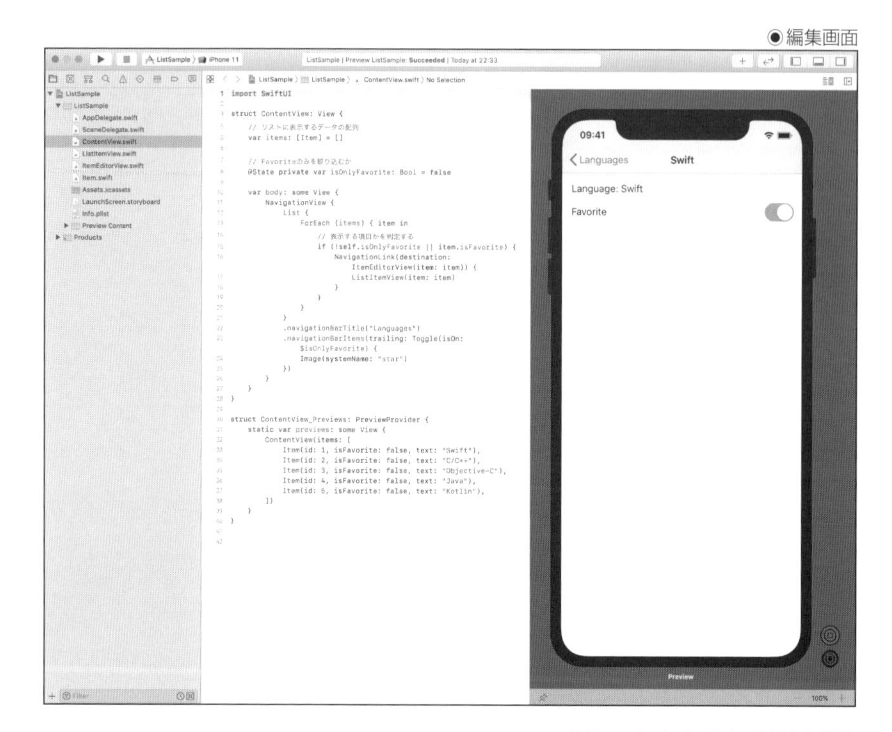

●Favoriteをオンにしてリストに戻る

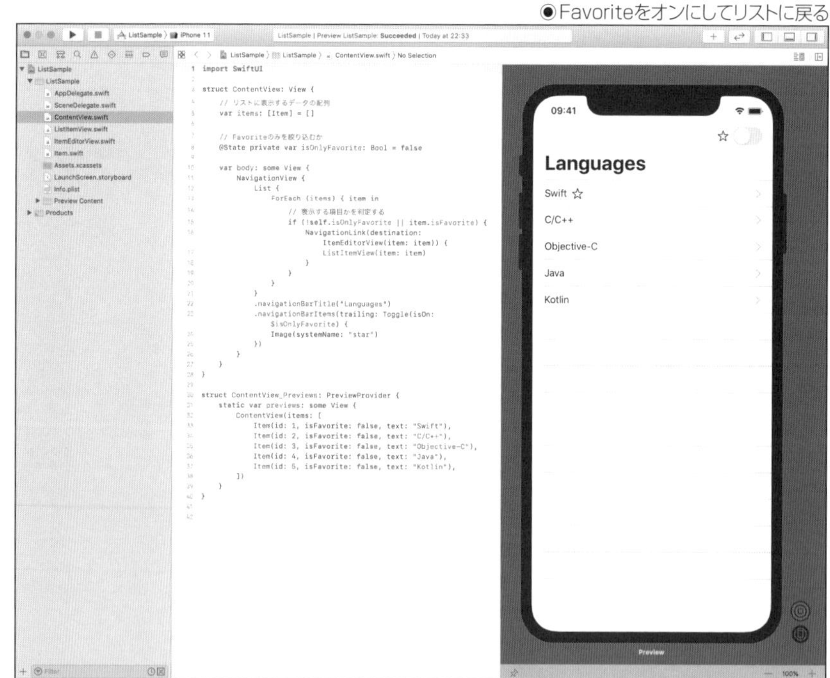

◉フィルタリング表示

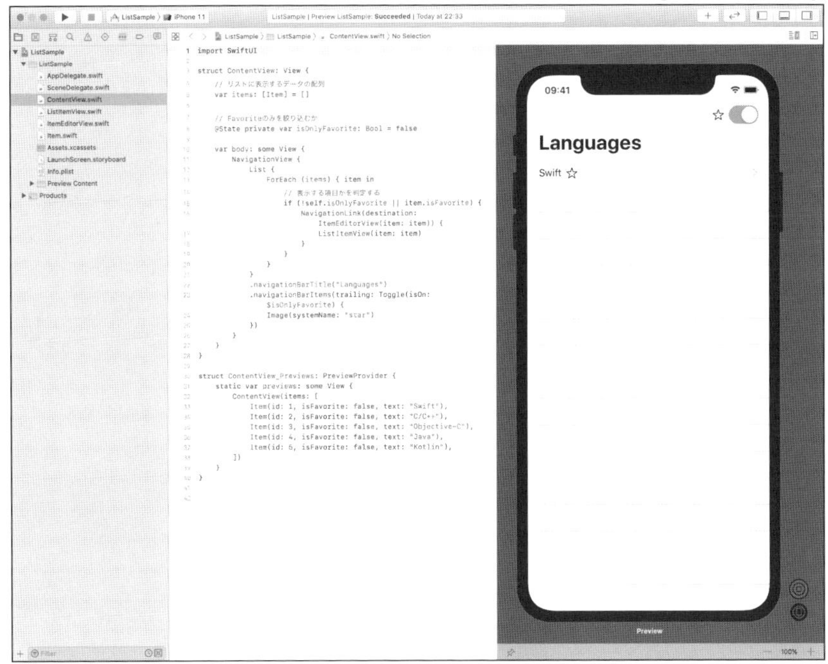
ListSample
iPhone 11
ListSample | Preview ListSample: Succeeded | Today at 22:33
ListSample
ListSample
AppDelegate.swift
SceneDelegate.swift
ContentView.swift
ListItemView.swift
ItemEditorView.swift
Item.swift
Assets.xcassets
LaunchScreen.storyboard
Info.plist
Preview Content
Products
ListSample 〉 ListSample 〉 ContentView.swift 〉 No Selection
import SwiftUI
struct ContentView: View {
// リストに表示するデータの配列
var items: [Item] = []
// Favoriteのみを絞り込むか
@State private var isOnlyFavorite: Bool = false
var body: some View {
NavigationView {
List {
ForEach (items) { item in
// 表示する項目かを判定する
if (!self.isOnlyFavorite || item.isFavorite) {
NavigationLink(destination:
ItemEditorView(item: item)) {
ListItemView(item: item)
}
}
}
}
.navigationBarTitle("Languages")
.navigationBarItems(trailing: Toggle(isOn:
$isOnlyFavorite) {
Image(systemName: "star")
})
}
}
}
struct ContentView_Previews: PreviewProvider {
static var previews: some View {
ContentView(items: [
Item(id: 1, isFavorite: false, text: "Swift"),
Item(id: 2, isFavorite: false, text: "C/C++"),
Item(id: 3, isFavorite: false, text: "Objective-C"),
Item(id: 4, isFavorite: false, text: "Java"),
Item(id: 5, isFavorite: false, text: "Kotlin"),
])
}
}
09:41
Languages
Swift
Preview
100%

編集モード

List には編集モードと通常モードがあります。編集モードになると編集用の機能が使えるようになります。編集モードと通常モードの切り替えには EditButton を使用します。

「List」のセルの並び替え

編集モードのときにセルの並び替えをできるようにするには ForEach の onMove モディファイアを使用します。 onMove モディファイアでセルが移動されたときに実行する処理を指定すると、編集モードになったときに、List のセルをドラッグ&ドロップで並び替えできるようになります。

onMove モディファイアに指定する処理はクロージャー、または、メソッドを指定します。

```
List {
    ForEach (collection) { item in
        // セルを作る
    }
    .onMove(perform: move)
}

func move(srcIndexes: IndexSet, dstIndex: Int) {
    // 移動されたときの処理を行う。たとえば、「ForEach」に
    // 渡している「collection」の内容更新など
}
```

次のコードはリストの並び替えを行うコード例です。 EditButton はナビゲーションバーに配置しています。

SAMPLE CODE

```
// SampleCode/Chapter04/19_ListSample/ListSample/ContentView.swift
import SwiftUI

struct ContentView: View {
    // リストに表示するデータの配列
    @State var languages: [String] = []

    var body: some View {
        NavigationView {
            List {
                ForEach (languages, id: \.self) { lang in
                    Text("\(lang)")
                }
                .onMove(perform: move)
            }
```

```
            .navigationBarTitle("Languages")
            .navigationBarItems(trailing: EditButton())
        }
    }

    // 移動したときに呼ばれるメソッド
    func move(srcIndexes: IndexSet, dstIndex: Int) {
        // プロパティの配列も更新する
        if let i = srcIndexes.first {
            let s = languages[i]
            languages.remove(at: i)

            if i < dstIndex {
                languages.insert(s, at: dstIndex - 1)
            } else {
                languages.insert(s, at: dstIndex)
            }
        }
    }
}

struct ContentView_Previews: PreviewProvider {
    static var previews: some View {
        ContentView(languages: [
            "Swift",
            "C/C++",
            "Objective-C",
            "Java",
            "Kotlin"
        ])
    }
}
```

●通常モードの表示

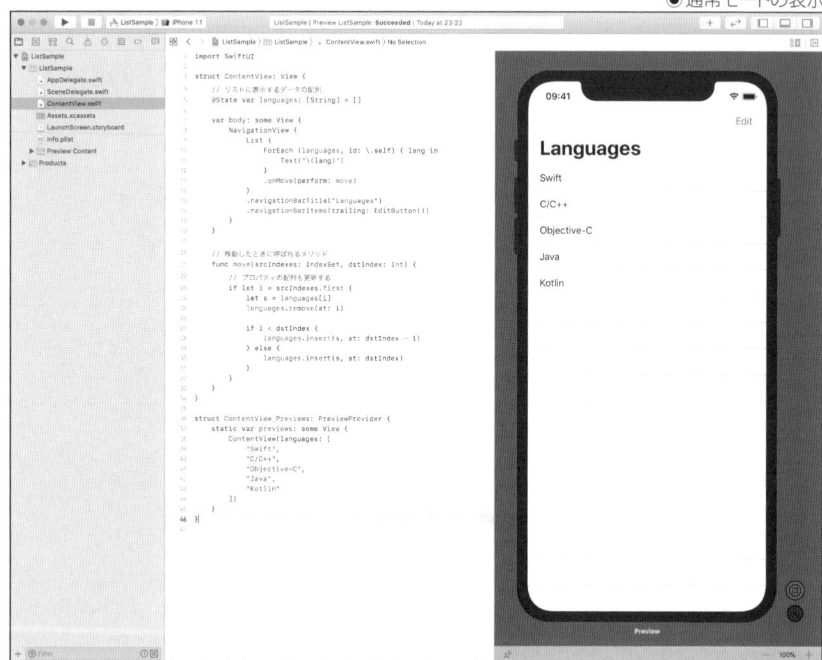

●編集モードの表示

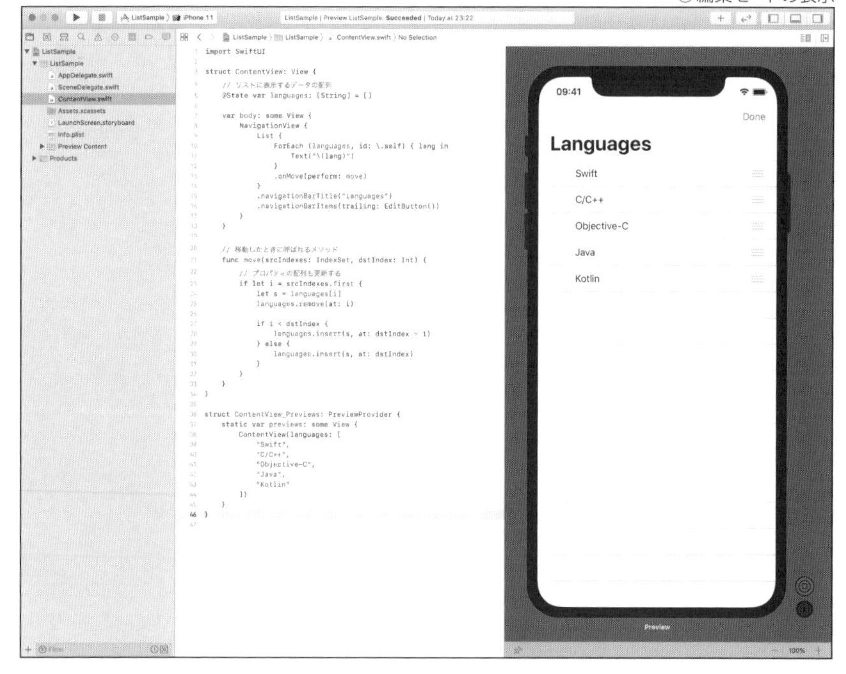

◉セルのドラッグ中

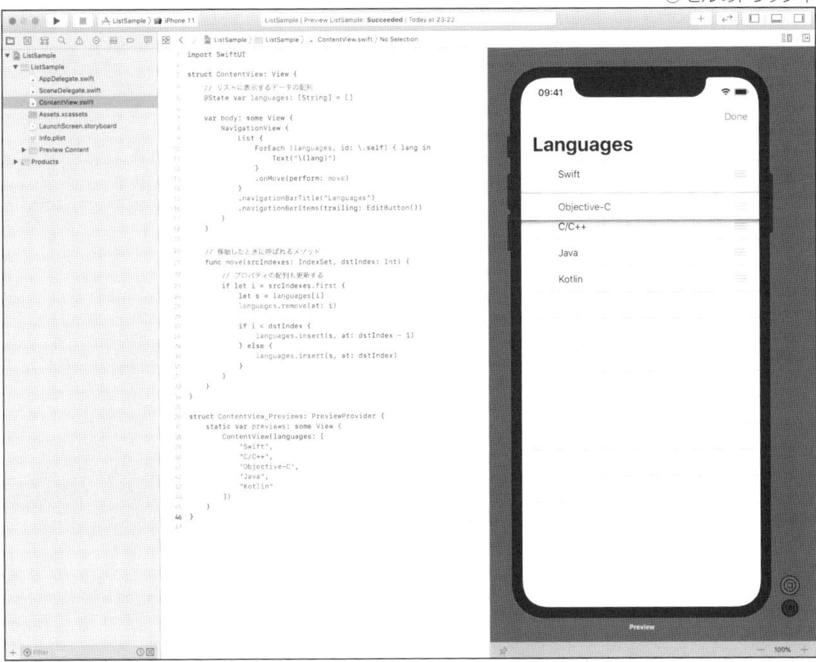

「List」のセルの削除

`List` が編集モードのときにセルを削除できるようにするには、`ForEach` の `onDelete` モディファイアを使用します。`onDelete` モディファイアで削除されたときに実行する処理を指定すると、編集モードになったときに、削除ボタンが表示され、削除をできるようになります。

`onDelete` モディファイアに指定する処理は、クロージャー、または、メソッドを指定します。

```
List {
    ForEach (collection) { item in
        // セルを作る
    }
    .onDelete(perform: deleteItem)
}

func deleteItem(indexes: IndexSet) {
    // 削除されたときの処理を行う。たとえば、「ForEach」に
    // 渡している「collection」の内容更新など
}
```

次のコードは削除を行うコード例です。

SAMPLE CODE

```
// SampleCode/Chapter04/20_ListSample/ListSample/ContentView.swift
import SwiftUI

struct ContentView: View {
    // リストに表示するデータの配列
    @State var languages: [String] = []

    var body: some View {
        NavigationView {
            List {
                ForEach (languages, id: \.self) { lang in
                    Text("\(lang)")
                }
                .onDelete(perform: deleteItem)
            }
            .navigationBarTitle("Languages")
            .navigationBarItems(trailing: EditButton())
        }
    }

    // 削除されたときに呼ばれるメソッド
    func deleteItem(indexes: IndexSet) {
        // プロパティの配列も更新する
        for index in indexes.reversed() {
            languages.remove(at: index)
        }
    }
}

struct ContentView_Previews: PreviewProvider {
    static var previews: some View {
        ContentView(languages: [
            "Swift",
            "C/C++",
            "Objective-C",
            "Java",
            "Kotlin"
        ])
    }
}
```

●削除モード

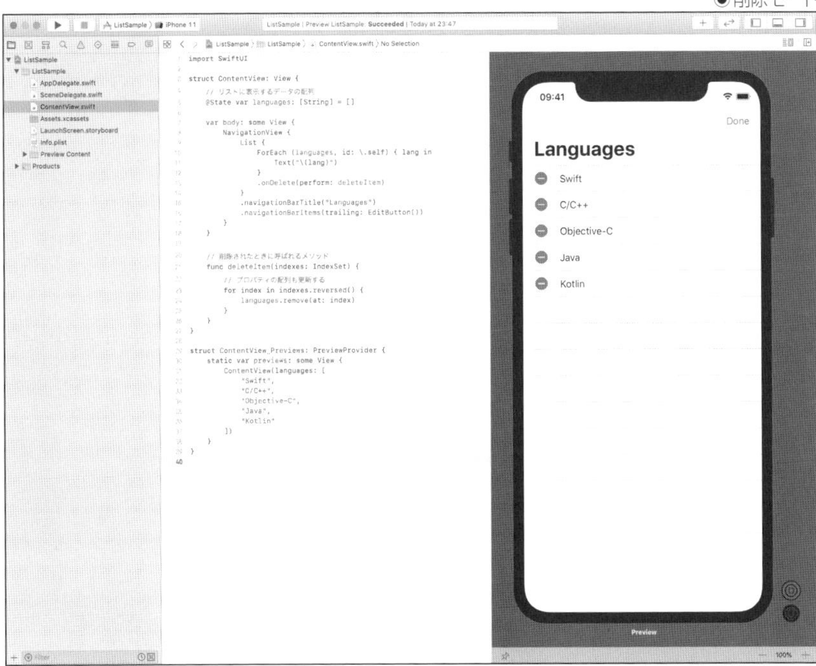

●削除ボタンタップ時

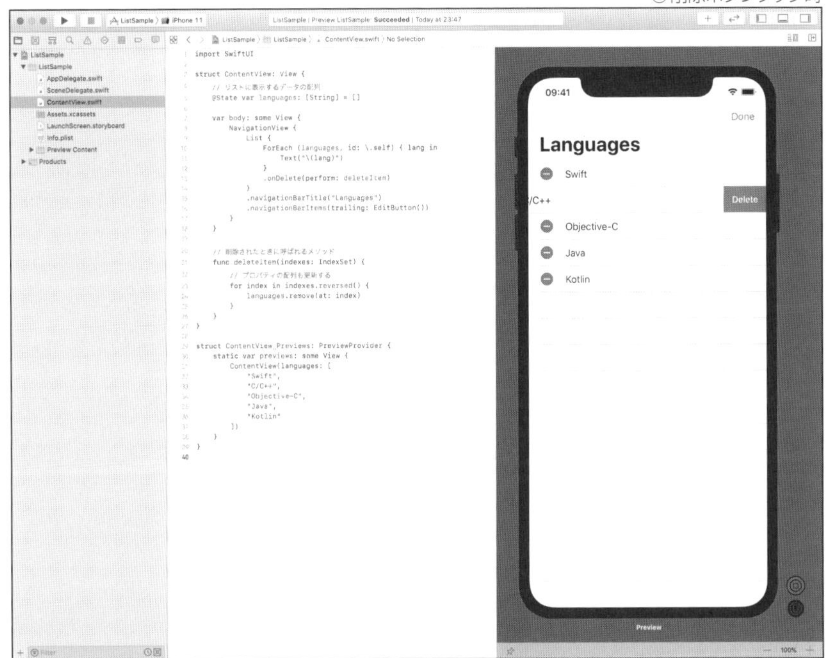

●削除実行後

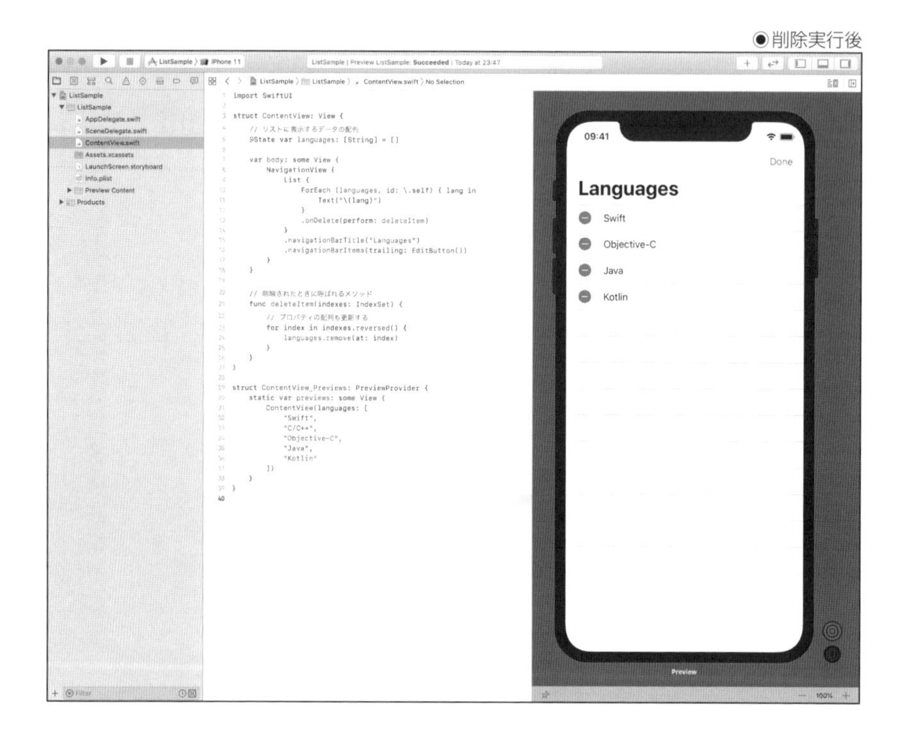

編集モードの取得

`List` ビューだけではなく、アプリの中では編集モードのときと通常モードのときとでユーザーインターフェイスを変更したいということはよくあります。そのためには、編集モードであるのか通常モードであるのかを知る必要があります。どちらのモードになっているかは環境情報に格納されています。次のようなコードでモードを判定することができます。

```
@Environment(\.editMode) var mode

if mode?.wrappedValue == .active {
    // 編集モードである
} else {
    // 通常モードである
}
```

次のコードはモードによってユーザーインターフェイスを差し替えている例です。

SAMPLE CODE

```
// SampleCode/Chapter04/21_EditModeSample/EditModeSample/ContentView.swift
import SwiftUI

struct ContentView: View {
    @State private var text: String = "SwiftUI"
```

```
    var body: some View {
        VStack {
            SheetView(text: $text)
            EditButton()
        }
    }
}

struct SheetView : View {
    // 通常モードか編集モードか
    @Environment(\.editMode) var mode

    // 編集する文字列
    @Binding var text: String

    var body: some View {
        VStack {
            // モードの判定
            if mode?.wrappedValue == .active {
                // 編集モードならテキストフィールド表示
                TextField("", text: $text)
                    .textFieldStyle(RoundedBorderTextFieldStyle())
                    .padding()
            } else {
                // 通常モードならラベル表示
                Text("\(text)")
            }
        }
    }
}

struct ContentView_Previews: PreviewProvider {
    static var previews: some View {
        ContentView()
    }
}
```

◉通常モード

```swift
import SwiftUI

struct ContentView: View {
    @State private var text: String = "SwiftUI"

    var body: some View {
        VStack {
            SheetView(text: $text)
            EditButton()
        }
    }
}

struct SheetView : View {
    // 通常モードか編集モードか
    @Environment(\.editMode) var mode

    // 編集する文字列
    @Binding var text: String

    var body: some View {
        VStack {
            // モードの判定
            if mode?.wrappedValue == .active {
                // 編集モードならテキストフィールド表示
                TextField("", text: $text)
                    .textFieldStyle(RoundedBorderTextFieldStyle())
                    .padding()
            } else {
                // 通常モードならラベル表示
                Text("\(text)")
            }
        }
    }
}

struct ContentView_Previews: PreviewProvider {
    static var previews: some View {
        ContentView()
    }
}
```

SwiftUI
Edit

◉編集モード

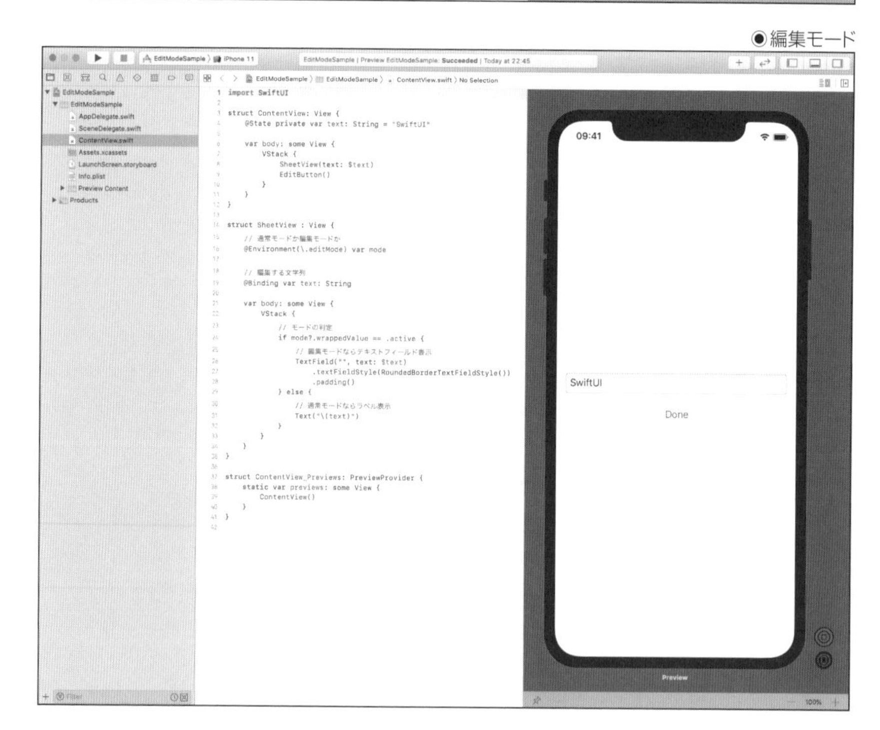

COLUMN 「ContentView」の「body」で直接判定すると正しく動作しない

編集モードの判定ですが、ルートビューの body 、つまり、ContentView の body のときだけ正しく判定できないことがあります。これは執筆時点のXcodeやSwiftUIの不具合の可能性があるのですが、次のようなコードを書くと、モード変更によるユーザーインターフェイスの切り替えが正しく動作しません。

SAMPLE CODE

```
// SampleCode/Chapter04/22_EditModeSample/EditModeSample/ContentView.swift
import SwiftUI

struct ContentView: View {
    // 通常モードか編集モードか
    @Environment(\.editMode) var mode

    @State private var text: String = "SwiftUI"

    var body: some View {
        VStack {
            // モードの判定
            if mode?.wrappedValue == .active {
                // 編集モードならテキストフィールド表示
                TextField("", text: $text)
                    .textFieldStyle(RoundedBorderTextFieldStyle())
                    .padding()
            } else {
                // 通常モードならラベル表示
                Text("\(text)")
            }

            EditButton()
        }
    }
}

struct ContentView_Previews: PreviewProvider {
    static var previews: some View {
        ContentView()
    }
}
```

これを『編集モードの取得』(p.184)のように、ルートビュー以外のビューで判定すると正しく動作します。

将来のバージョンでは修正されていると思いますが、うまく動かないときは別のカスタムビューに切り出してみてください。

ビュー遷移時の処理

ビューが表示されたタイミングやビューが非表示になったタイミングなど、ビュー遷移のタイミングで特定の処理を行いたいということは頻繁にあります。たとえば、ビューが表示されたときにサーバーに接続して情報を取得し、取得した情報を使ってビューの表示内容を決める、あるいはビューが閉じられるときに、データを保存したりサーバーにアップロードするというシーケンスはよくあるシーケンスです。

このセクションではビュー遷移時に処理を行うための方法を解説します。

ビューが表示/非表示されたときに処理を行う

ビューが表示/非表示されたときに処理を行うには、それぞれ `onAppear` モディファイアと `onDisappear` モディファイアを使用します。

```
View()
    .onAppear() {
        // ビューが表示されたときの処理
    }
    .onDisappear() {
        // ビューが非表示になったときの処理
    }
```

次のコードはビューの表示/非表示のタイミングで処理を行うコード例です。`TimerView` が表示されるとタイマーを開始します。タイマーによってストップウォッチの表示のように経過秒数を表示します。`TimerView` が非表示になるときにログに経過秒数を出力します。ログはXcodeのライブプレビューでは表示されません。シミュレータで実行すると確認できます。

SAMPLE CODE

```
// SampleCode/Chapter04/23_ViewSample/ViewSample/TimerView.swift

import SwiftUI

// 開始日時
fileprivate var startedDate: Date?

// タイマー
fileprivate var refreshTimer: Timer?

struct TimerView: View {
    // 経過秒数
    @State private var pastTime: Double = 0

    var body: some View {
```

```
    VStack {
        Text("\(self.pastTimeString(pastTime))")
            .font(.largeTitle)

        Button(action: {
            self.stopTimer()
        }) {
            Text("Stop")
        }
    }
    .onAppear() {
        // ビューが表示されたときの処理を行う
        self.startTimer()
    }
    .onDisappear() {
        // 時刻をログに出力する
        print("\(self.pastTime)")
    }
}

// 表示する文字列を作る
func pastTimeString(_ time: Double) -> String {
    let seconds = Int64(time)
    let h = seconds / 60 / 60
    let m = (seconds % 3600) / 60
    let s = (seconds % 3600) % 60
    let ms = Int((time - Double(seconds)) * 100.0)

    let result = String(format: "%02d:%02d:%02d.%02d",
                        h, m, s, ms)
    return result
}

// タイマーを開始する
func startTimer() {
    startedDate = Date()
    refreshTimer = Timer.scheduledTimer(withTimeInterval: 0.01,
                                        repeats: true) { _ in
        if let date = startedDate {
            self.pastTime = Date().timeIntervalSince(date)
        }
    }
}

// タイマーを停止する
func stopTimer() {
    if let timer = refreshTimer {
```

```
            timer.invalidate()
            refreshTimer = nil
        }
    }
}

struct TimerView_Previews: PreviewProvider {
    static var previews: some View {
        TimerView()
    }
}
```

SAMPLE CODE

```
// SampleCode/Chapter04/23_ViewSample/ViewSample/ContentView.swift

import SwiftUI

struct ContentView: View {
    @State private var showingSheet = false

    var body: some View {
        VStack {
            if showingSheet {
                TimerView()
            }

            Toggle(isOn: $showingSheet) {
                Text("Show TimerView")
            }
        }
        .padding()
    }
}

struct ContentView_Previews: PreviewProvider {
    static var previews: some View {
        ContentView()
    }
}
```

●「onAppear」でタイマー開始、「onDisappear」でログ出力

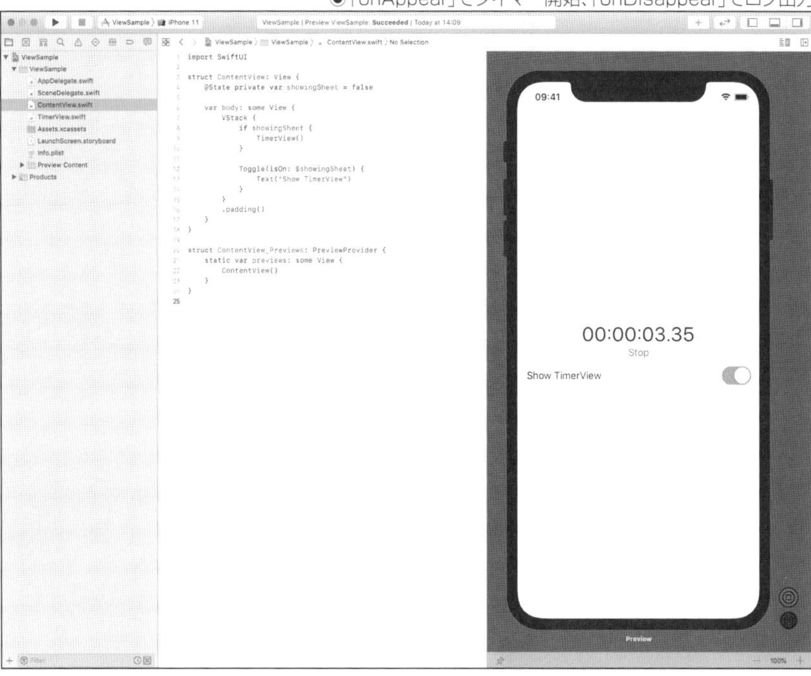

シートが閉じられたときに処理を行う

表示したシートが閉じられたときに処理を行うということもよくあるシーケンスです。SwiftUIでシートが閉じられたときに処理を行うには、`sheet` モディファイアの `onDismiss` 引数に行いたい処理を指定します。

```
View()
    .sheet(isPresented: 表示状態のバインディング, onDismiss: {
        // シートが閉じられたときに行う処理
    }) {
        // シート表示するビュー
    }
```

次のコードは `onDismiss` 引数を使ったコード例です。シートが閉じられるときにカウンタの値を増やしています。シートをジェスチャーで閉じた場合と、`Dimiss` ボタンをタップして閉じた場合のどちらでも指定した処理が呼ばれることが確認できます。

SAMPLE CODE

```
// SampleCode/Chapter04/24_ViewSample/ViewSample/ContentView.swift

import SwiftUI

struct ContentView: View {
    @State private var showingSheet = false

    @State private var dismissCount = 0

    var body: some View {
        VStack {
            Text("DismissCount: \(dismissCount)")

            Button(action: {
                self.showingSheet = true
            }) {
                Text("Show Sheet")
            }
            .sheet(isPresented: $showingSheet, onDismiss: {
                // シートが閉じられたときの処理
                self.dismissCount += 1
            }) {
                VStack {
                    Text("Sheet")
                        .font(.largeTitle)

                    Button(action: {
                        self.showingSheet = false
                    }) {
                        Text("Dismiss")
                    }
                }
            }
        }
        .padding()
    }
}

struct ContentView_Previews: PreviewProvider {
    static var previews: some View {
        ContentView()
    }
}
```

◉シートを開く前

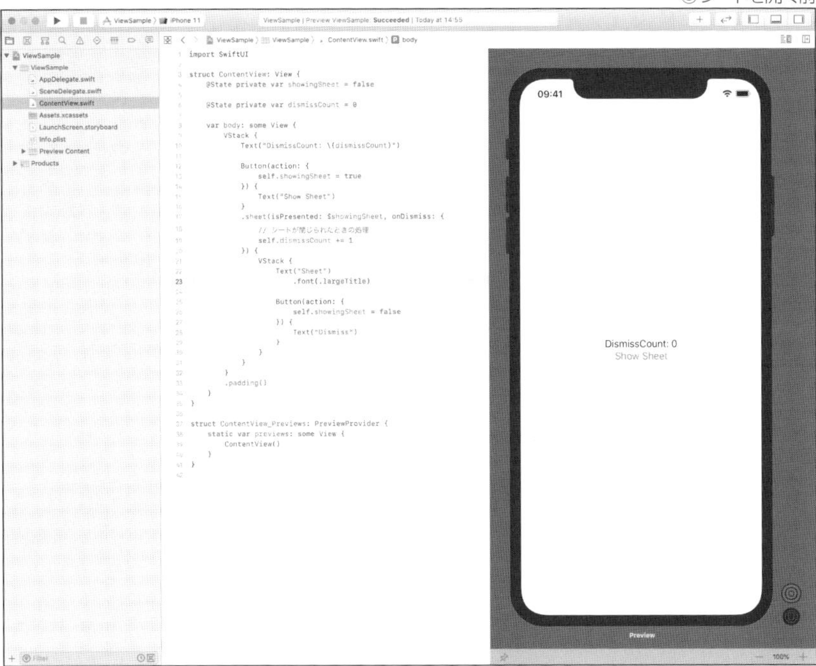

◉シートを閉じた後

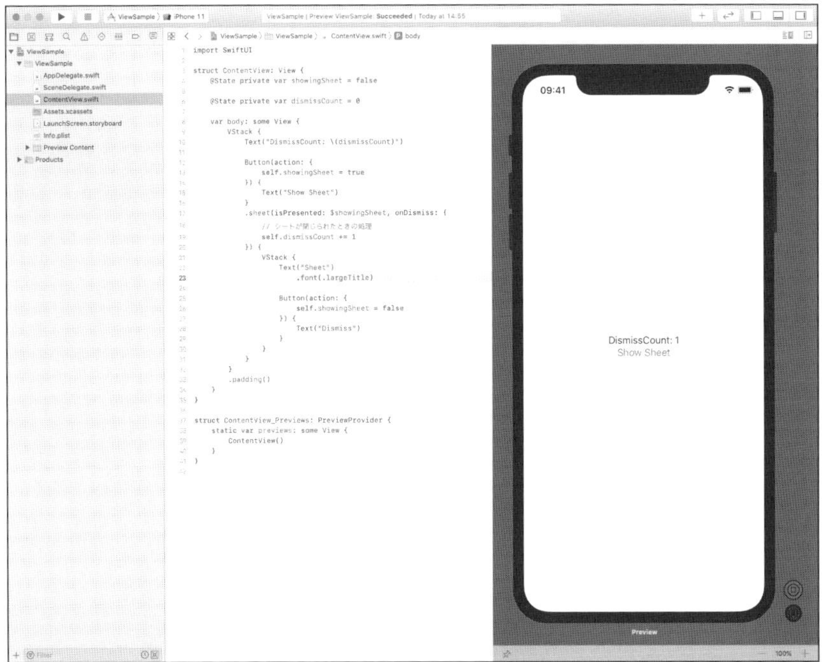

CHAPTER 05

グラフィック描画

シェイプの描画

SwiftUIにはシェイプやパスの描画機能、ビューの変形機能、ビューへのエフェクト機能、ビューのアニメーション機能などグラフィック処理に関する機能が豊富に用意されています。簡単にこれらの処理を実行できるだけではなく、SwiftUIの内部ではMetalが使われており、これらの処理はGPUを使って効率的に処理されます。

このセクションではSwiftUIのシェイプの描画機能を解説します。

シェイプの共通事項

どのシェイプでも同じ方法で大きさや色を設定することができます。また、シェイプもビューと同じようにレイアウトを行うことができ、スタックを使って並べることなどもできます。

▶シェイプの大きさ

シェイプは特に何も指定しないと、親ビューにフィットする大きさになります。任意の大きさに設定したい場合は `frame` モディファイアを使って大きさを指定します。

```
// 「width」に幅、「height」に高さを指定する
Shape()
    .frame(width: width, height: height)
```

▶シェイプの色

シェイプの色は、CHAPTER 02の《色と画像のレンダリング》(p.79)で解説した文字色の設定と同じように、`foregroundColor` モディファイアで設定します。指定可能な色については『文字色を変更する』(p.79)を参照してください。

```
// 「color」にシェイプの色を指定する
Shape()
    .foregroundColor(color)
```

Rectangle

Rectangle を使うと四角形を描くことができます。

SAMPLE CODE

```
// SampleCode/Chapter05/01_ShapeSample/ShapeSample/ContentView.swift
import SwiftUI

struct ContentView: View {
    var body: some View {
        // 300x200の青い四角形を作る
        Rectangle()
            .foregroundColor(.blue)
            .frame(width: 300, height: 200)
    }
}

struct ContentView_Previews: PreviewProvider {
    static var previews: some View {
        ContentView()
    }
}
```

●Rectangle

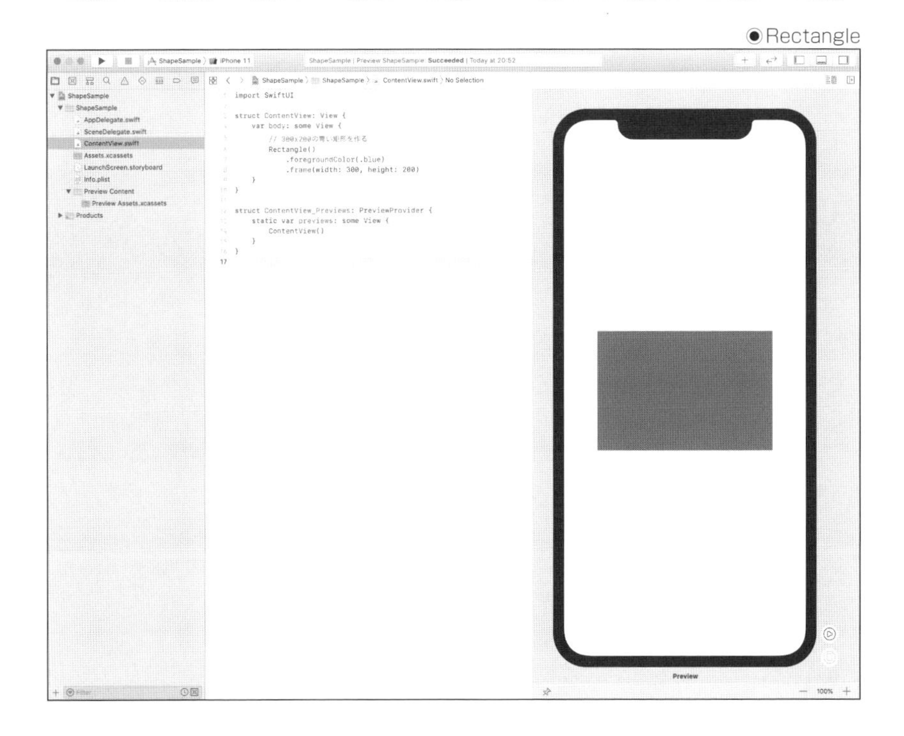

RoundedRectangle

`RoundedRectangle` を使うと、角丸四角形を描くことができます。角の丸め具合は半径で指定します。

```
// 「radius」は半径
RoundedRectangle(cornerRadius: radius)
```

`cornerRadius` 引数に指定する半径は図にすると、次のようになります。

●「RoundedRectangle」の「cornerRadius」引数

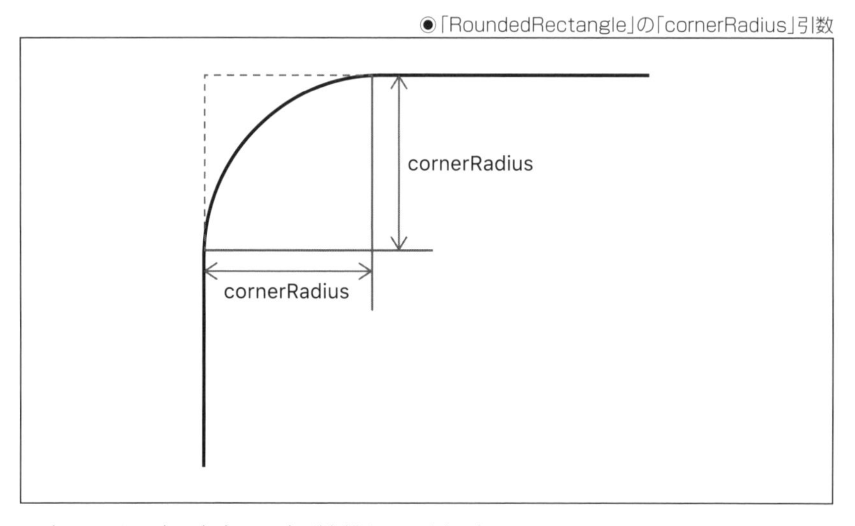

次のコードは青い角丸の四角形を描くコード例です。

SAMPLE CODE

```
// SampleCode/Chapter05/02_ShapeSample/ShapeSample/ContentView.swift
import SwiftUI

struct ContentView: View {
    var body: some View {
        // 300x200の青い角丸の四角形を作る
        RoundedRectangle(cornerRadius: 50)
            .foregroundColor(.blue)
            .frame(width: 300, height: 200)
    }
}

struct ContentView_Previews: PreviewProvider {
    static var previews: some View {
        ContentView()
    }
}
```

●RoundedRectangle

Capsule

`Capsule` は角丸四角形の一種です。角の丸め半径は、幅と高さの短い方の半分の値になります。そのため、幅の方が長い場合は左右が丸まり、高さの方が長い場合は上下が丸まった四角形になります。

SAMPLE CODE

```
// SampleCode/Chapter05/03_ShapeSample/ShapeSample/ContentView.swift
import SwiftUI

struct ContentView: View {
    var body: some View {
        VStack {
            Capsule()
                .foregroundColor(.blue)
                .frame(width: 300, height: 100)

            Capsule()
                .foregroundColor(.blue)
                .frame(width:100, height: 300)
        }
    }
}
```

```
struct ContentView_Previews: PreviewProvider {
    static var previews: some View {
        ContentView()
    }
}
```

●Capsule

Circle

`Circle` は円を描きます。フレームの幅と高さが異なる場合は、短い方に合わせた直径の円が描かれます。

SAMPLE CODE

```
// SampleCode/Chapter05/04_ShapeSample/ShapeSample/ContentView.swift
import SwiftUI

struct ContentView: View {
    var body: some View {
        VStack {
            Circle()
                .frame(width: 300, height: 300)
                .foregroundColor(.blue)
        }
    }
}

struct ContentView_Previews: PreviewProvider {
    static var previews: some View {
        ContentView()
    }
}
```

●Circle

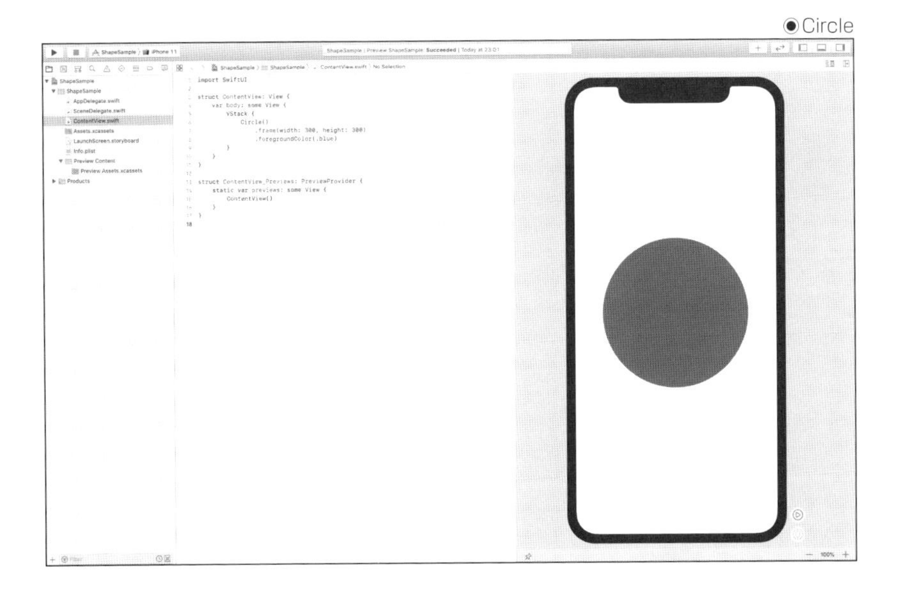

Ellipse

`Ellipse` は楕円を描きます。

SAMPLE CODE

```
// SampleCode/Chapter05/05_ShapeSample/ShapeSample/ContentView.swift
import SwiftUI

struct ContentView: View {
    var body: some View {
        VStack {
            Ellipse()
                .frame(width: 300, height: 100)
                .foregroundColor(.blue)
        }
    }
}


struct ContentView_Previews: PreviewProvider {
    static var previews: some View {
        ContentView()
    }
}
```


●Ellipse

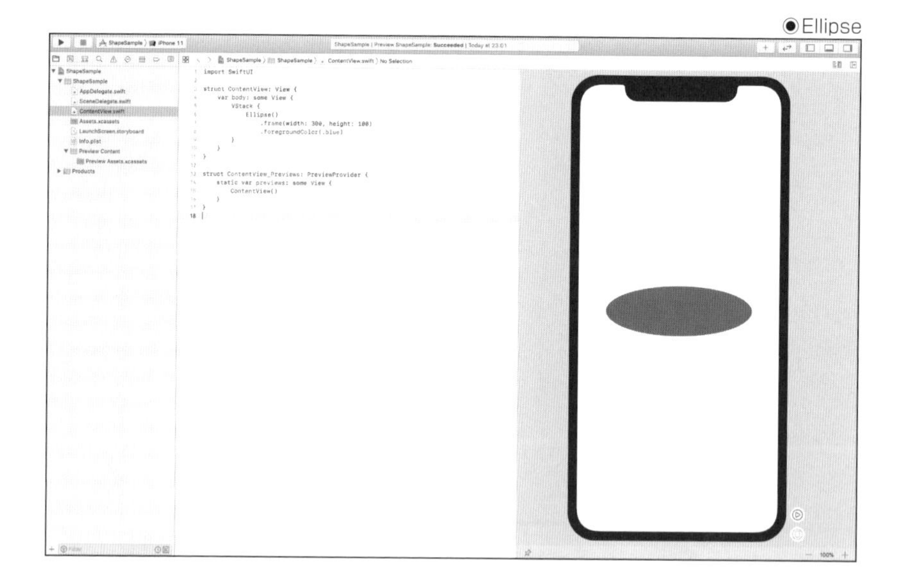

Path

Path もシェイプの一種です。形状のアウトラインをコードで定義します。つまり、2Dのベクトル図形を描くことができます。 Path は次のようなコードで定義します。

```
Path { path in
    // ここでパスの内容を定義する
}
```

点の移動

Path は点と点を結ぶ、直線や曲線で構成されます。これらの線を追加する前に、線の始点まで点を移動する必要があります。点を移動するには move メソッドを使います。

```
Path { path in
    path.move(to: CGPoint(x: X座標, y: Y座標))
}
```

パスに直接を追加する

Path に直線を追加するには addLine メソッドや addLines メソッドを使用します。

```
Path { path in
    path.move(to: 始点)

    // 現在の点(ここでは「move」メソッドで指定した位置)から終点まで直線を追加する
    // 現在の点は終点に移動する
    path.addLine(to: 終点)

    // 渡した配列に格納されている点を結ぶ直線を引く
    path.addLines(points)
}
```

このようなコードで、直線で構成されるパスはできますが、ビューには表示されません。 Path の stroke モディファイアを使ってパスを描画する必要があります。

```
Path { path in
    // パスの内容を定義
}
.stroke(lineWidth: 線の太さ)
.foregroundColor(線の色)
```

次のコードは直線をいくつか描いているコードです。

SAMPLE CODE

```
// SampleCode/Chapter05/06_ShapeSample/ShapeSample/ContentView.swift
import SwiftUI

struct ContentView: View {
    var body: some View {
        Path { path in
            // 「addLine」メソッドで直線を2つ描く
            path.move(to: CGPoint(x: 10, y: 10))
            path.addLine(to: CGPoint(x: 110, y: 10))
            path.addLine(to: CGPoint(x: 110, y: 110))

            // 折れ線の点を計算する
            var points: [CGPoint] = [CGPoint]()
            for i in 0 ..< 10 {
                // X座標は30ずつ進める
                let x = Double(30 * i + 10)
                // Y座標は交互に上下させる
                let y = Double((i % 2) == 0 ? 210 : 310)

                points.append(CGPoint(x: x, y: y))
            }

            // 「addLines」メソッドで折れ線を描く
            path.addLines(points)
        }
        .stroke(lineWidth: 2)
        .foregroundColor(.blue)
    }
}

struct ContentView_Previews: PreviewProvider {
    static var previews: some View {
        ContentView()
    }
}
```

●直線の追加

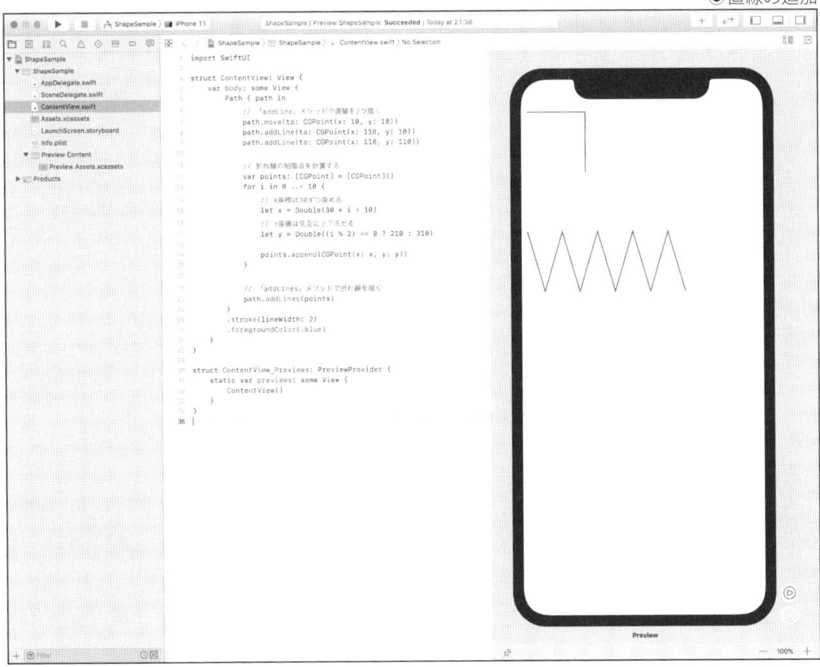

パスに円弧を追加する

パスに円弧を追加するには、Path の addArc メソッドを使用します。

```
Path { path in
        // 円弧の中心点
        let center = CGPoint(x: X座標, y: Y座標)
        // 円弧の半径
        let radius = CGFloat(半径))
        // 円弧の開始角度
        let startAngle = Angle(degrees: 開始角度)
        // 円弧の終了角度
        let endAngle = Angle(degrees: 終了角度)

        // 円弧を描く
        // 「clockwise」は「true」なら左回り、「false」なら右回りに弧を描く
        path.addArc(center: center,
                    radius: radius,
                    startAngle: startAngle,
                    endAngle: endAngle,
                    clockwise: clockwise)
}
```

addArc メソッドに指定する角度は数学とは逆方向です。次の図のような角度になっています。

◉角度

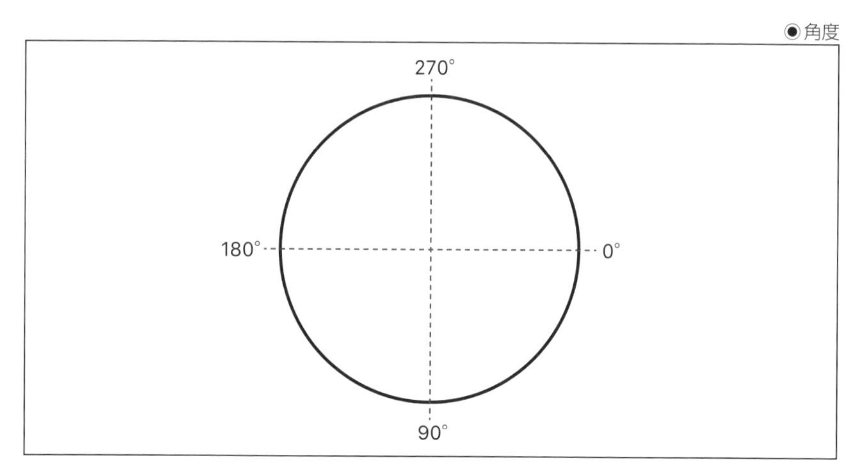

その影響なのか、addArc メソッドの clockwise 引数は true にすると、時計回りの右回りに円弧を描くような印象を受けますが、実際は逆回りとなります。単語の意味をそのまま受けた意味とは逆になるので、注意が必要です。

◉「addArc」メソッドの引数

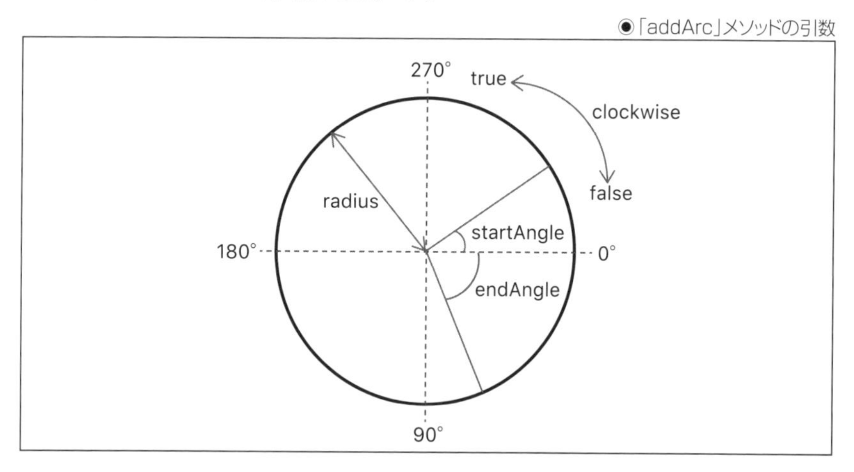

次のコードは、同じ開始角度と終了角度で、clockwise の値を変更した2つの円弧を描いています。

SAMPLE CODE

```
// SampleCode/Chapter06/07_SampleSample/ShapeSample/ContentView.swift
import SwiftUI

struct ContentView: View {
    var body: some View {
```

```
        VStack {
            Path { path in
                // 円弧の中心点
                let center = CGPoint(x: 200, y: 200)
                // 円弧の半径
                let radius = CGFloat(100.0)
                // 円弧の開始角度
                let startAngle = Angle(degrees: -45)
                // 円弧の終了角度
                let endAngle = Angle(degrees: 90)

                // 円弧を描く
                path.addArc(center: center,
                            radius: radius,
                            startAngle: startAngle,
                            endAngle: endAngle,
                            clockwise: true)
            }
            .stroke(lineWidth: 2)
            .foregroundColor(.blue)

            Path { path in
                // 円弧の中心点
                let center = CGPoint(x: 200, y: 200)
                // 円弧の半径
                let radius = CGFloat(100.0)
                // 円弧の開始角度
                let startAngle = Angle(degrees: -45)
                // 円弧の終了角度
                let endAngle = Angle(degrees: 90)

                // 円弧を描く
                path.addArc(center: center,
                            radius: radius,
                            startAngle: startAngle,
                            endAngle: endAngle,
                            clockwise: false)
            }
            .stroke(lineWidth: 2)
            .foregroundColor(.blue)
        }
    }
}

struct ContentView_Previews: PreviewProvider {
    static var previews: some View {
        ContentView()
```

```
    }
}
```

●円弧の追加

パスにベジェ曲線を追加する

パスにベジェ曲線を追加するには、Path の addCurve メソッドや addQuadCurve メソッドを使用します。

```
Path { path in
    // 終点
    let endPoint = CGPoint(x: X座標, y: Y座標)
    // 制御点1
    let controlPoint1 = CGPoint(x: X座標, y: Y座標)
    // 制御点2
    let controlPoint2 = CGPoint(x: X座標, y: Y座標)

    // 現在の点を始点にして、ベジェ曲線を追加する
    path.addCurve(to: endPoint, control1: controlPoint1,
                  control2: controlPoint2)
}
```

```
Path { path in
    // 終点
    let endPoint = CGPoint(x: X座標, y: Y座標)
    // 制御点
    let controlPoint = CGPoint(x: X座標, y: Y座標)

    // 現在の点を始点にして、2次ベジェ曲線を追加する
    path.addQuadCurve(to: endPoint, control: controlPoint)
}
```

addCurve メソッドと addQuadCurve メソッドの引数は次の図のようなイメージです。

●「addCurve」メソッドの引数

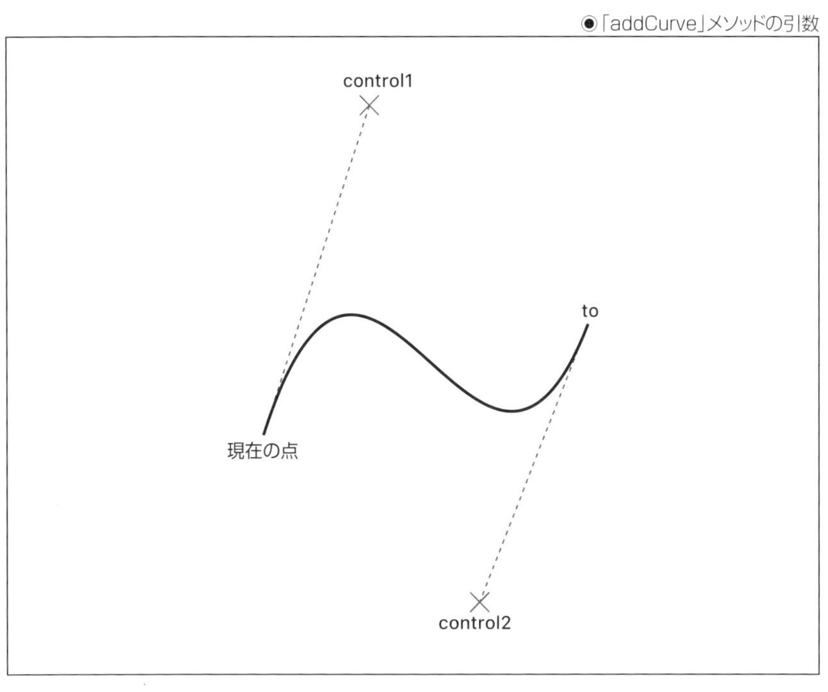

●「addQuadCurve」メソッドの引数

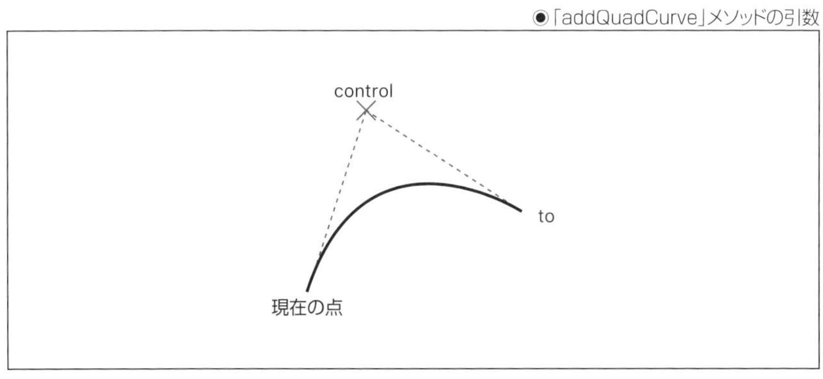

次のコードは、ベジェ曲線と2次ベジェ曲線を描いている例です。

SAMPLE CODE

```
// SampleCode/Chapter06/08_ShapeSample/ShapeSample/ContentView.swift
import SwiftUI

struct ContentView: View {
    var body: some View {
        VStack {
            Path { path in
                // 始点
                let pt1 = CGPoint(x: 100, y: 200)
                // 終点
                let pt2 = CGPoint(x: 300, y: 200)
                // 制御点1
                let control1 = CGPoint(x: 150, y: 50)
                // 制御点2
                let control2 = CGPoint(x: 250, y: 350)

                // ベジェ曲線を追加
                path.move(to: pt1)
                path.addCurve(to: pt2, control1: control1, control2: control2)
            }
            .stroke(lineWidth: 2)
            .foregroundColor(.blue)

            Path { path in
                // 始点
                let pt1 = CGPoint(x: 100, y: 200)
                // 終点
                let pt2 = CGPoint(x: 300, y: 200)
                // 制御点
                let control = CGPoint(x: 200, y: 50)

                // 2次ベジェ曲線を追加
                path.move(to: pt1)
                path.addQuadCurve(to: pt2, control: control)
            }
            .stroke(lineWidth: 2)
            .foregroundColor(.blue)
        }
    }
}

struct ContentView_Previews: PreviewProvider {
    static var previews: some View {
        ContentView()
```

```
    }
}
```

◉ベジェ曲線と2次ベジェ曲線

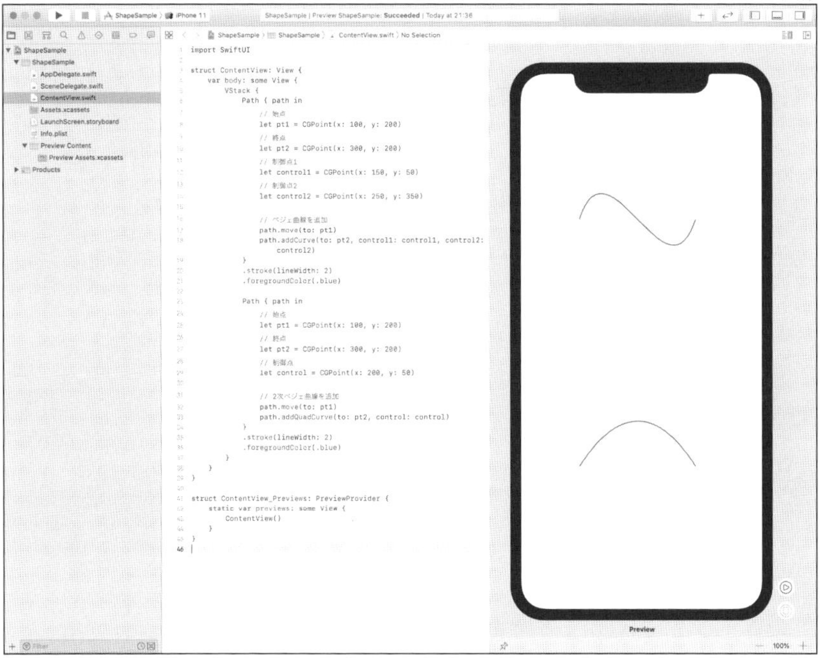

パスに楕円を追加する

パスに楕円を追加するには、Path の addEllipse メソッドを使用します。

```
Path { path in
    // 楕円の幅と高さを格納する矩形
    let rect = CGRect(x: X座標, y: Y座標, width: 幅, height: 高さ)

    // パスに楕円を追加する
    path.addEllipse(in: rect)
}
```

in 引数に指定する矩形(rect)のイメージは次の図のようなイメージです。また、in 引数に指定する矩形の幅と高さを同じにすると円になります。

●「addEllipse」メソッドの引数

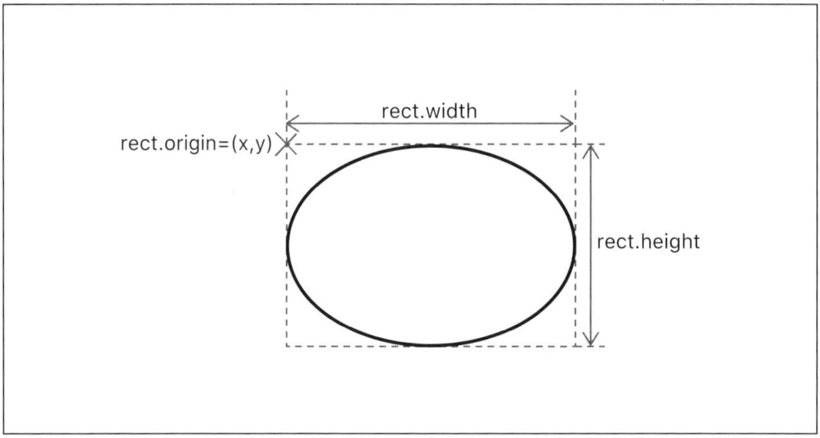

rect.width
rect.origin=(x,y)
rect.height

次のコードは楕円を追加している例です。

SAMPLE CODE

```
// SampleCode/Chapter05/09_ShapeSample/ShapeSample/ContentView.swift
import SwiftUI

struct ContentView: View {
    var body: some View {
        Path { path in
            let rect = CGRect(x: 10, y: 10, width: 300, height: 200)

            // 楕円を追加する
            path.addEllipse(in: rect)
        }
        .stroke(lineWidth: 2)
        .foregroundColor(.blue)
    }
}

struct ContentView_Previews: PreviewProvider {
    static var previews: some View {
        ContentView()
    }
}
```

◉楕円

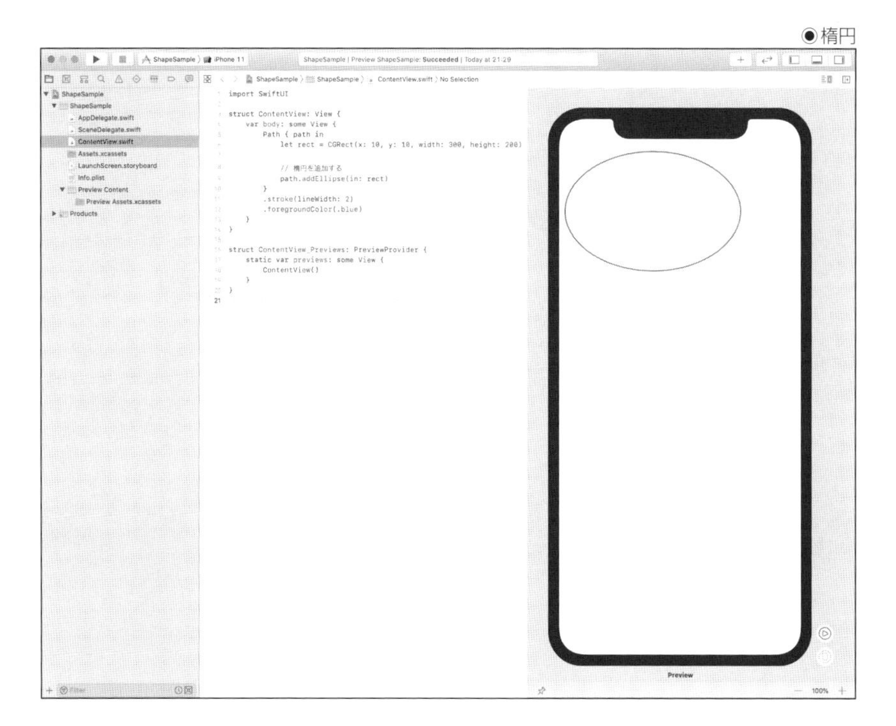

パスに四角形を追加する

パスに四角形を追加するには、Path の addRect メソッドや addRects メソッドを使用します。

```
// 四角形を1つ追加する
Path { path in
    let rect = CGRect(x: X座標, y: Y座標, width: 幅, height: 高さ)
    path.addRect(rect)
}

// 四角形を複数追加する
Path { path in
    let rects = [CGRect(x: X座標, y: Y座標, width: 幅, height: 高さ),
                 CGRect(x: X座標, y: Y座標, width: 幅, height: 高さ)]
    path.addRects(rects)
}
```

次のコードはパスに四角形を追加する例です。

SAMPLE CODE

```
// SampleCode/Chapter05/10_ShapeSample/ContentView.swift
import SwiftUI
```

```
struct ContentView: View {
    var body: some View {
        Path { path in
            let rt = CGRect(x: 10, y: 10, width: 300, height: 200)
            let rt2 = CGRect(x: 20, y: 220, width: 100, height: 300)
            let rt3 = CGRect(x: 50, y: 600, width: 300, height: 20)

            // 四角形を追加する
            path.addRect(rt)
            path.addRects([rt2, rt3])
        }
        .stroke(lineWidth: 2)
        .foregroundColor(.blue)
    }
}

struct ContentView_Previews: PreviewProvider {
    static var previews: some View {
        ContentView()
    }
}
```


●四角形

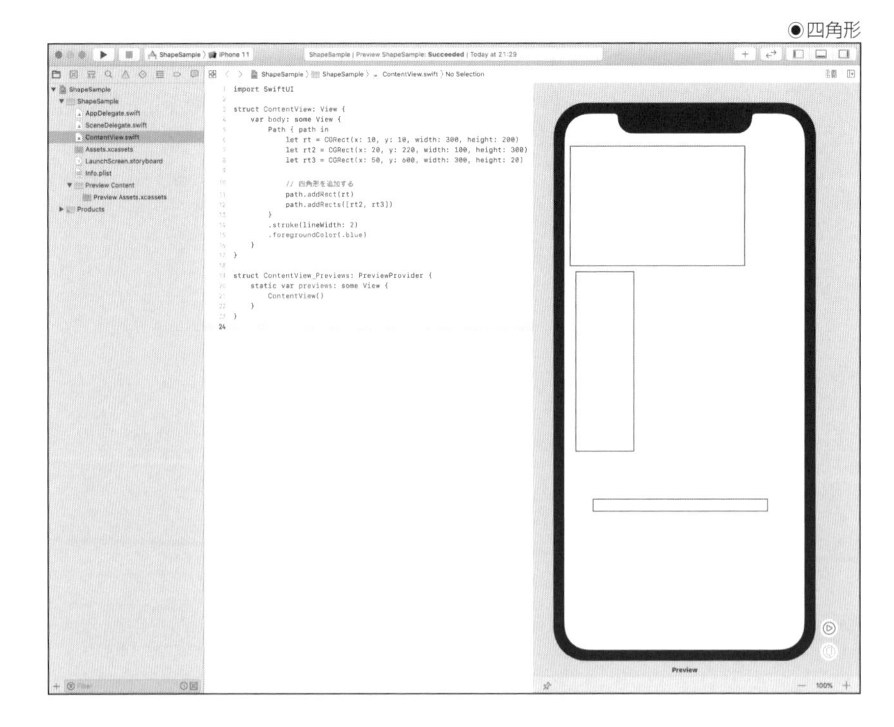

パスに角丸四角形を追加する

パスに角丸四角形を追加するには、Path の addRoundedRect メソッドを使用します。

```
Path { path in
    // 位置と大きさ
    let rect = CGRect(x: X座標, y: Y座標, width: 幅, height: 高さ)
    // 角の大きさ
    let cornerSize = CGSize(width: 幅, height: 高さ)

    // 角丸四角形を追加する
    path.addRoundedRect(in: rect, cornerSize: cornerSize)
}
```


addRoundedRect メソッドの引数は、次の図のようなイメージです。

●「addRoundedRect」メソッドの引数

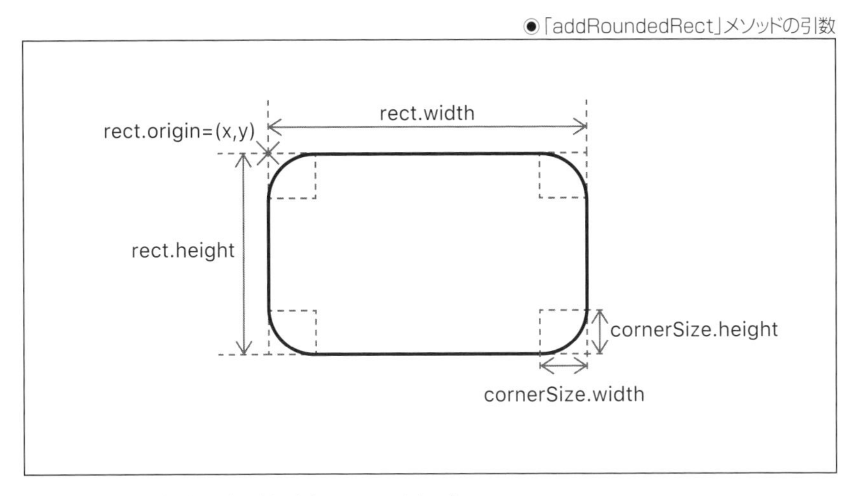

次のコードは角丸四角形を追加している例です。

SAMPLE CODE

```
// SampleCode/Chapter05/11_ShapeSample/ShapeSample/ContentView.swift
import SwiftUI

struct ContentView: View {
    var body: some View {
        Path { path in
            // 四角形の位置と大きさ
            let rect = CGRect(x: 10, y: 10, width: 300, height: 200)
            // 角の大きさ
            let cornerSize = CGSize(width: 50, height: 50)

            // 角丸四角形を追加する
            path.addRoundedRect(in: rect, cornerSize: cornerSize)
```

```
            }
            .stroke(lineWidth: 2)
            .foregroundColor(.blue)
        }
    }

struct ContentView_Previews: PreviewProvider {
    static var previews: some View {
        ContentView()
    }
}
```


●角丸四角形

パスを塗りつぶす

パスを塗りつぶすには **fill** メソッドを使用します。次のように引数に色を指定すると、指定した色で塗りつぶすことができます。

```
Path { path in
    // パスの構築処理
}
.fill(色)
```

次のコードはパスを作って、塗りつぶしを行っている例です。

SAMPLE CODE

```
// SampleCode/Chapter05/12_ShapeSample/ShapeSample/ContentView.swift
import SwiftUI

struct ContentView: View {
    var body: some View {
        Path { path in
            let rect = CGRect(x: 10, y: 10, width: 300, height: 200)
            path.addRect(rect)
        }
        .fill(Color.red)
    }
}

struct ContentView_Previews: PreviewProvider {
    static var previews: some View {
        ContentView()
    }
}
```

●パスの塗りつぶし

Ⅲ「GeometryReader」と「Path」を組み合わせる

GeometryReader ビューは、Path などを使ったシェイプのコンテナビューになるビューです。GeometryReader ビューは親ビューに合わせて柔軟に大きさが変化します。その大きさの情報を、GeometryReader ビューのサブビューとなるシェイプで使うことで、柔軟に大きさが変わるシェイプを描画できます。

GeometryReader ビューは次のようなコードで内容を定義します。

```
GeometryReader { geometry in
    // シェイプの定義
}
```

「シェイプの定義」と書いた部分には、Path などの GeometryReader ビューに表示するシェイプの作成コードを書きます。このときに geometry の size プロパティを使って、GeometryReader ビューの大きさを取得できます。取得した値を使って、シェイプの大きさや位置を計算することができます。また、シェイプは複数定義することができます。

次のコードは、GeometryReader ビューの大きさの80%の大きさで楕円を描く例です。Path を2つ作って、塗りつぶしとストロークの描画を行っています。

SAMPLE CODE

```
// SampleCode/Chapter05/13_ShapeSample/ShapeSample/ContentView.swift
import SwiftUI

struct ContentView: View {

    var body: some View {
        GeometryReader { geometry in
            // 楕円の塗りつぶし
            Path { path in
                let x = geometry.size.width * 0.1
                let y = geometry.size.height * 0.1
                let w = geometry.size.width * 0.8
                let h = geometry.size.height * 0.8
                let rect = CGRect(x: x, y: y, width: w, height: h)

                path.addEllipse(in: rect)
            }
            .fill(Color.blue)

            // 楕円のストローク描画
            Path { path in
                let x = geometry.size.width * 0.1
                let y = geometry.size.height * 0.1
                let w = geometry.size.width * 0.8
                let h = geometry.size.height * 0.8
```

▼

```
            let rect = CGRect(x: x, y: y, width: w, height: h)

            path.addEllipse(in: rect)
        }
        .stroke(lineWidth: 20)
        .foregroundColor(.yellow)
    }
  }
}

struct ContentView_Previews: PreviewProvider {
    static var previews: some View {
        ContentView()
    }
}
```

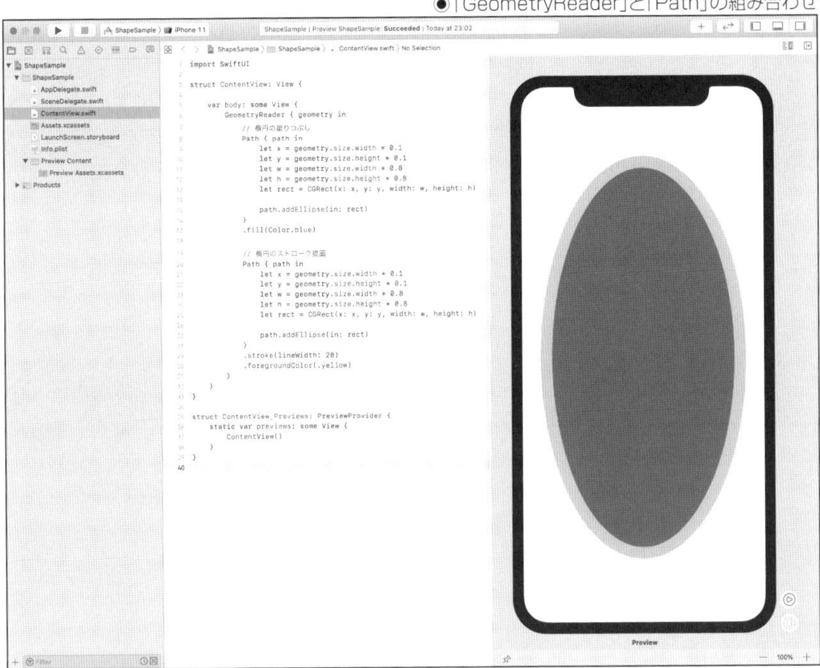

●「GeometryReader」と「Path」の組み合わせ

ビューとの組み合わせ

ビューとシェイプを組み合わせることができます。たとえば、Button と組み合わせて任意のデザインのボタンを描画したり、Image ビューと組み合わせて画像を切り抜いたりすることができます。

「background」モディファイアとシェイプの組み合わせ

ビューの background モディファイアには任意のビューを指定できます。これを利用して、シェイプと組み合わせてビューのフレームを描いたり、背景にシェイプを描画したりできます。

次のコードはボタンを描画している例です。

SAMPLE CODE

```
// SampleCode/Chapter05/14_ShapeSample/ShapeSample/ContentView.swift
import SwiftUI

struct ContentView: View {

    var body: some View {
        // 「Spacer」を使ってボタンを均等に配置
        HStack {
            Spacer()

            // 「Capsule」でボタンを描画
            Button(action: {}) {
                Text("Capsule Button")
                    .foregroundColor(.white)
            }
            .padding()
            .background(
                Capsule()
                    .foregroundColor(.blue)
            )

            Spacer()

            // 「GeometryReader」と「Path」でボタンを描画
            Button(action: {}) {
                Text("Path Button")
            }
            .padding()
            .background(
                GeometryReader() { geometry in
                    Path() { path in
```

```
                        let rt = CGRect(x: 0, y: 0,
                          width: geometry.size.width,
                          height: geometry.size.height)
                        let cornerSize = CGSize(width: 20, height: 20)
                        path.addRoundedRect(in: rt, cornerSize: cornerSize)
                    }
                    .stroke(lineWidth: 4)
                    .foregroundColor(.blue)
                }
            )

            Spacer()
        }
    }
}

struct ContentView_Previews: PreviewProvider {
    static var previews: some View {
        ContentView()
    }
}
```

●「background」モディファイアとシェイプの組み合わせ

クリッピングに使う

シェイプはクリッピングに使うことができます。クリッピングを行うと、ビューがシェイプの形で切り抜かれます。クリッピングを行うには、次のように `View` の `clipShape` モディファイアを使用します。

```
View()
    .clipShape(shape)
```

次のコードは `Image` を円形に切り抜いている例です。

SAMPLE CODE

```
// SampleCode/Chapter05/15_ShapeSample/ShapeSample/ContentView.swift
import SwiftUI

struct ContentView: View {

    var body: some View {
        ZStack {
            // 切り抜かれていることを確認するため
            // 背景に色を付けた四角形を置く
            Rectangle()
                .foregroundColor(.gray)

            // 写真を短辺が300pxになるようにリサイズして表示する
            // 更に円形で切り抜く
            Image("Sample")
                .resizable()
                .aspectRatio(contentMode: .fill)
                .frame(width: 300, height: 300)
                .clipShape(Circle())
        }
    }
}

struct ContentView_Previews: PreviewProvider {
    static var previews: some View {
        ContentView()
    }
}
```

●写真を円形に切り抜く

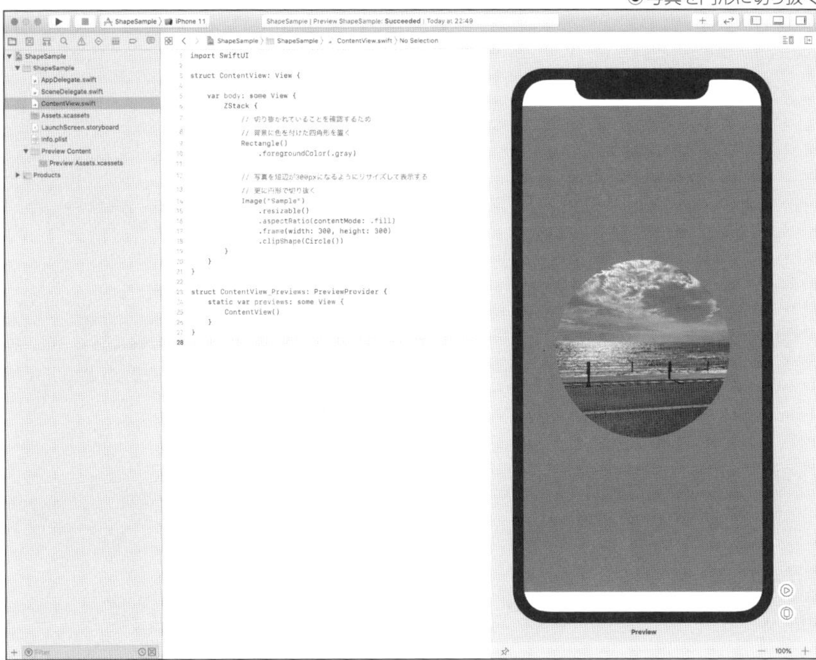

Ⅲ マスクを適用する

　mask モディファイアを使用すると、ビューにマスクを適用することができます。マスクを適用すると、マスクのアルファチャンネルによって透明になる場所や半透明になる場所をコントロールできます。たとえば、アルファチャンネルで透明になっているところはマスクを適用したビューも透明になります。 mask モディファイアは次のように使用します。

```
View()
    .mask(MaskView())
```

　MaskView の部分にマスクとして使用するビューの作成コードを書きます。たとえば、マスク画像を使ってマスクを適用したいときは Image ビューを置きます。

　次のコードは Image ビューにマスクを適用する例です。マスクも Image ビューを使用しており、マスクにする Image ビューにはマスク画像を読み込むようにしています。

SAMPLE CODE

```
// SampleCode/Chapter05/16_ShapeSample/ShapeSample/ContentView.swift
import SwiftUI

struct ContentView: View {

    var body: some View {
```

▼

```
        VStack {
            // マスク有り
            Image("Sample")
                .resizable()
                .aspectRatio(contentMode: .fit)
                .mask(
                    Image("Mask")
                    .resizable()
                        .aspectRatio(contentMode: .fit)
            )

            // マスクなし
            Image("Sample")
                .resizable()
                .aspectRatio(contentMode: .fit)
        }
    }
}

struct ContentView_Previews: PreviewProvider {
    static var previews: some View {
        ContentView()
    }
}
```

●マスク有無による表示の違い

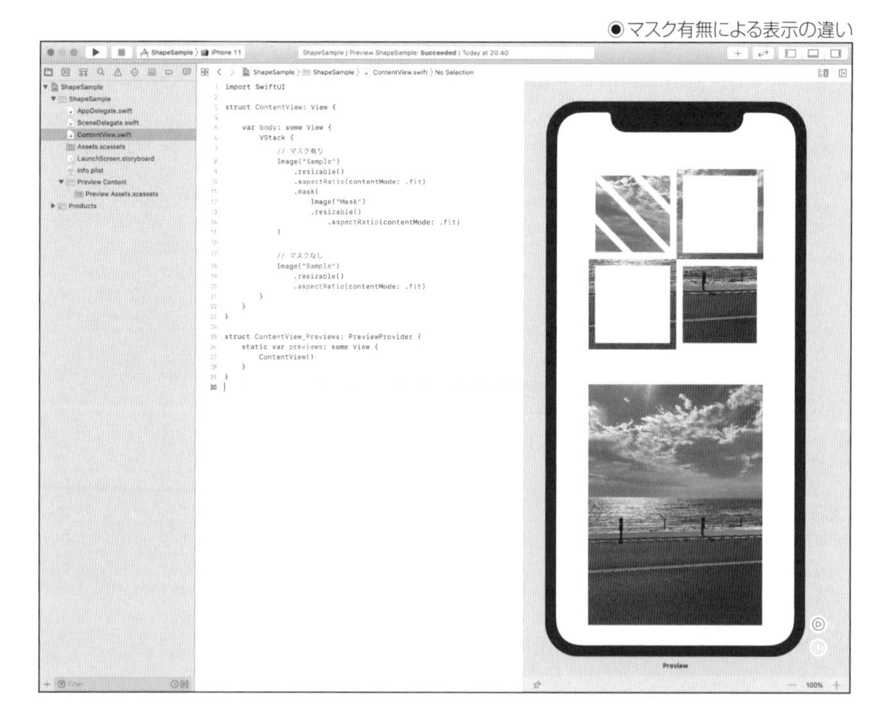

◉マスク画像

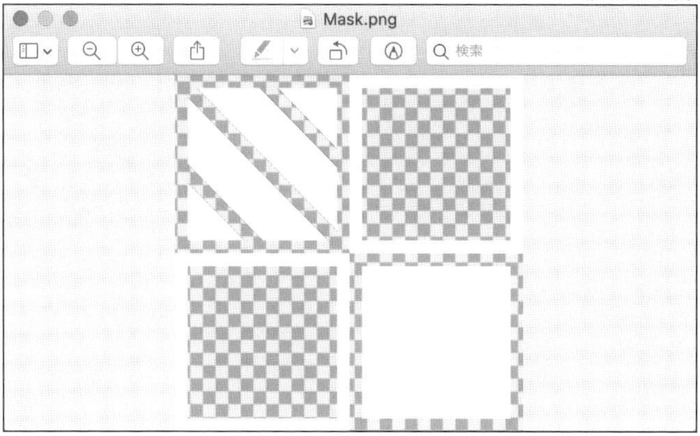

グラデーション

SwiftUIではグラデーションは、グラデーション描画を行うビューになっています。グラデーションは3種類用意されています。

LinearGradient

LinearGradient は直線的に色が変化するグラデーションです。次のように、グラデーションで使用する色とグラデーションの開始地点と終了地点を指定します。

```
// 直線的に変化するグラデーションを作成
LinearGradient(gradient: Gradient(colors: 色の配列),
    startPoint: UnitPoint(x: X座標, y: Y座標),
    endPoint: UnitPoint(x: X座標, y: Y座標))
```

UnitPoint の引数で指定する座標はビューの座標系ではありません。 LinearGradient ビューの大きさを1.0として、0.0から1.0までの値を指定します。つまり、LinearGradient ビューの中での幅と高さに対する比率で指定します。中心は0.5です。これにより LinearGradient ビューの大きさが変化しても、startPoint 引数、endPoint 引数に指定する座標を再計算する手間が省けるようになっています。

startPoint よりも前になる位置は、先頭の色で塗りつぶされます。 endPoint よりも後ろになる位置は、末尾の色で塗りつぶされ、startPoint から endPoint までの間の領域がグラデーションになる領域です。

図にすると次のようなイメージです。

●「LinearGradient」の引数

次のコードは2色でグラデーションを行っている例です。

SAMPLE CODE

```
// SampleCode/Chapter05/17_ShapeSample/ShapeSample/ContentView.swift
import SwiftUI
```

```
struct ContentView: View {

    var body: some View {
        VStack {
            // 横方向のグラデーション
            LinearGradient(gradient: Gradient(colors: [.black, .white]),
                startPoint: UnitPoint(x: 0, y: 0),
                endPoint: UnitPoint(x: 1, y: 0))

            // 斜めのグラデーション
            LinearGradient(gradient: Gradient(colors: [.black, .white]),
                startPoint: UnitPoint(x: 0, y: 0),
                endPoint: UnitPoint(x: 1, y: 1))
        }
    }
}

struct ContentView_Previews: PreviewProvider {
    static var previews: some View {
        ContentView()
    }
}
```

●LinearGradient

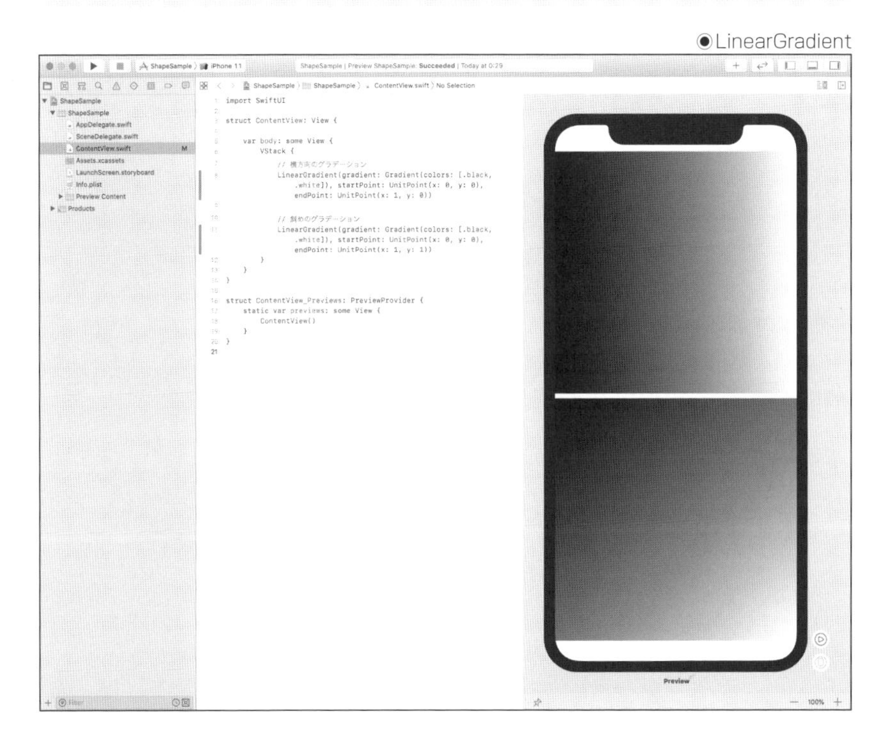

RadialGradient

`RadialGradient`は放射状に色が変換するグラデーションです。グラデーションで使用する色、円の中心座標、グラデーションの開始半径、終了半径を指定します。

```
RadialGradient(gradient: Gradient(colors: 色の配列),
    center: UnitPoint(x: 中心X座標, y: 中心Y座標),
    startRadius: 開始半径,
    endRadius: 終了半径)
```

`startRadius`よりも前の領域は先頭の色で塗りつぶされ、`endRadius`よりも後ろの領域は末尾の色で塗りつぶされます。中心座標は幅と高さに対する比率です。「開始半径」「終了半径」は0以外の値を指定する必要があります。

引数を図にすると次のようなイメージです。

●「RadialGradient」の引数

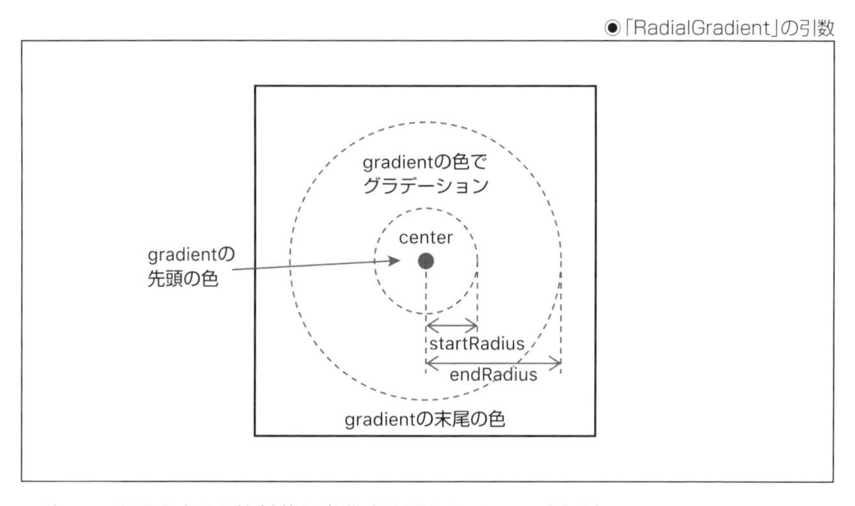

次のコードは中心から放射状に変化するグラデーションの例です。

SAMPLE CODE

```
// SampleCode/Chapter05/18_ShapeSample/ShapeSample/ContentView.swift
import SwiftUI

struct ContentView: View {

    var body: some View {
        // 横方向のグラデーション
        RadialGradient(gradient: Gradient(colors: [.white, .black]),
            center: UnitPoint(x: 0.5, y: 0.5), startRadius: 1, endRadius: 200)
        .frame(width: 400, height: 400)
    }
}
```

```
struct ContentView_Previews: PreviewProvider {
    static var previews: some View {
        ContentView()
    }
}
```

●RadialGradient

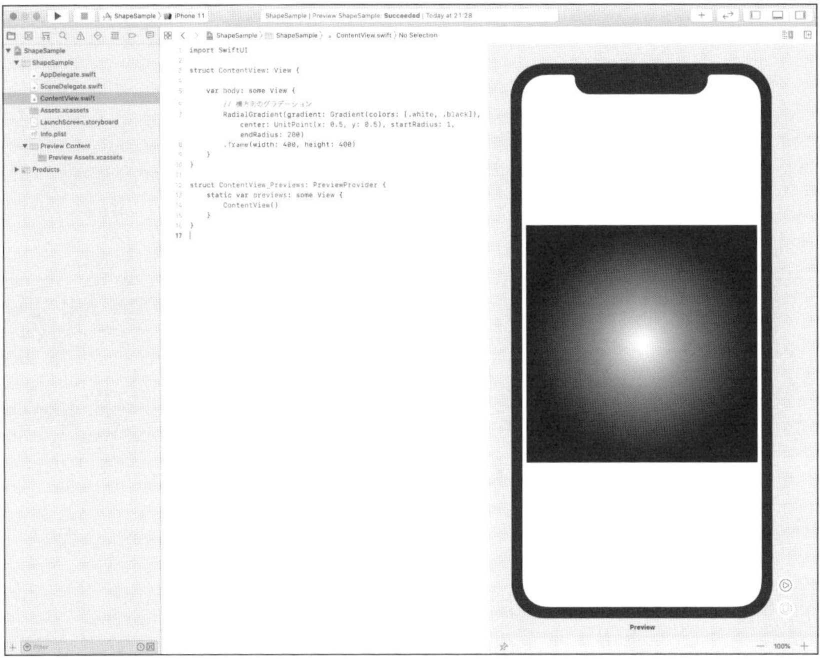

AngularGradient

`AngularGradient` は円錐状のグラデーションです。グラデーションで使用する色、中心座標、グラデーションの開始角度、終了角度を指定します。

```
AngularGradient(gradient: Gradient(colors: 色の配列),
    center: UnitPoint(x: 中心X座標, y: 中心Y座標),
    startAngle: Angle(degrees: 開始角度),
    endAngle: Angle(degrees: 終了角度))
```

`startAngle` よりも前の領域は先頭の色で塗りつぶされ、`endAngle` よりも後ろの領域は末尾の色で塗りつぶされます。中心座標は幅と高さに対する比率です。

引数を図にすると次のようなイメージです。

●「AngularGradient」の引数

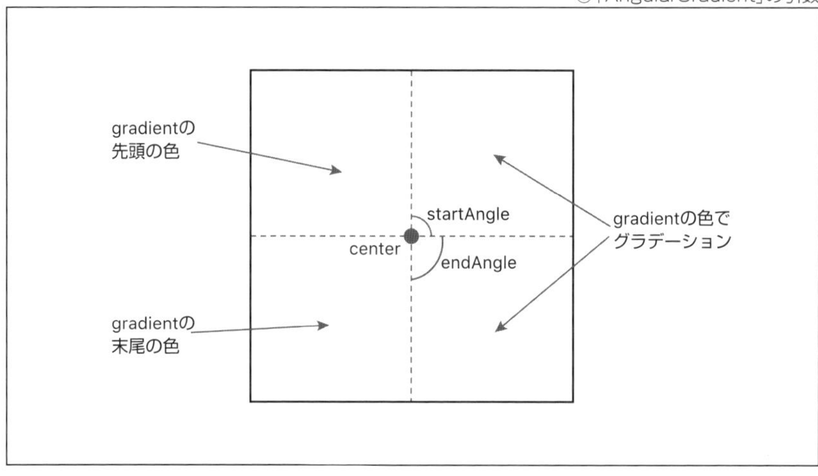

次のコードは円錐状のグラデーションの例です。

SAMPLE CODE

```
// SampleCode/Chapter05/19_ShapeSample/ShapeSample/ContentView.swift
import SwiftUI

struct ContentView: View {

    var body: some View {
        // 横方向のグラデーション
        AngularGradient(gradient: Gradient(colors: [.white, .black]),
            center: UnitPoint(x: 0.5, y: 0.5),
            startAngle: Angle(degrees: 0), endAngle: Angle(degrees: 360))
        .frame(width: 300, height: 300)
    }
}

struct ContentView_Previews: PreviewProvider {
    static var previews: some View {
        ContentView()
    }
}
```

●AngularGradient

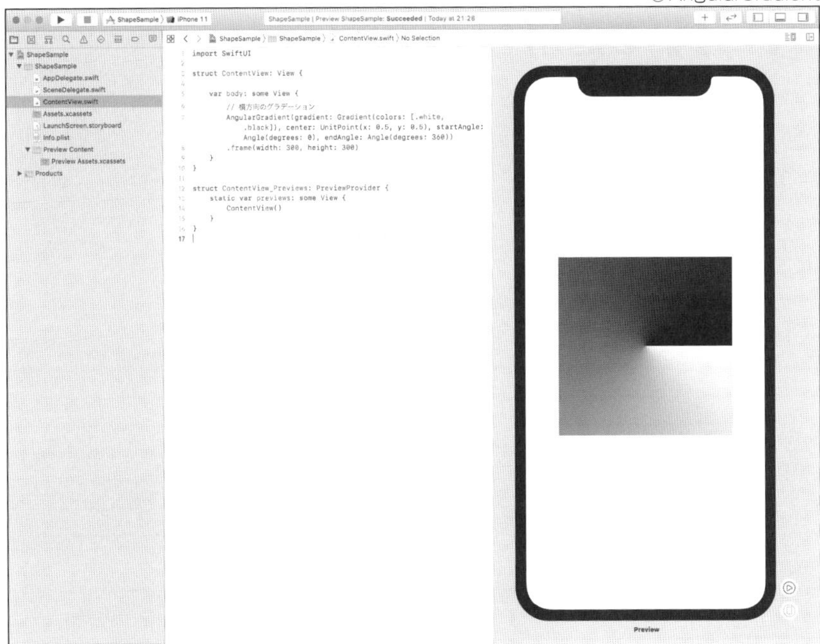

エフェクトの適用

SwiftUIでは画像処理を行うモディファイアが組み込まれています。これにより、`Image`ビューで表示した画像をグレースケールに変えたり、ビューの色を反転させるなどのエフェクトを簡単に実行できるようになっています。

エフェクトを適用するモディファイア

ビューにエフェクトを適用するモディファイアには次のようなものがあります。

モディファイア	説明
blur	ガウスぼかしを行う
shadow	ビューに影を付ける
opacity	不透明度を変更する
brightness	明るさを変更する
contrast	コントラストを変更する
colorInvert	色を反転する
colorMultiply	色の値に指定した色を掛ける
blendMode	ビューが重なったときの色の描画モードを設定する
saturation	彩度を変更する
grayscale	グレースケール化する
hueRotation	色相を変更する
luminanceToAlpha	輝度からマスク画像を作る

ここでは、`blur`と`opacity`を例に解説します。それ以外のモディファイアについても使用方法は同じですが、引数はモディファイアごとに異なります。詳しくは、APIのリファレンスを参照してください。APIのリファレンスは「Xcode」の「Help」メニューから「Developer Documentation」を選択すると表示されます。

blur

`blur`モディファイアは、ビューにガウスぼかしを行うモディファイアです。次のように引数でぼかしの半径を指定します。

```
View()
    .blur(radius: ぼかしの半径)
```

どの程度の値を指定するべきかはアプリによって異なると思います。実際に使用する場所で試しながら、値を調整するのがよいでしょう。SwiftUIのエフェクト結果はXcodeのライブプレビューでも適用されるので、値を色々と試してみるのも手軽です。

次のコードは Image ビューにガウスぼかしを適用する例です。ぼかしの半径はスライダーで変更できるようにしています。

SAMPLE CODE

```
// SampleCode/Chapter05/20_ShapeSample/ShapeSample/ContentView.swift
import SwiftUI

struct ContentView: View {
    // ぼかしの半径
    @State private var radius: CGFloat = 0.0

    var body: some View {
        VStack {
            // 画像にぼかしを加える
            Image("Sample")
                .resizable()
                .aspectRatio(contentMode: .fit)
                .blur(radius: radius)

            // ぼかしの半径の値を表示する
            Text("radius = \(radius)")

            // ぼかしの半径を変更するスライダー
            Slider(value: $radius, in: 0.0 ... 10.0)
                .padding()
        }
    }
}

struct ContentView_Previews: PreviewProvider {
    static var previews: some View {
        ContentView()
    }
}
```

◉ぼかし半径=0.0

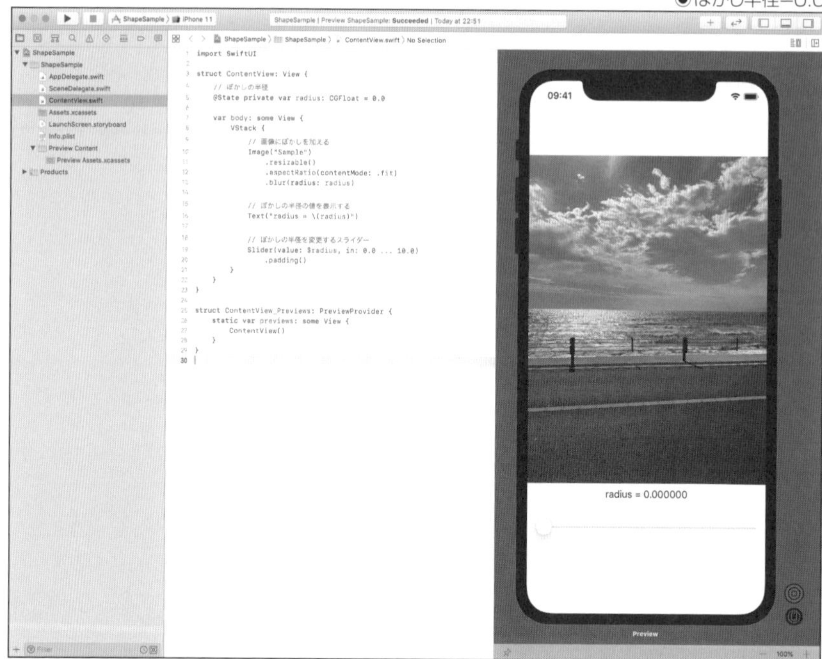

◉ぼかし半径=2.0

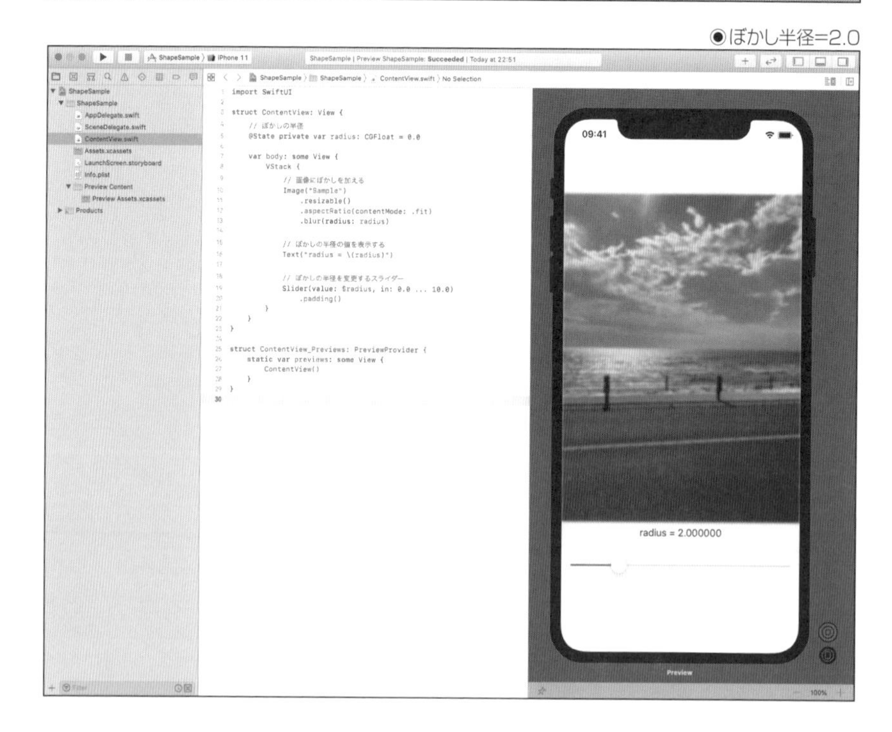

●ぼかし半径=5.0

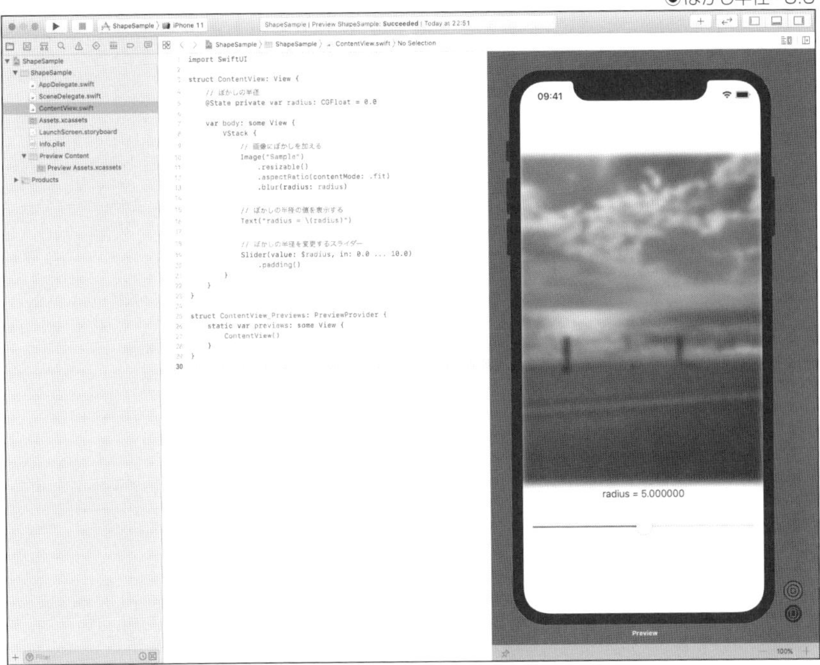

●ぼかし半径=10.0

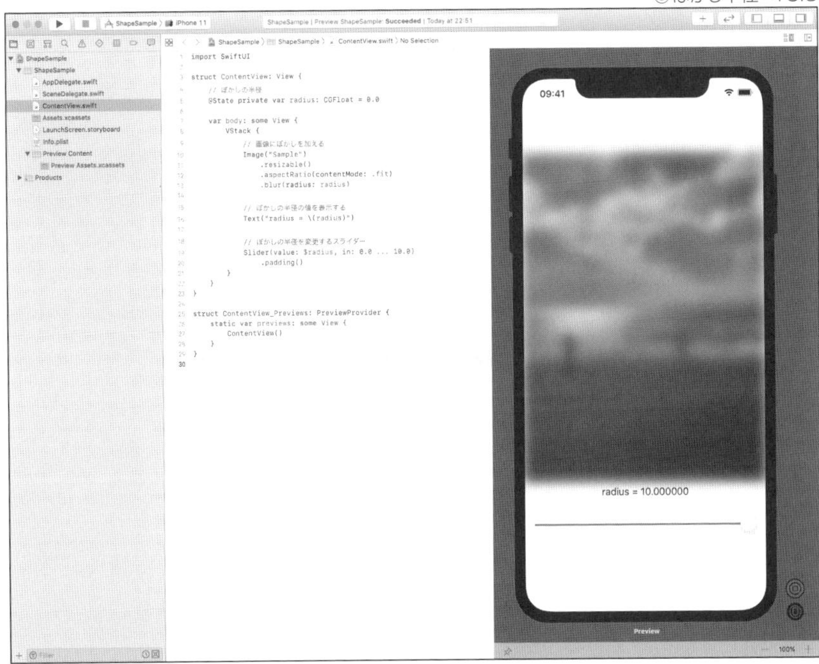

opacity

opacityモディファイアはビューの不透明度を変更するモディファイアです。次のように不透明度を引数で指定します。

```
View()
    .opacity(不透明度)
```

不透明度は0.0以上1.0以下の小数で指定します。0.0は透明、1.0は完全な不透明です。中間値は半透明になります。

次のコードはビューの不透明度を変更するコード例です。スライダーで不透明度を変更できます。

SAMPLE CODE

```
// SampleCode/Chapter05/21_ShapeSample/ShapeSample/ContentView.swift
import SwiftUI

struct ContentView: View {
    // 不透明度
    @State private var opacityValue = 1.0

    var body: some View {
        VStack {
            ZStack {
                // 画像が透明、または、半透明のときに見えるシェイプ
                Circle()
                    .foregroundColor(.blue)

                // 画像の不透明度の変更を行う
                Image("Sample")
                    .resizable()
                    .aspectRatio(contentMode: .fit)
                    .opacity(opacityValue)
            }

            // 不透明度の現在値
            Text("opacity = \(opacityValue)")

            // 不透明度を変更するスライダー
            Slider(value: $opacityValue, in: 0.0 ... 1.0)
                .padding()
        }
    }
}

struct ContentView_Previews: PreviewProvider {
    static var previews: some View {
```

```
            ContentView()
        }
    }
```

◉不透明度=1.0

◉不透明度=0.5

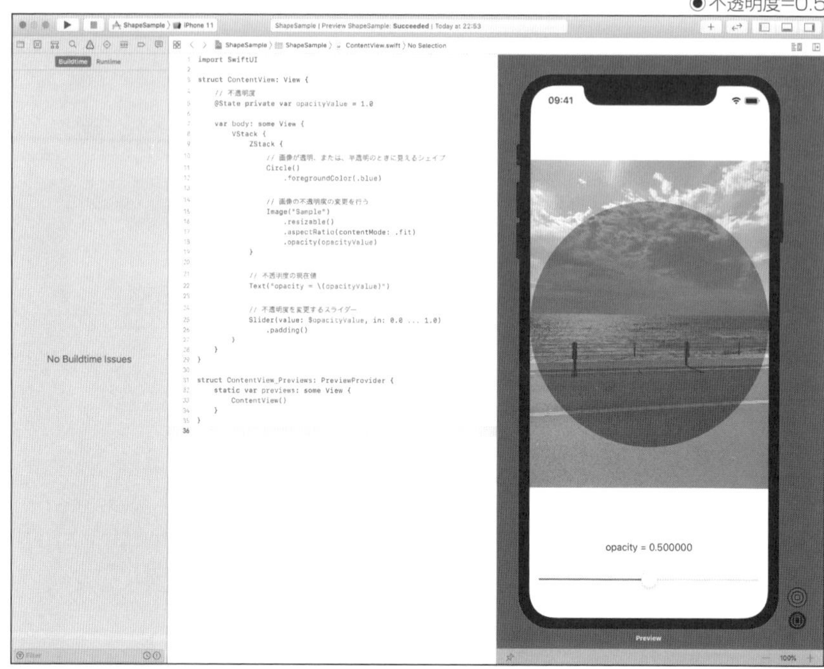

◉不透明度=0.0

```
import SwiftUI

struct ContentView: View {
    // 不透明度
    @State private var opacityValue = 1.0

    var body: some View {
        VStack {
            ZStack {
                // 画像が透明、または、半透明のときに見えるシェイプ
                Circle()
                    .foregroundColor(.blue)

                // 画像の不透明度の変更を行う
                Image("Sample")
                    .resizable()
                    .aspectRatio(contentMode: .fit)
                    .opacity(opacityValue)
            }

            // 不透明度の現在値
            Text("opacity = \(opacityValue)")

            // 不透明度を変更するスライダー
            Slider(value: $opacityValue, in: 0.0 ... 1.0)
                .padding()
        }
    }
}

struct ContentView_Previews: PreviewProvider {
    static var previews: some View {
        ContentView()
    }
}
```

No Buildtime Issues

09:41

opacity = 0.000000

Preview

CHAPTER 06

アニメーション

ビューの変形

SwiftUIではビューの表示内容、たとえば、ビューの座標、拡大・回転などの変形設定、透明度などをモディファイアを使って変更できます。これらの設定を変更するときに、その変更前の状態から変更後の状態に変化するまでをアニメーションさせることができます。たとえば、180度回転するときに、0度から180度まで回転するアニメーションを行うことなどができます。

アニメーションやトランジションを作るときに、ビューを変形するモディファイアや位置を移動するモディファイアを利用すると便利です。アニメーションを行う前に、これらのモディファイアを解説します。

ビューの位置を移動する

ビューの位置を移動するには、`position`モディファイアや`offset`モディファイアを使用します。`position`モディファイアはビューの中心座標を設定するモディファイアです。`position`モディファイアで指定するとスタックの影響を受けません。次のようなコードを書きます。

```
View()
    .position(x: X座標, y: Y座標)
```

指定するのは中心座標です。たとえば`(x,y) = (0,0)`を指定すると、ビューの中心が`(0,0)`なので、はみ出てしまいます。ビューの幅と高さの分も計算に入れる必要があります。左上であれば、幅と高さの半分だけオフセットする必要があります。

次のコードはビューの4つの角に`Rectangle`を表示する例です。

SAMPLE CODE

```
// SampleCode/Chapter06/01_AnimationSample/AnimationSample/ContentView.swift
import SwiftUI

struct ContentView: View {
    // 「Rectangle」の大きさ
    let rectSize: CGSize = CGSize(width: 100, height: 100)
    // 「Rectangle」の色
    let colors: [Color] = [.red, .blue, .yellow, .green]

    var body: some View {
        GeometryReader { geometry in
            // 左上に表示する
            Rectangle()
                .frame(width: self.rectSize.width,
                    height: self.rectSize.height)
                .foregroundColor(self.colors[0])
```

```
                .position(x: self.rectSize.width / 2,
                    y: self.rectSize.height / 2)

            // 左下に表示する
            Rectangle()
                .frame(width: self.rectSize.width,
                    height: self.rectSize.height)
                .foregroundColor(self.colors[1])
                .position(x: self.rectSize.width / 2,
                    y: geometry.size.height - self.rectSize.height / 2)

            // 右下に表示する
            Rectangle()
                .frame(width: self.rectSize.width,
                    height: self.rectSize.height)
                .foregroundColor(self.colors[2])
                .position(x: geometry.size.width - self.rectSize.width / 2,
                    y: geometry.size.height - self.rectSize.height / 2)

            // 右上に表示する
            Rectangle()
                .frame(width: self.rectSize.width,
                    height: self.rectSize.height)
                .foregroundColor(self.colors[3])
                .position(x: geometry.size.width - self.rectSize.width / 2,
                     y: self.rectSize.height / 2)

        }
    }
}

struct ContentView_Previews: PreviewProvider {
    static var previews: some View {
        ContentView()
    }
}
```

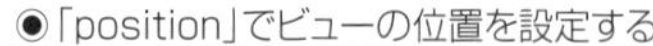
●「position」でビューの位置を設定する

ビューの位置を移動するモディファイアはもう1つあります。それが `offset` モディファイアです。 `offset` モディファイアは何も指定しないときに配置される位置から、ずらす量を指定します。次のように書きます。

```
View()
    .offset(x: X方向の移動量, Y方向の移動量)
```

次のコードは `offset` を使って少しずらして表示している例です。

SAMPLE CODE

```
// SampleCode/Chapter06/02_AnimationSample/AnimationSample/ContentView.swift
import SwiftUI

struct ContentView: View {
    //「Rectangle」の大きさ
    let rectSize: CGSize = CGSize(width: 100, height: 100)
    //「Rectangle」の色
    let colors: [Color] = [.red, .blue, .yellow, .green]

    var body: some View {
        ZStack {
            // デフォルトの位置に表示
            Rectangle()
                .frame(width: rectSize.width, height: rectSize.height)
```

```
            // 左上にオフセットする
            Rectangle()
                .frame(width: rectSize.width, height: rectSize.height)
                .foregroundColor(colors[0])
                .offset(x: -rectSize.width, y: -rectSize.height)

            // 左下にオフセットする
            Rectangle()
                .frame(width: rectSize.width, height: rectSize.height)
                .foregroundColor(colors[1])
                .offset(x: -rectSize.width, y: rectSize.height)

            // 右下にオフセットする
            Rectangle()
                .frame(width: rectSize.width, height: rectSize.height)
                .foregroundColor(colors[2])
                .offset(x: rectSize.width, y: rectSize.height)

            // 右上にオフセットする
            Rectangle()
                .frame(width: rectSize.width, height: rectSize.height)
                .foregroundColor(colors[03])
                .offset(x: rectSize.width, y: -rectSize.height)
        }
    }
}

struct ContentView_Previews: PreviewProvider {
    static var previews: some View {
        ContentView()
    }
}
```

●「offset」でビューの位置をオフセットする

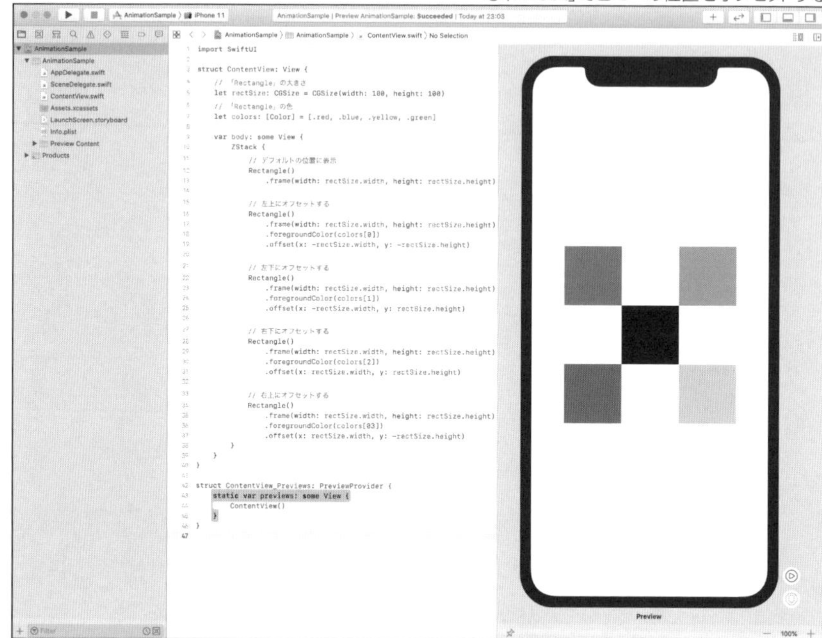

ビューを回転させる

ビューを回転させるには `rotationEffect` モディファイアを使用します。`rotationEffect` モディファイアは次のように使用します。

```
// ビューの中心を原点にして回転させる
View()
    .rotationEffect(Angle(degrees: 角度))
```

次のコードは「Rotate」ボタンをタップするたびに、`Text` ビューを45度回転させるコード例です。

SAMPLE CODE

```
// SampleCode/Chapter06/03_AnimationSample/AnimationSample/ContentView.swift
import SwiftUI

struct ContentView: View {
    // 回転角度
    @State private var angle: Double = 0

    var body: some View {
        VStack {
            // 回転を適用した「Text」ビュー
            Text("Hello SwiftUI!")
```

```
                .font(.largeTitle)
                .rotationEffect(Angle(degrees: angle))

            // 「Rotate」ボタン
            Button(action: {
                self.angle += 45
                if self.angle == 360 {
                    self.angle = 0
                }
            }) {
                Text("Rotate")
                    .foregroundColor(.white)
                    .padding()
                    .background(Capsule())
            }
        }
    }
}

struct ContentView_Previews: PreviewProvider {
    static var previews: some View {
        ContentView()
    }
}
```

●rotationEffect

rotationEffect モディファイアは角度だけを指定したときは、ビューの中心を原点にして回転します。 anchor 引数を指定すると回転の原点を変更することができます。アニメーションで回転させるときには、ビューの角で回転させたり、ビューの任意の場所を回転の原点にしたいときなどもあります。そのようなときに便利な引数です。

```
// 原点を指定して回転させる
View()
    .rotationEffect(Angle(degrees: 角度), anchor: UnitPoint(x: X座標, y: Y座標))
```

X座標とY座標は、ビューの幅と高さに対する割合で指定します。値は0.0以上1.0以下の小数です。 UnitPoint は定数も定義されており、それらを使うこともできます。定数は次のとおりです。

定数	説明
topLeading	左上
top	上辺中央
topTrailing	右上
leading	左辺中央
center	中央
trailing	右辺中央
bottomLeading	左下
bottom	下辺中央
bottomTrailing	右下

次のコードはビューの右上を原点に回転させるコード例です。

SAMPLE CODE

```
// SampleCode/Chapter06/04_AnimationSample/AnimationSample/ContentView.swift
import SwiftUI

struct ContentView: View {
    // 回転角度
    @State private var angle: Double = 0

    var body: some View {
        VStack {
            // 回転を適用した「Text」ビュー
            Text("Hello SwiftUI!")
                .font(.largeTitle)
                .rotationEffect(Angle(degrees: angle), anchor: .topTrailing)

            // 「Rotate」ボタン
            Button(action: {
                self.angle += 45
                if self.angle == 360 {
                    self.angle = 0
                }
```

```
            }) {
                Text("Rotate")
                    .foregroundColor(.white)
                    .padding()
                    .background(Capsule())
            }
        }
    }
}

struct ContentView_Previews: PreviewProvider {
    static var previews: some View {
        ContentView()
    }
}
```

●原点を指定した回転

ビューを拡大・縮小させる

ビューを拡大･縮小させるには `scaleEffect` モディファイアを使用します。`scaleEffect` モディファイアは次のように使用します。

```
// X方向・Y方向ともに同じ倍率で拡大・縮小
View()
    .scaleEffect(拡大・縮小倍率)
```

```
// X方向とY方向のそれぞれの倍率を指定して拡大・縮小
View()
    .scaleEffect(x: X方向の拡大・縮小倍率, y: Y方向の拡大・縮小倍率)
```

次のコードはボタンをタップするたびに、拡大と通常状態とを切り替えるコード例です。

SAMPLE CODE

```
// SampleCode/Chapter06/05_AnimationSample/AnimationSample/ContentView.swift
import SwiftUI

struct ContentView: View {
    // 拡大・縮小倍率
    @State private var ratio: CGFloat = 1

    var body: some View {
        VStack {
            // 拡大・縮小を適用する「Text」ビュー
            Text("Hello SwiftUI!")
                .font(.largeTitle)
                .scaleEffect(ratio)

            // 「Scale」ボタン
            Button(action: {
                if self.ratio == 1.0 {
                    self.ratio = 2
                } else {
                    self.ratio = 1
                }
            }) {
                Text("Scale")
                    .foregroundColor(.white)
                    .padding()
                    .background(Capsule())
            }
        }
    }
}

struct ContentView_Previews: PreviewProvider {
    static var previews: some View {
        ContentView()
    }
}
```

◉通常状態

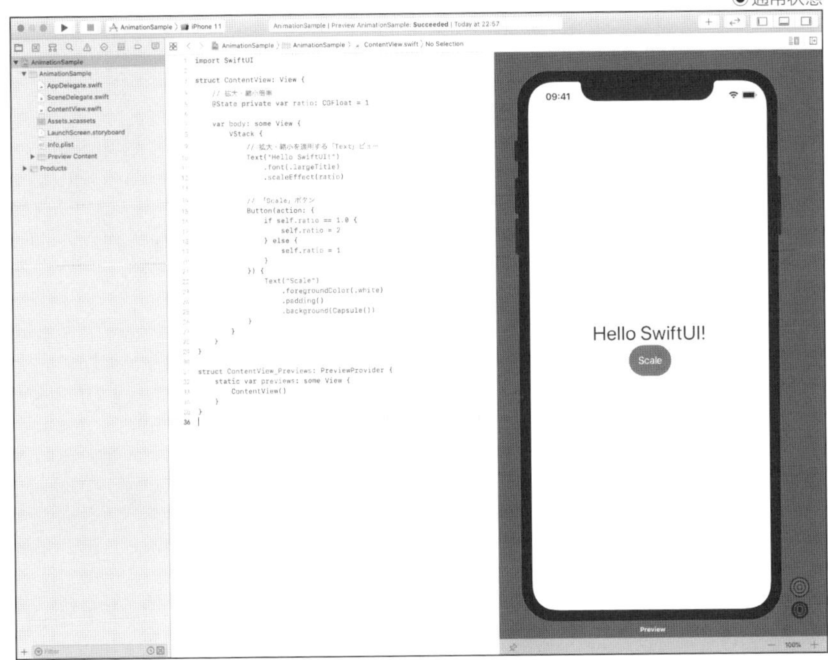

◉2倍に拡大状態

回転を適用する `rotationEffect` モディファイアと同様に拡大・縮小の原点を指定できます。原点は `anchor` 引数で指定します。

```
// X方向・Y方向ともに同じ倍率で拡大・縮小
View()
    .scaleEffect(拡大・縮小倍率, anchor: 原点)

// X方向とY方向のそれぞれの倍率を指定して拡大・縮小
View()
    .scaleEffect(x: X方向の拡大・縮小倍率, y: Y方向の拡大・縮小倍率, anchor: 原点)
```

`anchor` 引数に指定する値は `rotationEffect` モディファイアと同様に定数、または、X座標・Y座標を指定して任意の座標を指定します。

次のコードは拡大・縮小の原点を左から1/4=0.25、垂直方向は下辺=1.0を指定したコード例です。

SAMPLE CODE

```
// SampleCode/Chapter06/06_AnimationSample/AnimationSample/ContentView.swift
import SwiftUI

struct ContentView: View {
    // 拡大・縮小倍率
    @State private var ratio: CGFloat = 1

    var body: some View {
        VStack {
            // 拡大・縮小を適用する「Text」ビュー
            Text("Hello SwiftUI!")
                .font(.largeTitle)
                .scaleEffect(ratio, anchor: UnitPoint(x: 0.25, y: 1.0))

            // 「Scale」ボタン
            Button(action: {
                if self.ratio == 1.0 {
                    self.ratio = 2
                } else {
                    self.ratio = 1
                }
            }) {
                Text("Scale")
                    .foregroundColor(.white)
                    .padding()
                    .background(Capsule())
            }
        }
    }
```

```
}

struct ContentView_Previews: PreviewProvider {
    static var previews: some View {
        ContentView()
    }
}
```

●原点を指定した拡大状態

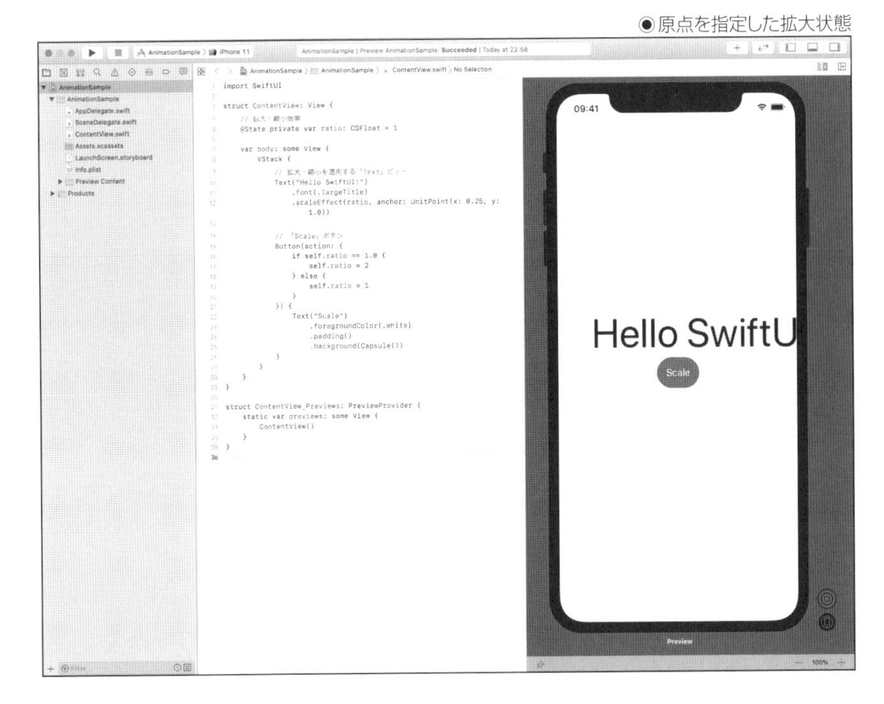

アニメーションを行う

SwiftUIではモディファイアに渡される値が変化すると、新しい値でビューのレンダリングが行われます。レンダリングが完了すると画面が書き換わります。 `animation` モディファイアを使用すると、変更後の新しい値までの中間値を使ってレンダリングが行われ、その中間値でのレンダリング結果も描画されます。このレンダリングに使用する中間値を連続的に変化させることでアニメーション処理が実現されます。どの程度の回数に中間値を分割してレンダリングを行うかはSwiftUIが決定します。

「animation」モディファイアを使ったアニメーション

`animation` モディファイアを使用すると、バインディングを通して、変更が行われたときに、アニメーションが実行されます。次のように使用します。

```
View()
    アニメーションを適用するモディファイア
    .animation(アニメーションの設定)
```

`animation` モディファイアを書く場所には注意が必要です。 `animation` モディファイアは、その前までに書かれているモディファイアをアニメーションさせます。そのため、`animation` モディファイアよりも後ろに書いたモディファイアにはアニメーションが適用されません。しかし、この点をうまく利用すれば、アニメーションの対象にするものと対象にしないものを制御することができます。

アニメーションの設定には、アニメーションのもとになる値の変化のペースをやアニメーションの時間を指定します。次のようなプロパティやメソッドが定義されています。

プロパティ	説明
default	デフォルト設定
easeIn	始めはゆっくりと動き、終わりは素早く動く
easeOut	始めは素早く動き、終わりはゆっくりと動く
easeInOut	始めと終わりはゆっくりと動き、中間は素早く動く
linear	始めから終わりまで一定のペースで動く

`easeIn` 、`easeOut` 、`easeInOut` 、`linear` の変化のイメージを図にすると、次のようになります。

●easeIn

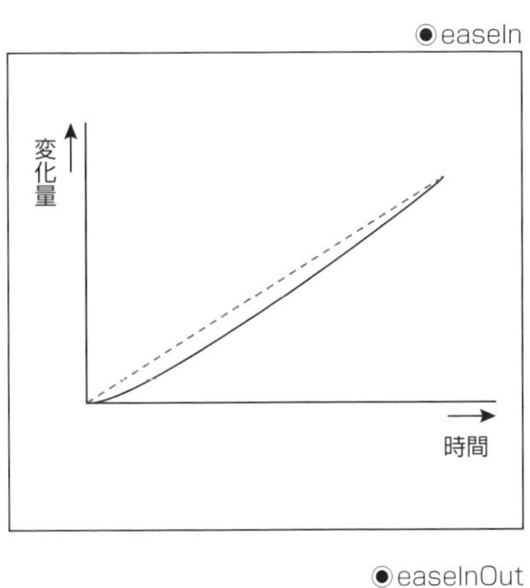

●easeOut

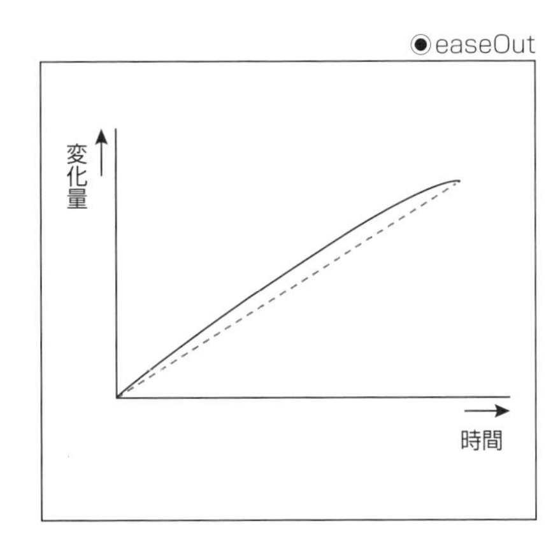

●easeInOut

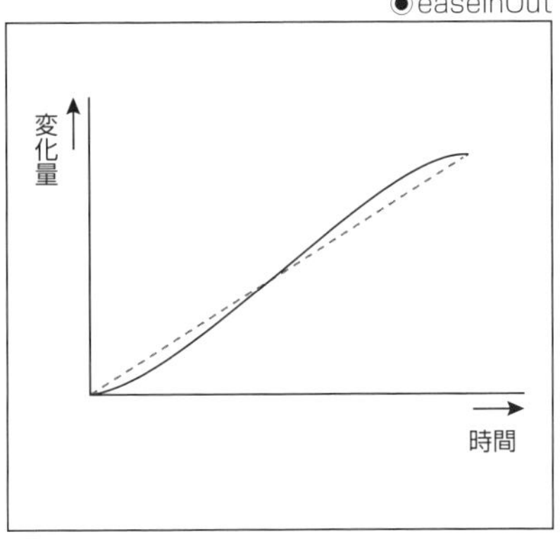

●linear

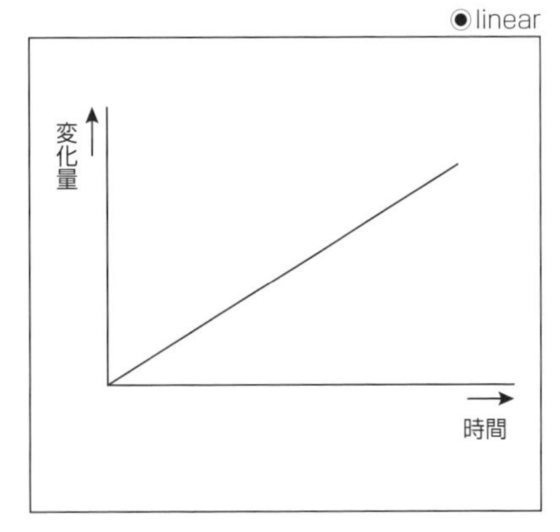

メソッドはプロパティで定義されている設定を使いつつ、アニメーションの時間を指定したいときに使用します。 `default` 以外のプロパティに対応するメソッドがあります。

```
View()
    .animation(.easeIn(duration: アニメーション時間))
```

```
View()
    .animation(.easeOut(duration: アニメーション時間))
```

```
View()
    .animation(.easeInOut(duration: アニメーション時間))
```

```
View()
    .animation(.linear(duration: アニメーション時間))
```

その他に、バネのような行きすぎて少し戻るアニメーションを行う関数もあります。

```
View()
    .animation(.spring())
```

`spring` はデフォルトの値で行うとバネ感が少し足りないように筆者は感じました。次のように引数で調整すると、バネ感が出ます。デフォルト値から変更しているのは `dampingFraction` 引数の値です。この値は小さくすると跳ねる感じが大きくなります。また、`response` 引数の値を大きくすると、アニメーションの動きが少しゆっくりになります。感覚なので読者の皆さんは違った印象を受けるかもしれません。使う場所に合わせて調整を行ってください。

```
View()
    .animation(.spring(response: 0.65, dampingFraction: 0.5, blendDuration: 0))
```

次のコードは `animation` モディファイアを使ってアニメーションを行っているコード例です。 `Text` ビューの拡大、回転、移動をアニメーションさせます。

SAMPLE CODE

```
// SampleCode/Chapter06/07_AnimationSample/AnimationSample/ContentView.swift
import SwiftUI

struct ContentView: View {
    // 拡大・縮小倍率
    @State private var ratio: CGFloat = 1
    // 回転角度
    @State private var degrees: Double = 0
    // オフセット座標
    @State private var offsetY: CGFloat = 0

    var body: some View {
        VStack {
            Text("Hello SwiftUI!")
                .font(.largeTitle)
                .scaleEffect(ratio)
                .rotationEffect(Angle(degrees: degrees))
                .offset(x: 0, y: offsetY)
                .animation(.default)

            Button(action: {
                if self.ratio == 1.0 {
                    self.ratio = 2
                } else {
                    self.ratio = 1
                }

                if self.degrees == 0 {
                    self.degrees = 360
                } else {
                    self.degrees = 0
                }
```

```
                if self.offsetY == 0 {
                    self.offsetY = -100
                } else {
                    self.offsetY = 0
                }

            }) {
                Text("Animation")
                    .foregroundColor(.white)
                    .padding()
                    .background(Capsule())
            }
        }
    }
}

struct ContentView_Previews: PreviewProvider {
    static var previews: some View {
        ContentView()
    }
}
```

●「animation」モディファイアを使ったアニメーション

「withAnimation」関数を使ったアニメーション

SwiftUIでビューのモディファイアの変化をアニメーションさせる方法には withAnimation 関数を使う方法もあります。 animation モディファイアではアニメーションを行うことをビューで宣言していますが、withAnimation 関数では、バインディングの値を変更する側で宣言します。次のように使用します。

```
withAnimation(アニメーションの設定) {
    // アニメーションの対象にする変更処理
}
```

アニメーションの設定に指定する値は animation モディファイアと同じです。アニメーションの対象にする変更処理は、バインディングやプロパティの値変更を行います。

次のコードは、animation モディファイアと同じアニメーションを withAnimation 関数で行うように変更したコード例です。 withAnimation を使わずに値を変更した場合にはアニメーションは行われません。それを比較するため、ボタンを1つ追加しています。「Animation」ボタンをタップしたときはアニメーションを行い、「None」をタップしたときはアニメーションを行いません。それぞれ、動作を確認してください。

SAMPLE CODE

```
// SampleCode/Chapter06/08_AnimationSample/AnimationSample/ContentView.swift
import SwiftUI

struct ContentView: View {
    // 拡大・縮小倍率
    @State private var ratio: CGFloat = 1
    // 回転角度
    @State private var degrees: Double = 0
    // オフセット座標
    @State private var offsetY: CGFloat = 0

    fileprivate func toggleValue() {
        if self.ratio == 1.0 {
            self.ratio = 2
        } else {
            self.ratio = 1
        }

        if self.degrees == 0 {
            self.degrees = 360
        } else {
            self.degrees = 0
        }

        if self.offsetY == 0 {
            self.offsetY = -100
```

```
        } else {
            self.offsetY = 0
        }
    }

    var body: some View {
        VStack {
            Text("Hello SwiftUI!")
                .font(.largeTitle)
                .scaleEffect(ratio)
                .rotationEffect(Angle(degrees: degrees))
                .offset(x: 0, y: offsetY)

            HStack {
                // アニメーションを行うボタン
                Button(action: {
                    withAnimation(.default) {
                        self.toggleValue()
                    }
                }) {
                    Text("Animation")
                        .foregroundColor(.white)
                        .padding()
                        .background(Capsule())
                }

                // アニメーション行わないボタン
                Button(action: {
                    self.toggleValue()
                }) {
                    Text("None")
                        .foregroundColor(.white)
                        .padding()
                        .background(Capsule())
                }
            }
        }
    }
}

struct ContentView_Previews: PreviewProvider {
    static var previews: some View {
        ContentView()
    }
}
```

トランジションを適用する

トランジションは、ビューが追加、または、削除されるときに実行されるアニメーションです。トランジションがないビューは単純に表示状態が変化するだけですが、トランジションを使うと移動しながら表示されるなど、アニメーションをしながら表示状態が変化します。

transition

トランジションを適用するには `transition` モディファイアを使用します。また、トランジションはアニメーションの1つなので、`animation` モディファイアや `withAnimation` 関数を組み合わせる必要があります。

```
// 「animation」モディファイアと組み合わせる
if 表示状態を入れたプロパティ {
    View()
        .transition(トランジションの種類)
        .animation(アニメーションの種類)
}

// 「withAnimation」関数と組み合わせる
if 表示状態を入れたプロパティ {
    View()
        .transition(トランジションの種類)
}

Button(action: {
    withAnimation(アニメーションの種類) {
        表示状態を入れたプロパティの値変更
    }
}) {
    Text("Button")
}
```

トランジションの種類には次のようなものがあります。本書の執筆時点では、ビューが現れるときのトランジションはXcodeのライブプレビューでは適用されず、ビューが消えるときのトランジションのみ適用されます。シミュレータで実行すると現れるときのトランジションも適用されます。

トランジションの種類	説明
opacity	フェードアウトを行う
scale	縮小しながら消えていく
slide	移動しながら消えていく

次のコードは scale トランジションを適用しているコード例です。トランジションの様子がわかりやすいように、アニメーションの時間を長めに指定しています。「Toggle」ボタンのタイトル文字列の前後にはスペースを入れています。Xcode 11.2.1までは必要なかったのですが、Xcode 11.3では入れないと、「tog...」のように省略表示になる現象が起きました。

SAMPLE CODE

```
// SampleCode/Chapter06/09_AnimationSample/AnimationSample/ContentView.swift
import SwiftUI

struct ContentView: View {
    @State private var showingView = true

    var body: some View {
        VStack {
            if showingView {
                Spacer()
                Text("Hello SwiftUI!")
                    .font(.largeTitle)
                    .transition(.scale)
            }

            Spacer()

            Button(action: {
                // トランジションによる変化もアニメーションの一つ
                withAnimation(.linear(duration: 3)) {
                    self.showingView.toggle()
                }
            }) {
                Text(" Toggle ")
                    .foregroundColor(.white)
                    .padding()
                    .background(Capsule())
            }
        }
    }
}

struct ContentView_Previews: PreviewProvider {
    static var previews: some View {
        ContentView()
    }
}
```

●トランジション開始前

```
import SwiftUI

struct ContentView: View {
    @State private var showingView = true

    var body: some View {
        VStack {
            if showingView {
                Spacer()
                Text("Hello SwiftUI!")
                    .font(.largeTitle)
                    .transition(.scale)
            }

            Spacer()

            Button(action: {
                // トランジションによる変化もアニメーションの一つ
                withAnimation(.linear(duration: 3)) {
                    self.showingView.toggle()
                }
            }) {
                Text("Toggle")
                    .foregroundColor(.white)
                    .padding()
                    .background(Capsule())
            }
        }
    }
}

struct ContentView_Previews: PreviewProvider {
    static var previews: some View {
        ContentView()
    }
}
```

Hello SwiftUI!

Toggle

●「scale」トランジションの途中


```
import SwiftUI

struct ContentView: View {
    @State private var showingView = true

    var body: some View {
        VStack {
            if showingView {
                Spacer()
                Text("Hello SwiftUI!")
                    .font(.largeTitle)
                    .transition(.scale)
            }

            Spacer()

            Button(action: {
                // トランジションによる変化もアニメーションの一つ
                withAnimation(.linear(duration: 3)) {
                    self.showingView.toggle()
                }
            }) {
                Text("Toggle")
                    .foregroundColor(.white)
                    .padding()
                    .background(Capsule())
            }
        }
    }
}

struct ContentView_Previews: PreviewProvider {
    static var previews: some View {
        ContentView()
    }
}
```


Hello SwiftUI!

Toggle

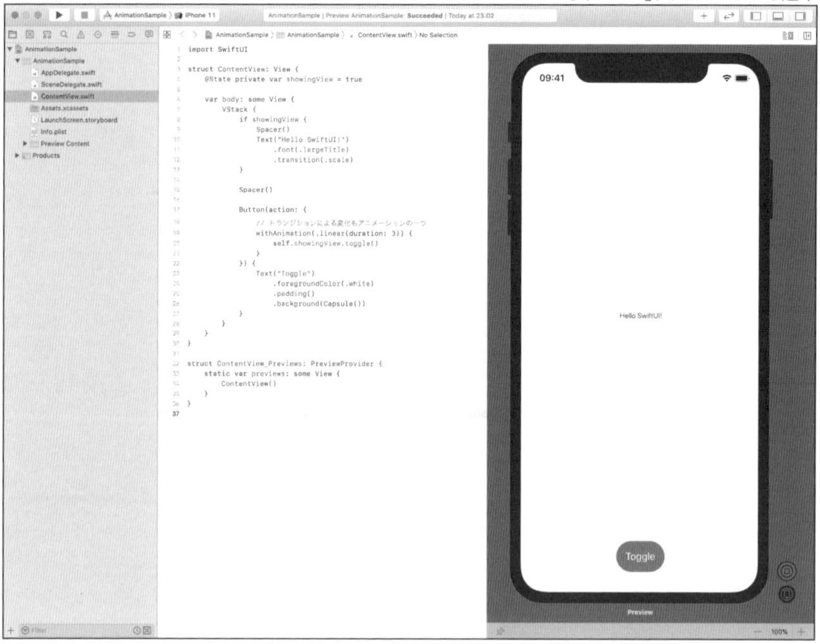

移動の方向を指定する

移動しながら消えていくトランジションを表示したいときには slide トランジションを使用できますが、移動する方向を変更したいときは別のトランジションを使用する必要があります。トランジションはカスタムで実装することができます。移動する方向が異なるトランジションを実装すれば実現できますが、移動であればもっと手軽な方法があります。 move メソッドを使用します。

```
View()
    .transition(.move(edge: 移動する方向))
```

移動する方向には次のようなプロパティを指定できます。

プロパティ	方向
top	上方向
bottom	下方向
leading	左方向
trailing	右方向

次のコードは上に移動しながら消えるトランジションのコード例です。

SAMPLE CODE

```
// SampleCode/Chapter06/10_AnimationSample/AnimationSample/ContentView.swift
import SwiftUI

struct ContentView: View {
    @State private var showingView = true

    var body: some View {
        VStack {
            if showingView {
                Spacer()
                Text("Hello SwiftUI!")
                    .font(.largeTitle)
                    .transition(.move(edge: .top))
            }

            Spacer()

            Button(action: {
                // トランジションによる変化もアニメーションの1つ
                withAnimation(.linear(duration: 3)) {
                    self.showingView.toggle()
                }
            }) {
                Text(" Toggle ")
                    .foregroundColor(.white)
                    .padding()
                    .background(Capsule())
```

```
            }
        }
    }
}

struct ContentView_Previews: PreviewProvider {
    static var previews: some View {
        ContentView()
    }
}
```


トランジションを組み合わせる

トランジションを組み合わせることもできます。トランジションを組み合わせるには、AnyTransition のエクステンションを作り、タイププロパティを追加します。

```
extension AnyTransition {
    static var トランジション名: AnyTransition {
        let insertion = 追加されるときのトランジション
        let removal = 取り除かれるときのトランジション

        return asymmetric(insertion: insertion, removal: removal)
    }
}
```

次のコードは move と scale を組み合わせているコード例です。ただし、本書の執筆時点では insertion のトランジションはXcodeのライブプレビューでは表示されません。

SAMPLE CODE

```
// SampleCode/Chapter06/11_AnimationSample/AnimationSample/ContentView.swift
import SwiftUI

// カスタムトランジションを追加する
extension AnyTransition {
    // カスタムトランジション「moveScale」を追加する
    // タイププロパティとして追加する
    static var moveScale: AnyTransition {
        // ビューに追加されるときのトランジション
        let insertion = AnyTransition.move(edge: .leading)
            .combined(with: .scale)

        // ビューから取り除かれるときのトランジション
        let removal = AnyTransition.move(edge: .trailing)
            .combined(with: .scale)

        // トランジションを作る
        return asymmetric(insertion: insertion, removal: removal)
```

```
    }
}

struct ContentView: View {
    @State private var showingView = true

    var body: some View {
        VStack {
            if showingView {
                Spacer()
                Text("Hello SwiftUI!")
                    .font(.largeTitle)
                    .transition(.moveScale)
            }

            Spacer()

            Button(action: {
                // トランジションによる変化もアニメーションの1つ
                withAnimation(.linear(duration: 3)) {
                    self.showingView.toggle()
                }
            }) {
                Text(" Toggle ")
                    .foregroundColor(.white)
                    .padding()
                    .background(Capsule())
            }
        }
    }
}

struct ContentView_Previews: PreviewProvider {
    static var previews: some View {
        ContentView()
    }
}
```

●トランジション開始前

import SwiftUI
// カスタムトランジションを追加する
extension AnyTransition {
// カスタムトランジション「moveScale」を追加する
// タイププロパティとして追加する
static var moveScale: AnyTransition {
// ビューに追加されるときのトランジション
let insertion = AnyTransition.move(edge: .leading)
.combined(with: .scale)
// ビューから取り除かれるときのトランジション
let removal = AnyTransition.move(edge: .trailing)
.combined(with: .scale)
// トランジションを作る
return asymmetric(insertion: insertion, removal: removal)
}
}
struct ContentView: View {
@State var showingView = true
var body: some View {
VStack {
if showingView {
Spacer()
Text("Hello SwiftUI!")
.font(.largeTitle)
.transition(.moveScale)
}
Spacer()
Button(action: {
// トランジションによる変化もアニメーションの一つ
withAnimation(.linear(duration: 3)) {
self.showingView.toggle()
}
}) {
Text("Toggle")
.foregroundColor(.white)
.padding()
.background(Capsule())
}
}
}
}
struct ContentView_Previews: PreviewProvider {
static var previews: some View {
ContentView()
}
}
09:41
Hello SwiftUI!
Toggle

●トランジションの途中

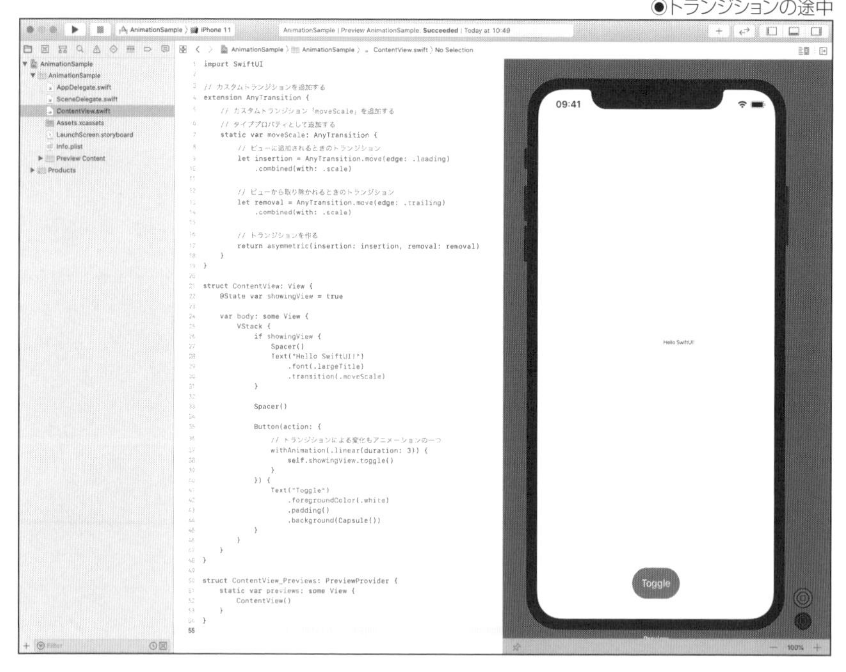
09:41
Toggle

CHAPTER 07

UIKitとの組み合わせ

UIKitとSwiftUIの違い

SwiftUIと、UIKitなどのプラットフォーム専用のネイティブフレームワークとは設計思想や採用しているデザインパターンなど、違いが多く見られます。この違いにより、UIKitとSwiftUIを組み合わせて相互利用しようとしたときに、そのままではうまく組み合わせることができません。そこで、SwiftUIでは、各ネイティブフレームワークの中でSwiftUIのビューを動かすためのクラス、SwiftUIの中でネイティブフレームワークのビューやビューコントローラを動かすためのビューといった、2つの世界の橋渡しになる仕組みを用意しています。

クラスと構造体

SwiftUIとUIKitとの間で最も決定的に違うのが`NSObject`クラスを継承しているかどうかが挙げられます。SwiftUIはSwift専用になっています。一方、UIKitはObjective-CとSwiftの両方から使用可能です。そのため、UIKitはObjective-Cでも使用できるように、`NSObject`クラスを継承している「クラス」で色々な部品が実装されています。

SwiftUIはSwift専用です。そのため、色々な部品を`NSObject`から継承した「クラス」にしなければいけないのような、制限がありません。Swiftの言語機能を活かし、プロトコルとプロトコルに適合する構造体で多くの部品が実装されています。

宣言的と命令的

SwiftUIの特徴の1つに宣言的なコードがあります。宣言的なコードは、ビューの状態やビューの内容を宣言する形のコードになっています。たとえば、シートをビューに置くことを宣言し、シートが表示されている状態であることを宣言することでシートが表示されます。ここまでの章でいくつものサンプルコードや解説で見てきたとおりです。

UIKitの場合は「表示するという命令」を実行することでシートが表示されます。SwiftUIの状態切り替えも、UIKitの表示命令も、どちらもトリガーとなるのはボタンのアクションかもしれませんが、そこには思想的な違いがあります。SwiftUIの「宣言的」という言葉に対して、UIKitなどの使い方は「命令的」といえるのではないでしょうか。

COLUMN　UIKit以外のネイティブフレームワークについて

本書ではUIKitのみ解説しています。しかし、SwiftUIはCHAPTER 01で解説しましたとおり、AppKitやWatchKitなどの他のネイティブフレームワークと組み合わせることも可能です。考え方はUIKitの場合と同じです。それぞれの世界とを橋渡しする仕組みが用意されています。

SwiftUIの中でUIKitを使用する

SwiftUIの中でUIKitを使用するためには、UIKit特有の処理をSwiftUIで実装します。このセクションではその方法について解説します。

「UIView」をラップするビュー

UIKitではビューは UIView クラスおよび UIView クラスを継承したクラスです。これらのUIKitのビューを表示するには UIViewRepresentable ビューを使用します。 UIViewRepresentable ビューはUIKitのビューを表示するビューです。アプリ側で UIViewRepresentable プロトコルに適合するビューを実装します。

```
import UIKit
import SwiftUI

// UIKitのビューを表示するSwiftUIのビュー
struct MyWrappedView : UIViewRepresentable {
    // 表示するビューのクラスを宣言する
    typealias UIViewType = UIKitのビュー

    // 表示するビューを作る
    func makeUIView(context: Context) -> UIKitのビュー {
        let view = UIKitのビューのインスタンス確保
        return view
    }

    // ビューの状態更新
    func updateUIView(_ uiView: UIKitのビュー,
        context: Context) {
    }
}
```

上記の例では MyWrappedView はSwiftUIのビューです。他のSwiftUIのビューと同様の使い方ができます。内容はUIKitのビューになります。実装が必要なのは次の3つです。

実装対象	説明
「UIViewType」タイプエイリアス	ラップするUIKitのビュークラス
「makeUIView」メソッド	ラップするUIKitのビューを作成するメソッド
「updateUIView」メソッド	バインディング更新時やビューの状態更新時などに呼ばれるメソッド

次のコードはMapKitフレームワークの MKMapView クラスをSwiftUIのビューの中で表示するコード例です。 MKMapView クラスは地図を表示するクラスです。

SAMPLE CODE

```
// SampleCode/Chapter07/01_IntegrationSample/IntegrationSample/MapView.swift
import UIKit
import SwiftUI
import MapKit

// MapKitの「MKMapView」を表示するためのビュー
struct MapView : UIViewRepresentable {
    // 表示するビューのクラス
    typealias UIViewType = MKMapView

    // 表示するビューを作る
    func makeUIView(context: Context) -> MKMapView {
        let view = MKMapView()
        return view
    }

    // ビューの状態更新
    func updateUIView(_ uiView: MKMapView,
        context: Context) {

    }

}
```

このコードにより MapView は MKMapView クラスの地図を表示することができるSwiftUIのビューになります。次のように ContentView に配置することができるようになります。

SAMPLE CODE

```
// SampleCode/Chapter07/01_IntegrationSample/IntegrationSample/ContentView.swift
import SwiftUI

struct ContentView: View {
    var body: some View {
        MapView()
    }
}

struct ContentView_Previews: PreviewProvider {
    static var previews: some View {
        ContentView()
    }
}
```

Xcodeのライブプレビューを実行してください。地図が表示されます。オプションキーを押しながらドラッグすれば、ピンチアウト／ピンチイン操作もできます。ドラッグして表示する場所を変更することもできます。 `UIViewRepresentable` を使ってUIKitのビューを表示すれば、ただ、レンダリングするだけではなく、こうしたイベント処理やジェスチャー処理も正常に動作します。

●「MKMapView」クラスを使って地図を表示する

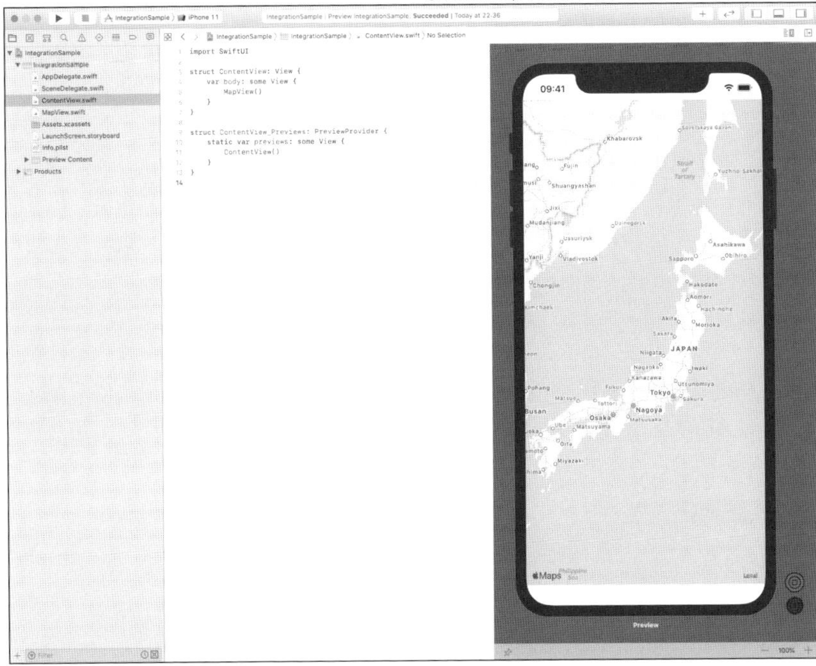

コーディネーターについて

UIKitで頻繁に登場する設計手法の中に、次のような3つのパターンがあります

- デリゲート
- ターゲットとアクション
- データソース

これら3つのパターンはいずれもObjective-Cの動的な特徴やSwiftの言語機能を活用していて、専用のプロトコルでメソッドを定義します。各プロトコルに適合するクラスをアプリ側で実装し、インスタンスをフレームワーク側に渡します。フレームワーク側は渡されたインスタンスのクラスは知らなくても、必要な手続き(メソッド)を呼び出して、必要な情報やオブジェクトを取得し、それぞれの機能を実現します。

SwiftUIのビューで上記のクラスを実装しようとすると、すぐに壁に突き当たります。それは、SwiftUIのビューは `NSObject` クラスを継承していない構造体であるため、必要なプロトコルを実装できません。

そこで、コーディネーターの登場です。コーディネーターは `NSObject` クラスを継承しているクラスで実装します。UIKitのクラスのデリゲートやターゲット、データソースなど、`UIViewRepresentable` の適合ビューがラップしているUIKitのビューに合わせて、UIKit側のプロトコルに適合させます。そして、SwiftUIとの間で橋渡しを行うように実装します。`UIViewRepresentable` の適合ビューの中で定義し、インスタンス確保も行います。

SAMPLE CODE

```
struct MyWrappedView : UIViewRepresentable {
    // コーディネーターのインスタンスを確保する
    func makeCoordinator() -> Coordinator {
        Coordinator(self)
    }

    // UIKitのビューのインスタンスを確保する
    func makeUIView(context: Context) -> UIKitのビュー {
        let view = UIKitのビューのインスタンス確保

        // viewのデリゲートやデータソース、ターゲットとして
        // コーディネーターを指定する
        // 「makeCoordinator」メソッドで確保したインスタンスは
        // 「context.coordinator」で取得する
        view.delegate = context.coordinator

        return view
    }

    // コーディネータークラスの定義
    // 必要に応じて適合するプロトコルを宣言する
```

```
    class Coordinator : NSObject {
        var parent: MyWrappedView

        init(_ parent: MyWrappedView) {
            self.parent = parent
        }

        // 必要なメソッドを実装する

    }
}
```


Ⅲ デリゲートを実装する

デリゲートはUIKitのビューがコールバックを行いたいときに頻繁に使われるパターンです。たとえば MKMapView クラスであれば、地図の読み込みを開始したときや、完了したときなどに呼び出すメソッドを MKMapViewDelegate プロトコルで定義しており、MKMapViewDelegate プロトコルに適合するクラスをアプリ側で実装して、インスタンスを MKMapView クラスにセットしておけば、それぞれのタイミングでメソッドが呼ばれます。アプリ側はメソッド内で行いたい処理を実装して、MKMapView クラスの動作をカスタマイズしたり、MKMapView クラスの状態変更に合わせて独自の処理を行ったりします。

デリゲートメソッドで戻り値を返すケースもあります。その戻り値によって呼び出し側のクラスが動作を変更することができます。たとえば、macOSのアプリでウインドウを閉じようとしたときに呼ばれるデリゲートメソッドがあります。アプリ側は変更されているドキュメントのウインドウなら、保存確認メッセージを表示して、キャンセルされたら、閉じる動作もキャンセルするようにデリゲートメソッドで戻り値を返します。フレームワーク側はキャンセルされたことをデリゲートメソッドの戻り値を通して知ることができ、処理を中断することができます。

次のような手順で地図の中心位置の緯度・経度を表示する処理を実装してみましょう。

1. 「ContentView」に「VStack」と「Text」を追加して、地図の下にテキストを表示できるようにする。
2. 「Coordinator」クラスを追加して「MKMapViewDelegate」プロトコルに適合させる。
3. 「MKMapView」クラスの「delegate」プロパティに「Coordinator」クラスをセットする。
4. 「Coordinator」クラスで「MKMapViewDelegate」プロトコルの「mapViewDidChangeVisibleRegion」メソッドを実装して、地図の表示範囲が変わったタイミングでテキストに中心座標を表示する。

mapViewDidChangeVisibleRegion は名前のとおり、地図の表示範囲が変わったときに呼ばれるデリゲートメソッドです。表示している地図の表示範囲は MKMapView クラスの region プロパティで取得できます。 region プロパティは MKCoordinateRegion 構造体になっており、center プロパティで中心位置を取得できます。

次のコードは実装コード例です。

SAMPLE CODE

```
// SampleCode/Chapter07/
// 02_IntegrationSample/IntegrationSample/ContentView.swift
import SwiftUI

struct ContentView: View {
    // 表示するメッセージ
    @State private var message: String = ""

    var body: some View {
        VStack {
            MapView(message: $message)
            Text("\(self.message)")
                .font(.caption)
        }
    }
}

struct ContentView_Previews: PreviewProvider {
    static var previews: some View {
        ContentView()
    }
}
```

SAMPLE CODE

```
// SampleCode/Chapter07/02_IntegrationSample/IntegrationSample/MapView.swift
import UIKit
import SwiftUI
import MapKit

// MapKitの「MKMapView」を表示するためのビュー
struct MapView : UIViewRepresentable {
    // 表示するメッセージを格納する
    @Binding var message: String

    // 表示するビューのクラス
    typealias UIViewType = MKMapView

    // コーディネーターを作成する
    func makeCoordinator() -> Coordinator {
        return Coordinator(self)
    }

    // 表示するビューを作る
    func makeUIView(context: Context) -> MKMapView {
```

```
        let view = MKMapView()

        // コーディネーターをデリゲートに設定する
        view.delegate = context.coordinator

        return view
    }

    // ビューの状態更新
    func updateUIView(_ uiView: MKMapView, context: Context) {

    }

    // コーディネータークラス
    class Coordinator : NSObject, MKMapViewDelegate {
        var parent: MapView

        init(_ parent: MapView) {
            self.parent = parent
        }

        // 地図の表示範囲変更時に呼ばれる
        func mapViewDidChangeVisibleRegion(_ mapView: MKMapView) {
            // 表示範囲を取得する
            let region = mapView.region

            // 中心位置を取得する
            let center = region.center

            // 緯度と経度を取得して表示する文字列
            let latitude = center.latitude
            let longitude = center.longitude

            var msg = ""

            if latitude == 0.0 {
                // 緯度は0.0度
                msg += "0.0, "
            } else if latitude > 0.0 {
                // 北緯
                msg += "N \(latitude), "
            } else {
                // 南緯
                msg += "S \(-latitude), "
            }

            if longitude == 0.0 {
```

```
                // 経度は0.0度
                msg += "0.0"
            } else if longitude > 0.0 {
                // 東経
                msg += "E \(longitude)"
            } else {
                // 西経
                msg += "W \(-longitude)"
            }

            self.parent.message = msg
        }
    }
}
```


Xcodeのライブプレビューで実行すると、地図の中心位置が地図の下に表示されます。地図の表示範囲を変更すると、それに合わせて地図の下に表示された緯度・経度も更新されます。今回のデリゲートはこのようにライブプレビューでも正しく動作しますが、動作しないものもあります。たとえば、`mapViewDidFinishLoadingMap`メソッドはライブプレビューでは筆者の環境では動きませんでした。そのようなときは、通常のiOSアプリと同様に、アプリを実行してシミュレータやデバイス上で動かしてください。

●デリゲートの実装例

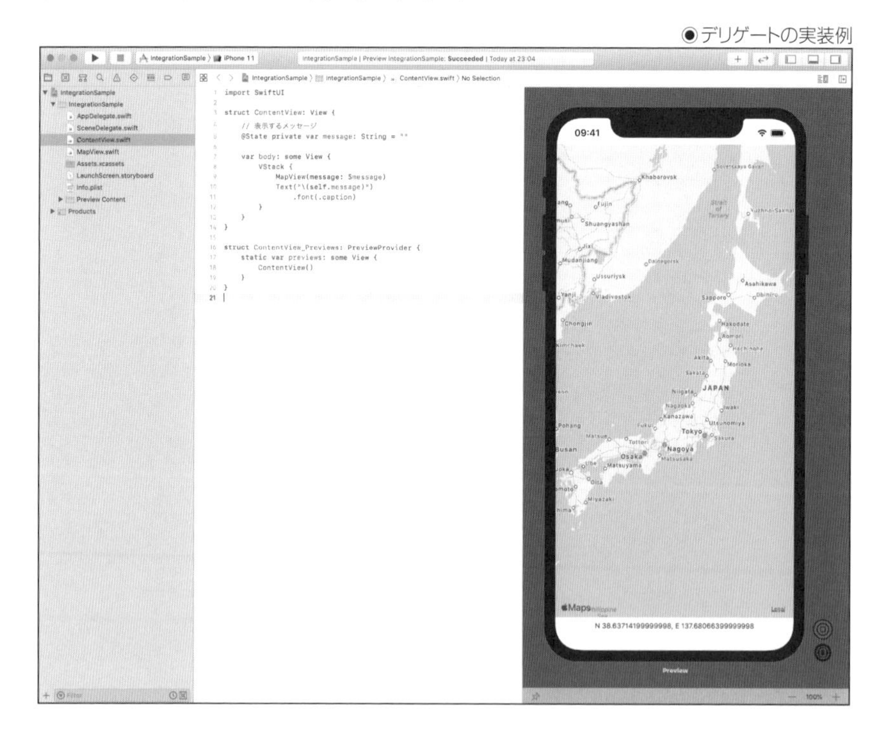

ターゲットとアクションを実装する

ターゲットとアクションのパターンは、UIKitではボタンをタップしたときの処理やタイマーなどで使われているパターンです。ボタンがタップされたときに処理を行うオブジェクト(ターゲット)と呼ばれるメソッドをボタンにあらかじめ設定しておきます。ボタンがタップされると、設定しておいたオブジェクトのメソッドが呼ばれます。アクションに指定するメソッドは、一般的には、次のような引数を1つ持つメソッドです。

```
func targetAction(_ sender: Any)
```

`sender` 引数には、メソッドを呼び出したオブジェクトが渡されます。たとえば `UIButton` クラスであれば、`UIButton` クラスのインスタンスです。

SwiftUIで実装するときはデリゲートのときと同様にターゲットを `Coordinator` クラスにし、メソッドは `Coordinator` クラスのメソッドを設定します。

次のコードは `UIButton` クラスのボタンを表示し、タップされたらSwiftUIでシートを表示するというコード例です。

SAMPLE CODE

```
// SampleCode/Chapter07/
// 03_IntegrationSample/IntegrationSample/ContentView.swift
import SwiftUI

struct ContentView: View {
    // シートの表示状態
    @State private var showingSheet: Bool = false

    var body: some View {
        ButtonView(showingSheet: $showingSheet)
            .frame(width: 100, height: 40)
            .sheet(isPresented: $showingSheet) {
                Text("SwiftUI sheet called from UIKit")
            }
    }
}

struct ContentView_Previews: PreviewProvider {
    static var previews: some View {
        ContentView()
    }
}
```

SAMPLE CODE

```
// SampleCode/Chapter07/03_IntegrationSample/IntegrationSample/ButtonView.swift
import SwiftUI
import UIKit

struct ButtonView : UIViewRepresentable {
    // ボタンがタップされたときに値を変更するプロパティ
    @Binding var showingSheet: Bool

    // 表示するビューのクラス
    typealias UIViewType = UIButton

    // コーディネーターを作成する
    func makeCoordinator() -> Coordinator {
        return Coordinator(self)
    }

    // 表示するビューを作る
    func makeUIView(context: Context) -> UIButton {
        let button = UIButton(type: .system)
        button.setTitle("Show Sheet", for: .normal)

        // ボタンがタップされたときのアクションを設定する
        button.addTarget(context.coordinator,
            action: #selector(Coordinator.showSheet(_:)), for: .touchUpInside)

        return button
    }

    // ビューの更新処理
    func updateUIView(_ uiView: UIButton, context: Context) {

    }

    // コーディネータークラス
    class Coordinator : NSObject {
        var parent: ButtonView

        init(_ parent: ButtonView) {
            self.parent = parent
        }

        // ボタンがタップされたときのアクションメソッド
        @objc func showSheet(_ sender: Any) {
            self.parent.showingSheet = true
        }
    }
}
```

`UIButton` クラスのアクションもライブプレビューで動作します。ライブプレビューでボタンをタップすると、シートが表示されます。ボタンは `UIButton` クラスが表示しており、タップしたときにアクションを実行するのもUIKit側です。その後、アクションの中でバインディングの値を変更すると、バインディングの値変更を検知したSwiftUIがシートを表示するという流れます。UIKitの世界とSwiftUIの世界がシームレスにつながります。

●「UIButton」クラスのボタン

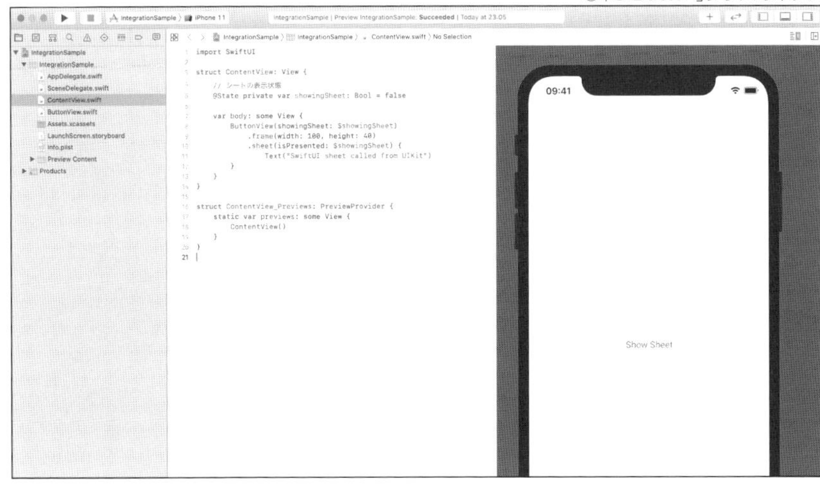

●SwiftUIが表示するシート

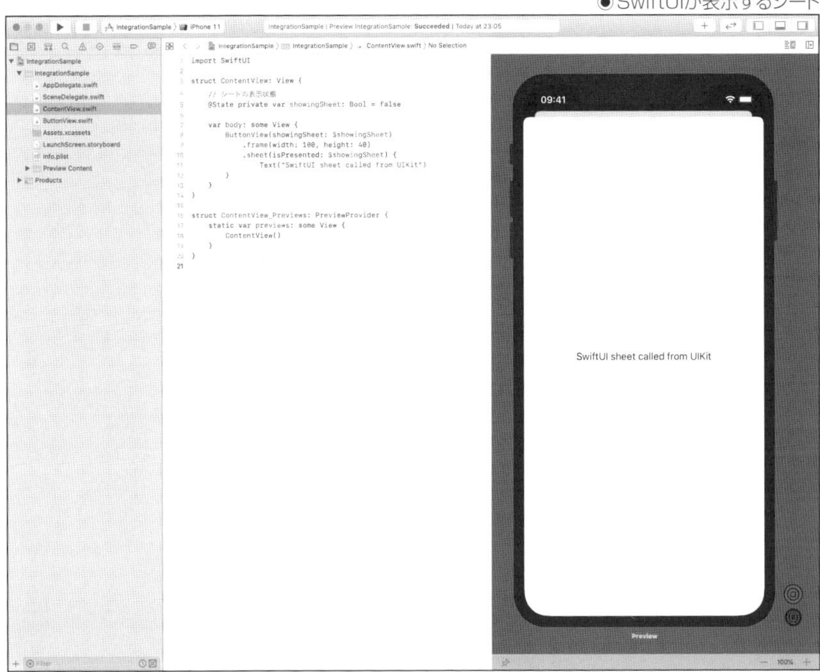

「UIView」への値変更の反映処理を実装する

SwiftUIではバインディングを使って、コントロールで行われた値が変更が自動的に他のビューに適用されます。この仕組みを `UIViewRepresentable` プロトコルに適合しているクラスでも利用するには、`updateUIView` メソッドとバインディングを使用します。 `UIViewRepresentable` プロトコルに適合しているクラスで、バインディングをプロパティにすると、そのバインディングを変更すると、`updateUIView` メソッドが呼ばれます。この仕組みを使って、バインディングの値変更を `UIView` に反映させます。

次のコードはSwiftUIの `Toggle` でオプションを設定するトグルを表示します。

SAMPLE CODE

```
// SampleCode/Chapter07/04_IntegrationSample/IntegrationSample/MapView.swift

import UIKit
import SwiftUI
import MapKit
import Combine

// MapKitの「MKMapView」を表示するためのビュー
struct MapView : UIViewRepresentable {
    // 地図のオプション
    @Binding var showsBuilding: Bool
    @Binding var showsCompass: Bool
    @Binding var showsScale: Bool
    @Binding var showsTraffic: Bool

    // 表示するビューのクラス
    typealias UIViewType = MKMapView

    // コーディネーターを作成する
    func makeCoordinator() -> Coordinator {
        return Coordinator(self)
    }

    // 表示するビューを作る
    func makeUIView(context: Context) -> MKMapView {
        let view = MKMapView()

        // コーディネーターをデリゲートに設定する
        view.delegate = context.coordinator

        // オプションを適用する
        applyOptions(view: view)

        return view
    }
```

```
    // ビューの状態更新
    func updateUIView(_ uiView: MKMapView, context: Context) {
        // オプションを適用する
        applyOptions(view: uiView)
    }

    // オプションを適用する処理
    func applyOptions(view: MKMapView) {
        view.showsBuildings = showsBuilding
        view.showsCompass = showsCompass
        view.showsScale = showsScale
        view.showsTraffic = showsTraffic
    }

    // コーディネータークラス
    class Coordinator : NSObject, MKMapViewDelegate {
        var parent: MapView

        init(_ parent: MapView) {
            self.parent = parent
        }

    }
}
```

SAMPLE CODE

```
// SampleCode/Chapter07/04_IntegrationSample/IntegrationSample/MapOption.swift

import Combine

// 地図のオプション
class MapOption : ObservableObject {
    @Published var showsBuilding: Bool = false
    @Published var showsCompass: Bool = false
    @Published var showsScale: Bool = false
    @Published var showsTraffic: Bool = false
}
```

SAMPLE CODE

```
// SampleCode/Chapter07/04_IntegrationSample/IntegrationSample/ContentView.swift

import SwiftUI

struct ContentView: View {
    // 地図のオプション
```

```
    @ObservedObject var mapOption: MapOption

    var body: some View {
        VStack {
            MapView(showsBuilding: $mapOption.showsBuilding,
                    showsCompass: $mapOption.showsCompass,
                    showsScale: $mapOption.showsScale,
                    showsTraffic: $mapOption.showsTraffic)

            VStack {
                Toggle(isOn: $mapOption.showsBuilding) {
                    Text("Shows Building")
                }
                Toggle(isOn: $mapOption.showsCompass) {
                    Text("Shows Compass")
                }
                Toggle(isOn: $mapOption.showsScale) {
                    Text("Shows Scale")
                }
                Toggle(isOn: $mapOption.showsTraffic) {
                    Text("Shows Traffic")
                }
            }
            .padding()
        }
    }
}

struct ContentView_Previews: PreviewProvider {
    static var previews: some View {
        ContentView(mapOption: MapOption())
    }
}
```

SAMPLE CODE

```
// SampleCode/Chapter07/04_IntegrationSample/IntegrationSample/SceneDelegate.swift

import UIKit
import SwiftUI

class SceneDelegate: UIResponder, UIWindowSceneDelegate {

    var window: UIWindow?


    func scene(_ scene: UIScene,
```

```
            willConnectTo session: UISceneSession,
            options connectionOptions: UIScene.ConnectionOptions) {
        let contentView = ContentView(mapOption: MapOption())

        if let windowScene = scene as? UIWindowScene {
            let window = UIWindow(windowScene: windowScene)
            window.rootViewController =
                UIHostingController(rootView: contentView)
            self.window = window
            window.makeKeyAndVisible()
        }
    }

    func sceneDidDisconnect(_ scene: UIScene) {
    }

    func sceneDidBecomeActive(_ scene: UIScene) {
    }

    func sceneWillResignActive(_ scene: UIScene) {
    }

    func sceneWillEnterForeground(_ scene: UIScene) {
    }

    func sceneDidEnterBackground(_ scene: UIScene) {
    }

}
```

Toggle 操作に応じて MKMapView クラスに表示されるオプションが変わることが、Xcodeのライブプレビューでも確認できます。

●オプションをオンにした状態

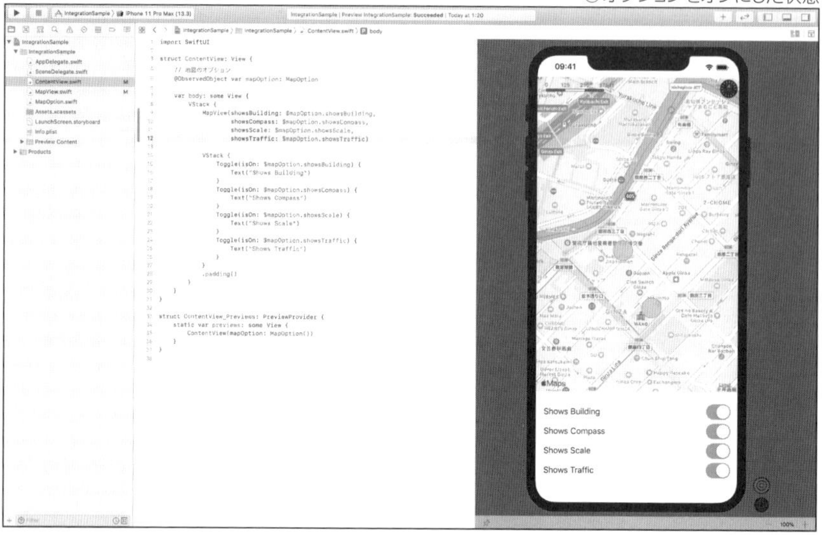

Ⅲ「UIViewController」をラップするビュー

UIKitの機能をSwiftUIで使うときには、ビューコントローラを表示したいことも多くあるでしょう。OS側で実装している共通機能もビューコントローラとして提供されるものがあります。UIKitのビューコントローラは `UIViewController` クラスおよび `UIViewController` クラスを継承したクラスです。UIKitのビューコントローラをSwiftUIで表示するには `UIViewControllerRepresentable` ビューを使用します。 `UIViewControllerRepresentable` ビューはビューコントローラを表示するビューです。アプリ側で `UIViewControllerRepresentable` プロトコルに適合するビューを実装します。

```
import UIKit
import SwiftUI

// ビューコントローラをラップするビュー
struct WrappedView : UIViewControllerRepresentable {
    // ラップするビューコントローラのクラス
    typealias UIViewControllerType = ラップするビューコントローラのクラス

    // コーディネーターの作成
    func makeCoordinator() -> Coordinator {
        return Coordinator(self)
    }

    // ビューコントローラの作成
    func makeUIViewController(context: Context) -> ビューコントローラ {
        let viewController = ビューコントローラを作成する
```

```
        return viewController
    }

    // ビューコントローラの状態更新
    func updateUIViewController(_ uiViewController: ビューコントローラ,
        context: Context) {

    }

    // コーディネータークラス
    class Coordinator : NSObject {
        var parent: WrappedView

        init(_ parent: WrappedView) {
            self.parent = parent
        }
    }
}
```

上記のようなコードでビューコントローラをラップする WrappedView が作れます。WrappedView は他のSwiftUIのビューと同様に扱うことができます。

次のコードは SFSafariViewController クラスを表示するコード例です。 SFSafariViewController クラスはWebブラウザのSafariの機能を提供するビューコントローラです。

SAMPLE CODE

```
// SampleCode/Chapter07/05_IntegrationSample/IntegrationSample/SafariView.swift
import UIKit
import SwiftUI
import SafariServices

// 「SFSafariViewController」をラップするビュー
struct SafariView : UIViewControllerRepresentable {
    // シートの表示状態
    @Binding var showingSheet: Bool

    // ラップするビューコントローラのクラス
    typealias UIViewControllerType = SFSafariViewController

    // コーディネーターの作成
    func makeCoordinator() -> Coordinator {
        return Coordinator(self)
    }

    // ビューコントローラの作成
    func makeUIViewController(context: Context) -> SFSafariViewController {
        let url = URL(string: "https://www.rk-k.com/")
```

```
        let viewController = SFSafariViewController(url: url!)
        return viewController
    }

    // ビューコントローラの状態更新
    func updateUIViewController(_ uiViewController: SFSafariViewController,
        context: Context) {

    }

    // コーディネータークラス
    class Coordinator : NSObject {
        var parent: SafariView

        init(_ parent: SafariView) {
            self.parent = parent
        }
    }
}
```


SAMPLE CODE

```
// SampleCode/Chapter07/
// 05_IntegrationSample/IntegrationSample/ContentView.swift
import SwiftUI

struct ContentView: View {
    // シートの表示状態
    @State private var showingSheet: Bool = false

    var body: some View {
        Button(action: {
            self.showingSheet = true
        }) {
            Text("Show SFSafariViewController")
        }
        .sheet(isPresented: $showingSheet) {
            // 「SFSafariViewController」クラスをラップしたビューを表示
            SafariView(showingSheet: self.$showingSheet)
        }
    }
}

struct ContentView_Previews: PreviewProvider {
    static var previews: some View {
        ContentView()
    }
}
```

●「SFSafariViewController」クラスを使ってWebサイトを表示する

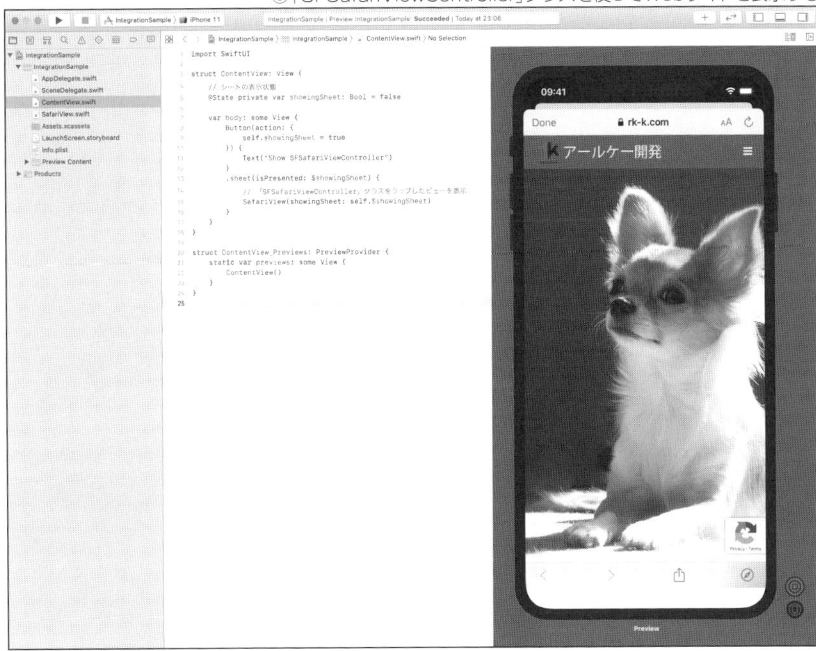

データソースを実装する

UIKitの UITableView クラスではデータソースというパターンを使っています。UIKitの UITableView クラスはテーブルを表示する「ビュー」としての処理を実装することに特化しています。テーブルに表示される内容には関与しません。表示される内容は UITableViewDataSource プロトコルに適合するオブジェクト(データソース)をアプリ側から渡し、UITableView クラスは渡されたデータソースから内容を取得して、表示します。

SwiftUIでこの処理を実装するには、コーディネーターを UITableViewDataSource プロトコルに適合させ、データソースとして使用します。

次のコードは、UITableView クラスを使ってテーブルビューを表示しているコード例です。

SAMPLE CODE

```
// SampleCode/Chapter07/06_IntegrationSample/IntegrationSample/TableView.swift
import SwiftUI
import UIKit

// 「UITableView」クラスをラップするビュー
struct TableView : UIViewRepresentable {
    typealias UIViewType = UITableView

    // テーブルビューに表示する文字列の配列
    var items: [String]
```

```
    func makeCoordinator() -> Coordinator {
        return Coordinator(self)
    }

    func makeUIView(context: Context) -> UITableView {
        let tableView = UITableView()

        // コーディネーターをデータソースに設定
        tableView.dataSource = context.coordinator

        // データソースから再読み込み
        tableView.reloadData()

        return tableView
    }

    func updateUIView(_ uiView: UITableView, context: Context) {

    }

    // コーディネーター。テーブルビューのデータソースにする
    class Coordinator : NSObject, UITableViewDataSource {
        var parent: TableView

        init(_ parent: TableView) {
            self.parent = parent
        }

        // 項目数を取得する
        func tableView(_ tableView: UITableView,
                        numberOfRowsInSection section: Int) -> Int {
            return self.parent.items.count
        }

        // 項目を取得する
        func tableView(_ tableView: UITableView,
                        cellForRowAt indexPath: IndexPath) -> UITableViewCell {
            let cell = UITableViewCell(style: .default, reuseIdentifier: nil)
            cell.textLabel?.text = self.parent.items[indexPath.row]
            return cell
        }

    }
}
```

SAMPLE CODE

```
// SampleCode/Chapter07/
// 06_IntegrationSample/IntegrationSample/ContentView.swift
import SwiftUI

struct ContentView: View {
    var items: [String] = ["UIKit", "AppKit", "WatchKit"]

    var body: some View {
        NavigationView {
            TableView(items: items)
                .navigationBarTitle("UITableView")
        }
    }
}

struct ContentView_Previews: PreviewProvider {
    static var previews: some View {
        ContentView()
    }
}
```

このコードをライブプレビューで表示すると次のようになります。テーブルビューはUIKitの `UITableView` クラスが使われ、ナビゲーションバーはSwiftUIの `NavigationView` です。タイトルはSwiftUIの `navigationBarTitle` モディファイアで設定しています。テーブルビューのデータソースはコーディネーターです。

このように柔軟に組み合わせて、UIKitで実装済みのモジュールを利用したり、SwiftUIだけでは実現できない部分をUIKitで実装するといったことも可能です。

●「UITableView」クラスを使ったテーブルビュー

Ⅲ 状態駆動で考える

UIKitのビューやビューコントローラをラップするときに筆者が感じた勘所は状態駆動で考えるということです。状態駆動という言葉は本来はないのかもしれません。ただ、SwiftUIでの動作をうまく表せているように思われるので、ここでは使用したいと思います。 `sheet` モディファイアでも見てきたとおり、SwiftUIでは「表示する」という命令ではなく、「表示されている」という状態に変更するという処理で、シートを表示します。同様にUIKitのビューに何かを実行させるときも、「何かを実行する状態である」という形で実装します。つまり、状態変化がプログラムに行動を起こさせる起点となります。

具体例で見てみましょう。次のコードは、テキストフィールドにURLを入力して、「Load」ボタンをタップすると、 `WKWebView` でそのURLを表示します。 `WKWebView` はUIKitの埋め込みWebブラウザービューです。

SAMPLE CODE

```
// SampleCode/Chapter07/07_IntegrationSample/WebView.swift

import SwiftUI
import WebKit

struct WebView: UIViewRepresentable {
    typealias UIViewType = WKWebView

    // ビューの状態
    enum ViewStatus {
        case none
        case load(URL)
    }

    @Binding var viewStatus: ViewStatus

    // コーディネーターの作成
    func makeCoordinator() -> Coordinator {
        return Coordinator(self)
    }

    // ビューの作成処理
    func makeUIView(context: Context) -> WKWebView {
        let view = WKWebView()
        return view
    }

    // ビューの更新処理
    func updateUIView(_ uiView: WKWebView, context: Context) {
        // 「viewStatus」が変更されたときも呼ばれるが
        // それ以外のときも呼ばれる
```

▼

```
        switch (viewStatus) {
        case .load(let url):
            // ロードするとき
            context.coordinator.load(url: url, view: uiView)

            // 「updateUIView」中は変更できないので、後から変更
            DispatchQueue.main.async {
                self.viewStatus = .none
            }
            break

        case .none:
            // 何もしない
            break
        }
    }

    // コーディネーターの定義
    class Coordinator : NSObject {
        var parent: WebView

        init(_ parent: WebView) {
            self.parent = parent
        }

        // ロード処理を行う
        func load(url: URL, view: WKWebView) {
            let request = URLRequest(url: url)
            view.load(request)
        }
    }
}
```

SAMPLE CODE

```
// SampleCode/Chapter07/07_IntegrationSample/ContentView.swift

import SwiftUI

struct ContentView: View {
    @State var urlString: String = ""
    @State var viewStatus: WebView.ViewStatus = .none

    var body: some View {
        VStack {
            HStack {
```

```
                TextField("Address", text: $urlString)
                    .textFieldStyle(RoundedBorderTextFieldStyle())
                Button(action: {
                    // 入力されている文字列からURLを作る
                    if let url = URL(string: self.urlString) {
                        // URLをロードする状態をセットする
                        self.viewStatus = .load(url)
                    }
                }) {
                    Text("Load")
                }
            }
            .padding()

            WebView(viewStatus: $viewStatus)
        }
    }
}

struct ContentView_Previews: PreviewProvider {
    static var previews: some View {
        ContentView()
    }
}
```

行っている処理は一見すると難しく見えますが、いくつかの状態遷移です。ContentViewに配置されたButtonがタップされると、プロパティviewStatusに.loadがURL付きで代入されます。これがこのアプリでの状態遷移です。すると、そのバインディングを持っているWebViewのupdateUIViewメソッドが実行されます。updateUIViewメソッドは値によって処理を変更します。.loadのときはURLをロードします。ロードを行ったら、デバイス回転などでupdateUIViewメソッドが呼ばれたときに再読込されないようにviewStatusプロパティを.noneに変更することで、何もしないという状態に遷移します。ただし、updateUIViewメソッドの中で変更することはできないため、DispatchQueueクラスのasyncメソッドを使って遅延させて設定しています。

このように状態遷移が起点となりupdateUIViewメソッドを経由させて、適切な処理を実行することでUIKitの能動的な動作も行えます。

●「Load」ボタンでページを読み込む

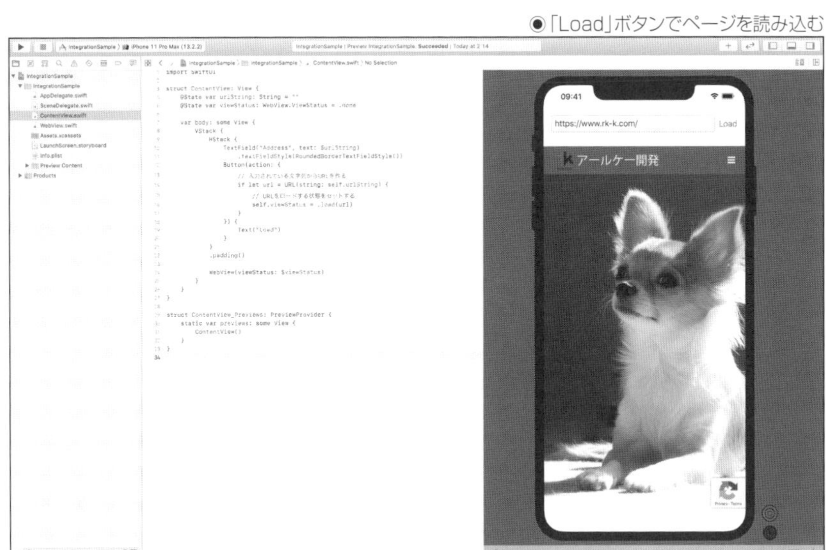

UIKitの中でSwiftUIを使用する

UIKitの中でSwiftUIのビューを表示するには、SwiftUIの中でUIKitのビューを使用するときと同様に、橋渡しを行うクラスを実装します。このセクションではその方法について解説します。

SwiftUIのビューを表示する

SwiftUIのビューを表示するには `UIHostingController` クラスを使用します。このクラスは `UIViewController` クラスを継承しているクラスで、UIKitの中では通常のビューコントローラとして使用できます。次のように、インスタンスを作るときに表示するSwiftUIのビューを指定します。

```
let viewController = UIHostingController(rootView: View())
```

SwiftUIの中でUIKitのビューを表示するときは、ラップするビューを作りましたが、UIKitの中でSwiftUIのビューを表示するときは、`UIHostingController` を単純に使うだけで可能です。

次のコードは、SwiftUIで実装した `ImageView` というビューをUIKit側で表示しているコード例です。表示している画像は `Assets.xcassets` に「Sample」という名前で登録しました。

SAMPLE CODE

```
// SampleCode/Chapter07/08_IntegrationSample/ImageView.swift
import SwiftUI

// SwiftUIのビュー
struct ImageView: View {
    var body: some View {
        VStack {
            Image("Sample")
                .resizable()
                .aspectRatio(contentMode: .fit)

            Text("Now Thinking...")
        }
    }
}

struct ImageView_Previews: PreviewProvider {
    static var previews: some View {
        ImageView()
    }
}
```

SAMPLE CODE

```
// SampleCode/Chapter07/08_IntegrationSample/ViewController.swift
import UIKit
import SwiftUI

// UIKitのビューコントローラ
class ViewController: UIViewController {
    // SwiftUIのビューを表示するビューコントローラ
    var imageViewController : UIHostingController<ImageView>!

    override func viewDidLoad() {
        super.viewDidLoad()

        // SwiftUIのビューを作る
        self.imageViewController =
            UIHostingController(rootView: ImageView())

        // このビューに全体に広げて表示する
        self.imageViewController.view.frame = self.view.bounds

        // サブビューとして追加する
        self.addChild(self.imageViewController)
        self.view.addSubview(self.imageViewController.view)

        // 自動レイアウトで追従するように設定する
        self.imageViewController.view.autoresizingMask =
            [.flexibleWidth, .flexibleHeight]
    }
}
```

シミュレータ上で実行すると、UIKitのアプリ内でSwiftUIのビューが表示されます。自動レイアウトで追従するように、自動リサイズマスクを設定しているので、デバイスの回転にも追従します。

◉縦方向で表示する

◉横方向で表示する

SwiftUIのビュー内の変更に対応する

SwiftUI内での値変更に対応するには、Combineフレームワークを使って、`@Published` アトリビュートが付いたプロパティの値変更時の処理を実装して対応します。

`@Published` アトリビュートを付けて宣言されたプロパティは、次のようなコードで、値変更時に行う処理を設定することができます。

```
class MyObject {
    @Published var value: Int = 0
}

let obj = MyObject()
let objSink = obj.$value
    .sink() { value in
    // 値変更時に行いたい処理。変更後の値は「value」に代入される
}
```

次のコードはSwiftUIでスライダーを配置し、RGB値を編集できるようにしています。編集された値に合わせて、UIKit側のビューの背景色を変更しています。値が変更されたときに `updateColor` メソッドを呼ぶように、Combineを使って設定しています。

SAMPLE CODE

```
// SampleCode/Chapter07/09_IntegrationSample/IntegrationSample/ColorValue.swift
import Foundation
import Combine

// 色の設定値を持つクラス
class ColorValue : ObservableObject {
```

```
    @Published var red: Double = 1.0
    @Published var green: Double = 1.0
    @Published var blue: Double = 1.0
}
```

SAMPLE CODE

```
// SampleCode/Chapter07/
// 09_IntegrationSample/IntegrationSample/ColorController.swift
import SwiftUI

// SwiftUIのビュー
// 色の値を決めるためのスライダーを表示する
struct ColorController: View {
    @ObservedObject var colorValue: ColorValue

    var body: some View {
        VStack {
            // Red用
            HStack {
                Text("Red:")
                    .frame(width: 100)
                Slider(value: $colorValue.red, in: 0.0...1.0)
                Text("\(colorValue.red)")
                    .frame(width:100)
            }

            // Green用
            HStack {
                Text("Green:")
                    .frame(width: 100)
                Slider(value: $colorValue.green, in: 0.0...1.0)
                Text("\(colorValue.green)")
                    .frame(width:100)
            }

            // Blue用
            HStack {
                Text("Blue:")
                    .frame(width: 100)
                Slider(value: $colorValue.blue, in: 0.0...1.0)
                Text("\(colorValue.blue)")
                    .frame(width:100)
            }
        }
    }
}
```

```
struct ColorController_Previews: PreviewProvider {
    static var previews: some View {
        ColorController(colorValue: ColorValue())
    }
}
```

SAMPLE CODE

```
// SampleCode/Chapter07/
// 09_IntegrationSample/IntegrationSample/ViewController.swift
import UIKit
import SwiftUI
import Combine

class ViewController: UIViewController {
    // SwiftUIのビューを表示するビューコントローラ
    var colorController : UIHostingController<ColorController>!

    // 色の値を入れるプロパティ
    var colorValue: ColorValue!

    var redSink: AnyCancellable!
    var greenSink: AnyCancellable!
    var blueSink: AnyCancellable!

    override func viewDidLoad() {
        super.viewDidLoad()

        colorValue = ColorValue()

        // SwiftUIのビューを作る
        self.colorController = UIHostingController(rootView:
            ColorController(colorValue: colorValue))

        // 横幅は全体に広げて、高さは固定値
        var subFrame = self.view.bounds
        subFrame.size.height = 200
        subFrame.origin.y = self.view.bounds.height - subFrame.height
        colorController.view.frame = subFrame

        // サブビューとして追加する
        self.addChild(self.colorController)
        self.view.addSubview(self.colorController.view)

        // 自動レイアウトで追従するように設定する
        self.colorController.view.autoresizingMask =
```

```
            [.flexibleWidth, .flexibleTopMargin]

        // 色の値が変更されたら、それに合わせて「updateColor」メソッドを呼ぶ
        redSink = colorValue.$red
            .sink() { _ in
                self.updateColor()
        }
        greenSink = colorValue.$green
            .sink() { _ in
                self.updateColor()
        }
        blueSink = colorValue.$blue
            .sink() { _ in
                self.updateColor()
        }
    }

    // 色が変更されたときに呼ばれるメソッド
    func updateColor() {
        // ビューの背景色を変更する
        let color = UIColor(red: CGFloat(colorValue.red),
                            green: CGFloat(colorValue.green),
                            blue: CGFloat(colorValue.blue),
                            alpha: 1.0)
        self.view.layer.backgroundColor = color.cgColor
    }
}
```

このコードを実行すると次のような画面が表示されます。スライダーで値を変更すると、Combineを通して変更が通知され、updateColor メソッドが呼ばれ、色が変わる様子が確認できます。

●Combineと組み合わせて値変更に対応する

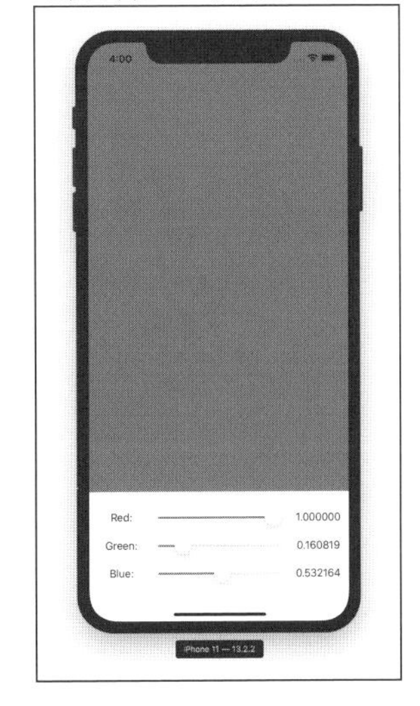

COLUMN

「UIHostingController」クラスは「SceneDelegate」クラスでも使われている

`UIHostingController`クラスを使ったSwiftUIのビュー表示は今までも知らず知らずのうちに使ってきています。SwiftUIを使ったアプリであっても、根本はUIKitのアプリと変わりません。ルートビューコントローラが存在しています。プロジェクトを作成するときにSwiftUIをメインで使用するように設定すると、このルートビューコントローラが`UIHostingController`クラスになっています。`UIHostingController`クラスのインスタンス確保時に指定されるルートビューは`ContentView`です。

これらの処理は`SceneDelegate`クラスの中で行われています。次のコードは、Xcodeが生成した`SceneDelegate`クラスのルートビューコントローラ作成部分です。`UIHostingController`クラスを使って`ContentView`を表示する処理が書かれています。

```
// SceneDelegate.swift

class SceneDelegate: UIResponder, UIWindowSceneDelegate {

    var window: UIWindow?


    func scene(_ scene: UIScene, willConnectTo session: UISceneSession,
        options connectionOptions: UIScene.ConnectionOptions) {

        let contentView = ContentView()

        // Use a UIHostingController as window root view controller.
        if let windowScene = scene as? UIWindowScene {
            let window = UIWindow(windowScene: windowScene)
            window.rootViewController =
                UIHostingController(rootView: contentView)
            self.window = window
            window.makeKeyAndVisible()
        }
    }

    // ... 省略 ...
}
```

CHAPTER 08

アクセシビリティ

SECTION-032

iPhoneやiPadのアクセシビリティ機能について

iPhoneやiPadには多くのアクセシビリティ機能が搭載されています。アクセシビリティ機能は、誰にでも使いやすくするための機能です。年齢的な条件や身体的な条件に関わりなく、使いやすくするための機能です。

本書を執筆している時点での最新版のiOSはiOS 13です。iOS 13には次のような機能が搭載されています。

- VoiceOver
- ディスプレイ調整
- ダイナミックタイプ
- ズーム
- 音声コントロール

VoiceOver

「VoiceOver」は画面に表示されている内容を読み上げる機能です。テキストだけではなく、タップしたものが何であるかも読み上げます。たとえば、「VoiceOver」の設定画面にある「読み上げ速度」のスライダーをタップすると、スライダーそのものにはテキストがありませんが、その見出しである「読み上げ速度」というテキストを読み上げます。

「VoiceOver」のオンとオフを切り替えるトグルであれば、「VoiceOver オン」のように、設定されている状態も読み上げます。

「VoiceOver」の設定画面はiOS 13であれば、次のように操作すると表示されます。

❶「設定」アプリを開きます。

❷「アクセシビリティ」を選択します。

◉「アクセシビリティ」を選択する

❸「VoiceOver」を選択します。

◉「VoiceOver」を選択する

◉「VoiceOver」の設定画面

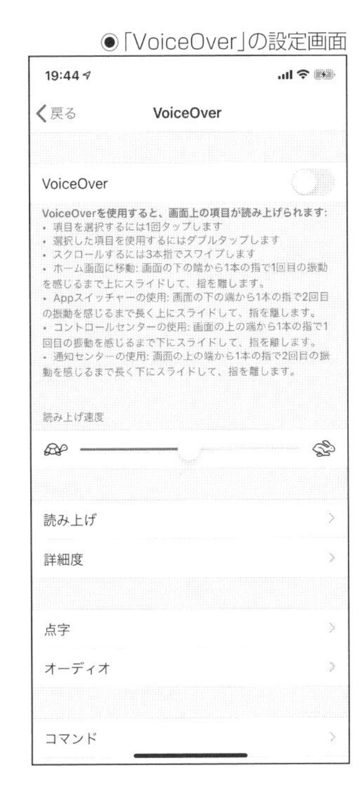

ディスプレイ調整

「ディスプレイ調整」は、コントラストを上げる機能や反転させる機能など、ディスプレイの見え方に関するさまざまな設定を変更できる機能です。

ダイナミックタイプ

「ダイナミックタイプ」は、アプリ側でフォントやフォントサイズを選択させずに、定義済みのセットを使うことで、テキストサイズの設定で文字サイズを変更することができます。表示されるテキストを太字にするなどもユーザー側で設定できます。

ズーム

「ズーム」は画面の表示内容をズームさせて表示する機能です。当然、画面からはみ出てしまいますが、スクロールさせることもできます。

音声コントロール

「音声コントロール」は声で操作する機能です。指で行う操作も声で行うことができます。「音声コントロール」の設定画面はiOS 13であれば、次のように操作すると表示されます。

❶「設定」アプリを開きます。

❷「アクセシビリティ」を選択します。

●「アクセシビリティ」を選択する

❸「音声コントロール」を選択します。

●「VoiceOver」を選択する

●「VoiceOver」の設定画面

Ⅲ その他

　他にもさまざまな機能が搭載されています。詳しくは下記のページをご覧ください。アップル製品に搭載されているアクセシビリティ機能が紹介されています。

- アクセシビリティ - Apple（日本）

  URL https://www.apple.com/jp/accessibility

SwiftUIのアクセシビリティの自動対応

SwiftUIでユーザーインターフェイスを実装すると、ある程度までは自動的にアクセシビリティ対応が行われます。このセクションではSwiftUIにより自動的に行われるアクセシビリティ対応について解説します。

アプリの動作テストについて

「VoiceOver」などのアクセシビリティ対応についての動作テストを行うときは、Xcodeのライブプレビューやシミュレータではなく、アプリを実機で動かして動作テストを行ってください。

シミュレータにもアクセシビリティ関連の機能は搭載されていますが、すべてではありません。たとえば、iOS 13ではシミュレータでは「VoiceOver」は使用できません。「VoiceOver」は実機でなければ使用できない機能です。

表示されているテキストの読み上げ

SwiftUIの `Text` ビューは自動的に「VoiceOver」の読み上げに対応します。

次のコードは `Text` ビューや `Button` 、`Toggle` を表示します。「VoiceOver」がオンになっているとそれぞれタップして選択でき、「VoiceOver」によって表示されているテキストが読み上げられます。 `Toggle` は値を変更すると「On」「Off」のように新しい設定が読み上げられます。

SAMPLE CODE

```
// SampleCode/Chapter08/
// 01_AccessibilitySample/AccessibilitySample/ContentView.swift
import SwiftUI

struct ContentView: View {
    @State private var toggleValue: Bool = false

    var body: some View {
        VStack {
            Text("Hello, World!")
            Text("SwiftUI")
            HStack {
                Text("Programming")
                Text("Objective-C")
            }

            Button(action: {}) {
                Text("Sample Button")
            }
```

```
            Toggle(isOn: $toggleValue) {
                Text("Sample Toggle")
            }
        }
        .padding()
    }
}

struct ContentView_Previews: PreviewProvider {
    static var previews: some View {
        ContentView()
    }
}
```

●「VoiceOver」を使った読み上げ

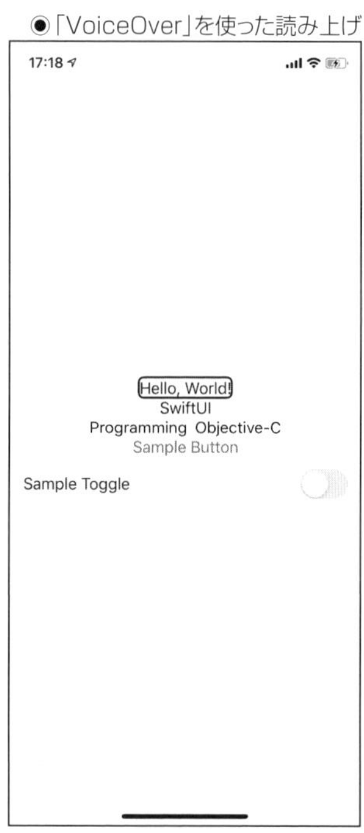

テキストの読み上げとローカライズ設定

「VoiceOver」で読み上げられるテキストは、ローカライズの設定と連動します。英語版になっているアプリ内で、日本語のひらがななどは読み上げられません。日本語の読み上げを行うには、アプリをローカライズ対応させて、日本語になるようにする必要があります。言語追加の手順については、CHAPTER 02の《**多言語表示への対応**》(p.66)を参照してください。

また、「VoiceOver」のように表示言語によって動作が変わる機能をテストするときには、Xcodeから表示言語を選択して起動させると便利です。システム全体の設定を変更することなく、特定の言語でアプリを起動できます。操作手順については72ページを参照してください。

次のコードは「VoiceOver」の言語切り替えを行うコード例です。

SAMPLE CODE

```
// SampleCode/Chapter08/
// 02_AccessibilitySample/AccessibilitySample/ContentView.swift
import SwiftUI

struct ContentView: View {
    var body: some View {
        VStack {
            Text("DisplayLanguage")
            Text("CurrentLanguage")
        }
    }
}

struct ContentView_Previews: PreviewProvider {
    static var previews: some View {
        ContentView()
    }
}
```

SAMPLE CODE

```
// SampleCode/Chapter08/
// 02_AccessibilitySample/AccessibilitySample/Base.lproj/Localizable.strings
DisplayLanguage="Display Language";
CurrentLanguage="English";
```

SAMPLE CODE

```
// SampleCode/Chapter08/
// 02_AccessibilitySample/AccessibilitySample/ja.lproj/Localizable.strings
DisplayLanguage="表示言語";
CurrentLanguage="日本語です";
```

●日本語で起動

●英語で起動

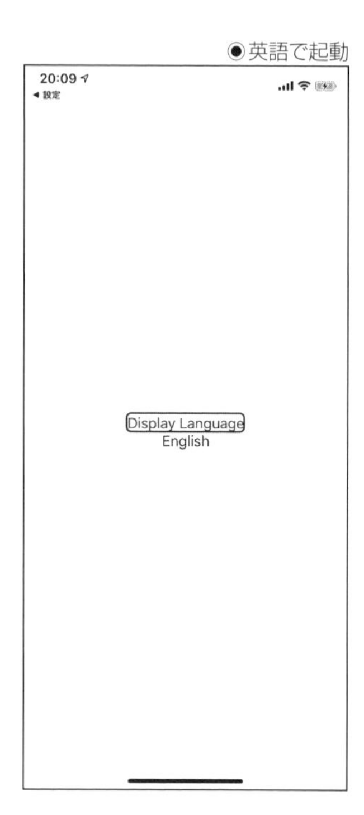

音声コントロールへの対応

SwiftUIのアプリは音声コントロールにも自動的に対応します。「VoiceOver」で読み上げられたテキストを使って、ボタンをタップする操作などができます。たとえば、次のようなボタンが配置されているときに、「Tap Show」と話すと、ボタンがタップされます。

```
Button(action: {}) {
    Text("Show")
}
```

次のコードは「音声コントロール」をテストするためのコードです。「音声コントロール」をオンにしてから、アプリを起動します。次に「Tap Show Sheet」とiPhoneに話しかけてください。ボタンがタップされ、`SheetView` がシート表示されます。次に「Tap Done」と話してください。「Done」ボタンがタップされ、シートが閉じられます。

SAMPLE CODE

```
// SampleCode/Chapter08/
// 03_AccessibilitySample/AccessibilitySample/SheetView.swift

import SwiftUI

struct SheetView: View {
```

```
    // シートの表示状態のバインディング
    @Binding var showingSeet: Bool

    var body: some View {
        VStack {
            // 「Done」ボタンを右上に表示する
            HStack {
                Spacer()
                Button(action: {
                    self.showingSeet = false
                }) {
                    Text("Done")
                }.padding()
            }

            // 中央付近にラベルを表示する
            Spacer()
            Text("VoiceControl with SwiftUI")
            Spacer()
        }
    }
}

struct SheetView_Previews: PreviewProvider {
    static var previews: some View {
        SheetView(showingSeet: .constant(true))
    }
}
```

SAMPLE CODE

```
// SampleCode/Chapter08/
// 03_AccessibilitySample/AccessibilitySample/ContentView.swift

import SwiftUI

struct ContentView: View {
    // シートの表示状態
    @State private var showingSheet = false

    var body: some View {
        VStack {
            // シートを表示するボタン
            Button(action: {
                self.showingSheet = true
            }) {
                Text("Show Sheet")
```

```
            }
            .sheet(isPresented: $showingSheet) {
                // 「SheetView」をシート表示する
                SheetView(showingSeet: self.$showingSheet)
            }
        }
    }
}

struct ContentView_Previews: PreviewProvider {
    static var previews: some View {
        ContentView()
    }
}
```


●アプリ起動時

●「Tap Show Sheet」と話してシートを表示する

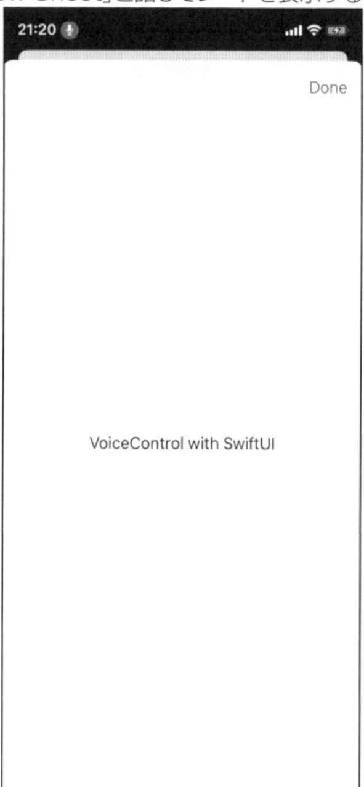

アクセシビリティのカスタマイズ

SwiftUIを使うと自動的に「VoiceOver」や「音声コントロール」に対応することができますが、SwiftUIが自動で行ってくれる処理だけでは不十分な部分があります。このセクションではSwiftUIが行ったアクセシビリティ対応処理をカスタマイズする方法について解説します。

ラベルの設定

`Button` の表示内容を文字列ではなく、画像やアイコンにすると、「VoiceOver」はボタンに表示されている画像の名前を読み上げます。また、「音声コントロール」でのタップコマンドは、「Tap 画像名」になります。これは、非常に不便です。たまたま、自然な名前になっているかもしれませんが、アセットデータの管理IDをもとにしたファイル名だったり、画像サイズが入っていたりする場合もあるでしょう。

このようなときは、アクセシビリティ機能用のラベルを設定します。

▶「Button」に対するラベル設定

`Button` にアクセシビリティ用のラベルを設定するには、`accessibility` モディファイアを使用します。

```
Button(action: {}) {
    ボタンの表示内容。「Image」など
}
.accessibility(label: Text("アクセシビリティ用のラベル"))
```

たとえば、次のコードは同じ画像を表示するボタンが2つ表示されます。上のボタンはアクセシビリティ用のラベルが設定され、下のボタンは設定されていません。「VoiceOver」でボタンを読み上げさせると、上のボタンは「weather button」と読み上げられ、下は「cloud, sun, rain, fill button」と読み上げられます。「音声コントロール」でタップする操作も、上のボタンは「Tap weather」で反応しますが、下のボタンは「Tap cloud sun rain fill」でないと反応しません。

SAMPLE CODE

```
// SampleCode/Chapter08/
// 04_AccessibilitySample/AccessibilitySample/ContentView.swift

import SwiftUI

struct ContentView: View {
    // ラベルに表示するメッセージ
    @State private var message = ""

    var body: some View {
```

```
        VStack {
            // メッセージラベル
            Text("\(message)")

            // アクセシビリティ用ラベルの設定あり
            Button(action: {
                self.message = "weather"
            }) {
                Image(systemName: "cloud.sun.rain.fill")
                    .resizable()
                    .aspectRatio(contentMode: .fit)
            }
            .frame(width: 100, height: 100)
            .accessibility(label: Text("weather"))

            // アクセシビリティ用ラベルの設定なし
            Button(action: {
                self.message = "cloud.sun.rain.fill"
            }) {
                Image(systemName: "cloud.sun.rain.fill")
                    .resizable()
                    .aspectRatio(contentMode: .fit)
            }
            .frame(width: 100, height: 100)
        }
    }
}

struct ContentView_Previews: PreviewProvider {
    static var previews: some View {
        ContentView()
    }
}
```

●「Tap weather」で上のボタンが反応する

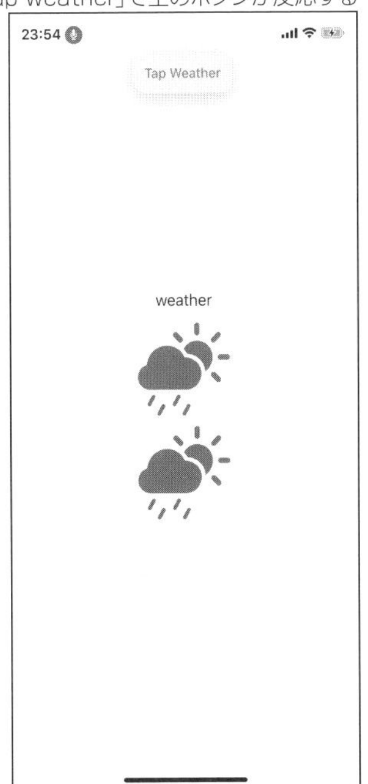

●「Tap cloud.sun.rain.fill」で下のボタンが反応する

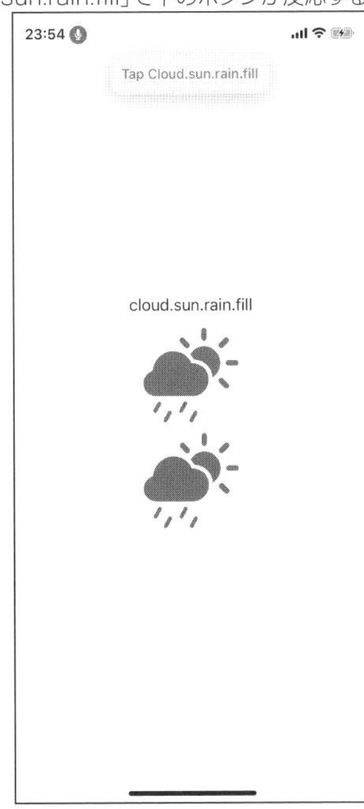

▶「Image」ビューに対するラベル設定

`Button` の中に配置した `Image` ビューではなく、単純に画像として配置した `Image` ビューも「VoiceOver」の読み上げ対象になります。ただし、読み上げられるテキストはデフォルトでは画像名です。 `Button` と同様に、`Image` ビューもアクセシビリティ用のラベルを設定できます。

アクセシビリティ用のラベルの設定方法は `Button` と同様です。 `accessibility` モディファイアで設定できます。画像名を指定する場合には、`label` 引数で指定するという方法もあります。

次のコードは、`Image` ビューにアクセシビリティ用のラベルを設定しているコード例です。下のチワワの画像では、タップすると「Thinking」という設定したラベルの他に、「チワワ」とも読み上げられました。画像の内容を認識する場合もあるようです。

SAMPLE CODE

```
// SampleCode/Chapter08/
// 05_AccessibilitySample/AccessibilitySample/ContentView.swift

import SwiftUI

struct ContentView: View {
    var body: some View {
        VStack {
            Image(systemName: "cloud.sun.rain.fill")
```

```
                .resizable()
                .aspectRatio(contentMode: .fit)
                .accessibility(label: Text("Weather"))

            Image("Sample", label: Text("Thinking"))
                .resizable()
                .aspectRatio(contentMode: .fit)
        }
    }
}

struct ContentView_Previews: PreviewProvider {
    static var previews: some View {
        ContentView()
    }
}
```


●「Image」ビューに対するラベル設定

▶ 読み上げ対象外の「Image」ビューを作る

Image ビューの中には装飾目的で表示しているだけのものもあります。そのようなビューはラベルの付けようがありません。「VoiceOver」による読み上げの対象外にしたい場合には、次のようにして Image ビューを作ります。

```
Image(decorative:画像名)
```

次のコードは同じ画像を上下に表示していますが、下側は読み上げの対象外になっています。下側の Image ビューをタップして選択しようとしても選択できず、読み上げも行われません。

SAMPLE CODE

```
// SampleCode/Chapter08/
// 06_AccessibilitySample/AccessibilitySample/ContentView.swift

import SwiftUI

struct ContentView: View {
    var body: some View {
        VStack {
            Image("Sample", label: Text("Thinking"))
                .resizable()
                .aspectRatio(contentMode: .fit)

            Image(decorative: "Sample")
                .resizable()
                .aspectRatio(contentMode: .fit)
        }
    }
}

struct ContentView_Previews: PreviewProvider {
    static var previews: some View {
        ContentView()
    }
}
```

●「Image」ビューの片方は読み上げ対象外

▶読み上げ対象外のビュー

`Text` ビューや `systemName` 引数を指定して作った `Image` ビューなどを読み上げの対象外にしたいときは `accessibility` モディファイアを使います。

```
View()
    .accessibility(hidden: true)
```

次のコードは `accessibility` モディファイアで読み上げ対象外にしているコード例です。

SAMPLE CODE

```
// SampleCode/Chapter08/
// 07_AccessibilitySample/AccessibilitySample/ContentView.swift

import SwiftUI

struct ContentView: View {

    var body: some View {
        VStack {
            Text("SwiftUI")
                .font(.largeTitle)
                .accessibility(hidden: true)
```

```
            Image(systemName: "cloud")
                .resizable()
                .aspectRatio(contentMode: .fit)
                .accessibility(hidden: true)
        }
    }
}

struct ContentView_Previews: PreviewProvider {
    static var previews: some View {
        ContentView()
    }
}
```

読み上げ対象外になると、「VoiceOver」による選択も行われなくなります。

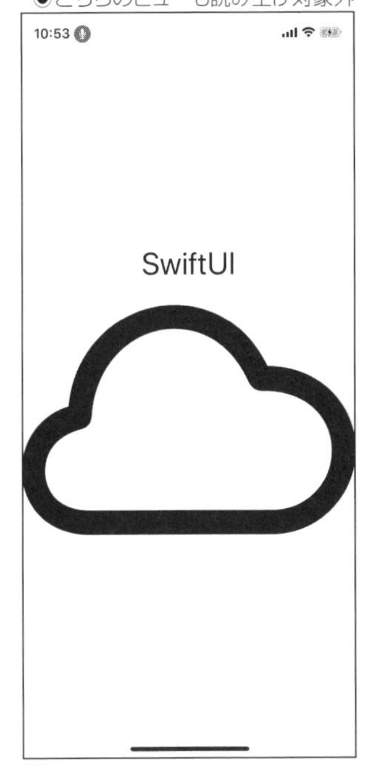

●どちらのビューも読み上げ対象外

●読み上げ対象のときは「VoiceOver」による選択が行われる

カスタムアクションの設定

通常のタップでは反応せず、アクセシビリティ経由のときだけ反応するカスタムアクションを設定することができます。カスタムアクションは次のように accessibilityAction モディファイアで設定します。

```
View()
    .accessibilityAction {
        カスタムアクションの処理
}
```

次のコードはスライダーで brightness モディファイアの値を変更できるビューのコードです。 Image ビューにカスタムアクションが設定されており、タップでは反応しませんが、「音声コントロール」で「Tap Thinking」と話すと、スライダーで設定した値がリセットされます。

SAMPLE CODE

```
// SampleCode/Chapter08/
// 08_AccessibilitySample/AccessibilitySample/ContentView.swift

import SwiftUI

struct ContentView: View {
    @State private var bright: Double = 0.0

    var body: some View {
        VStack {
            Image("Sample", label: Text("Thinking"))
                .resizable()
                .aspectRatio(contentMode: .fit)
                .brightness(bright)
                .accessibilityAction {
                    self.bright = 0
                }

            Text("Brightness")

            Slider(value: $bright, in: 0.0 ... 1.0)
                .padding(.horizontal)
                .accessibility(label: Text("Brightness"))
        }
    }
}

struct ContentView_Previews: PreviewProvider {
    static var previews: some View {
        ContentView()
    }
}
```

◉スライダーで明るさを変更する

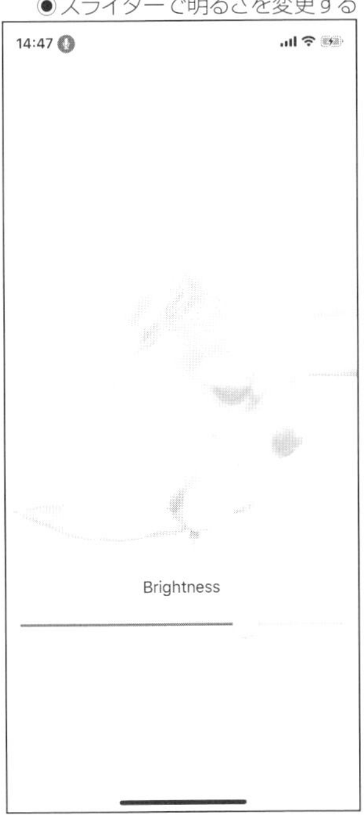

◉「音声コントロール」でカスタムアクションを実行してリセットする

Ⅲ アクセシビリティグループを作る

複数のサブビューで構成されるときに、アクセシビリティの対象をグループにまとめることができます。グループにまとめることで、次のようなことができるようになります。

- 「VoiceOver」による選択(黒枠が付く範囲)をグループ全体にする。
- グループを構成するサブビューの読み上げ方を設定する。
- グループの中で「VoiceOver」による選択優先度を設定する。

▶ アクセシビリティグループの作り方

アクセシビリティグループを作るには、グループを構成するビューをスタックに配置し、スタックの `accessibilityElement` モディファイアを使用します。

```
スタック {
    // グループ化するビュー
}
.accessibilityElement(children: グループ化したビューのアクセシビリティの扱い)
```

グループ化したときに、グループ化したサブビューの個々に設定されているアクセシビリティの設定をどのように扱うかを、`accessibilityElement` モディファイアの `children` 引数に指定します。 `children` 引数に指定可能な値には次のようものがあります。

引数の値	説明
.combine	サブビューのアクセシビリティを合成したものを、グループのアクセシビリティにする
.ignore	サブビューのアクセシビリティはすべて無視する
.contain	サブビューのアクセシビリティをそのまま使用する。「VoiceOver」による選択もサブビュー単位にする

次のコードは、グループ化のコード例です。グループに対するアクセシビリティのラベル設定も行っています。 `children` 引数による動作の違いを実機で確認してください。

SAMPLE CODE

```
// SampleCode/Chapter08/
// 09_AccessibilitySample/AccessibilitySample/ContentView.swift

import SwiftUI

struct ContentView: View {

    var body: some View {
        VStack {
            VStack {
                Text(".combine")
                Text("SwiftUI")
                    .font(.largeTitle)

                Image(systemName: "cloud")
                    .resizable()
                    .aspectRatio(contentMode: .fit)
            }
            .padding(.vertical)
            .accessibilityElement(children: .combine)
            .accessibility(label: Text("Combine Group"))

            VStack {
                Text(".ignore")
                Text("SwiftUI")
                    .font(.largeTitle)

                Image(systemName: "cloud")
                    .resizable()
                    .aspectRatio(contentMode: .fit)
            }
            .padding(.vertical)
            .accessibilityElement(children: .ignore)
```

```
            .accessibility(label: Text("Ignore Group"))

            VStack {
                Text(".contain")
                Text("SwiftUI")
                    .font(.largeTitle)

                Image(systemName: "cloud")
                    .resizable()
                    .aspectRatio(contentMode: .fit)
            }
            .padding(.vertical)
            .accessibilityElement(children: .contain)
            .accessibility(label: Text("Contain Group"))

        }
    }
}

struct ContentView_Previews: PreviewProvider {
    static var previews: some View {
        ContentView()
    }
}
```

◉グループ全体が選択される

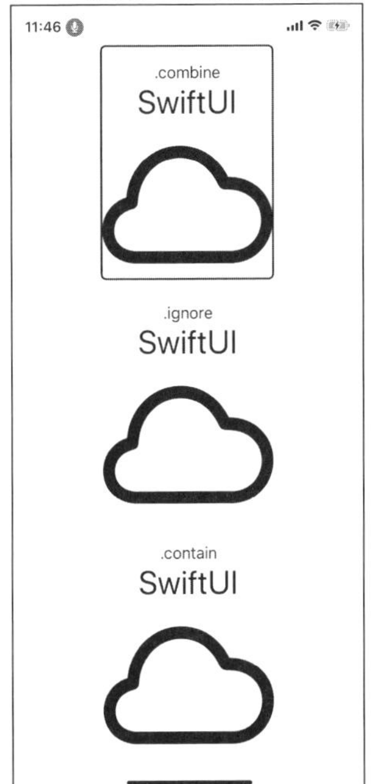

◉「.contain」では個々のビューが選択される

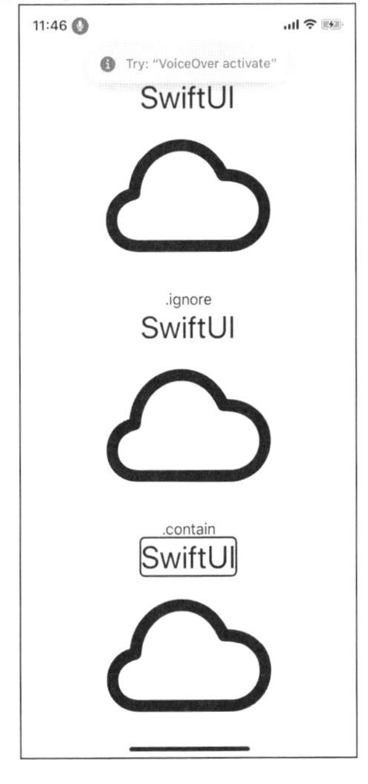

▶「VoiceOver」の選択優先度の設定

「VoiceOver」により自動的に選択されるビューはアクセシビリティの優先度とビューの順序によって決まります。優先度はデフォルト状態では「0」になっています。同じ優先度の場合は、SwiftUIで先に作られたビューが選択されます。つまり、優先度の設定を行っていないときは同じ優先度になっているので、作った順に選択されます。

アクセシビリティの優先度を設定するには `accessibility` モディファイアを使って次のように設定します。

```
View()
    .accessibility(sortPriority: 優先度)
```

優先度のデフォルト値は0です。大きな値ほど優先度が高くなり、先に選択されます。また、優先度は同じグループ内での値です。優先度による制御を行いたいときには、`accessibilityElement` モディファイアの `children` 引数に `.contain` を指定してグループを作る必要があります。

次のコードは優先度を変更して、「Up」ボタンを最初に選択しているコード例です。優先度の設定がなければ、最初に選択されるのは値を表示している `Text` ビューです。

SAMPLE CODE

```
// SampleCode/Chapter08/
// 10_AccessibilitySample/AccessibilitySample/ContentView.swift

import SwiftUI

struct ContentView: View {
    @State private var counter: Int = 0

    var body: some View {
        VStack {
            Text("\(self.counter)")
                .font(.largeTitle)

            HStack {
                // このボタンの優先度を高くする
                Button(action: {
                    self.counter += 1
                }) {
                    Text("Up")
                        .foregroundColor(.white)
                }
                .padding()
                .background(
                    Capsule()
                        .foregroundColor(.blue)
```

```
                )
                .accessibility(sortPriority: 1)

                Button(action: {
                    self.counter -= 1
                }) {
                    Text("Down")
                        .foregroundColor(.white)
                }
                .padding()
                .background(
                    Capsule()
                        .foregroundColor(.blue)
                )
            }
            .accessibilityElement(children: .contain)
            .accessibility(sortPriority: 1)
        }
        .accessibilityElement(children: .contain)
    }
}

struct ContentView_Previews: PreviewProvider {
    static var previews: some View {
        ContentView()
    }
}
```

「Up」ボタンが最初に選択されるようにするには、2段階の調整が必要です。アクセシビリティにも階層があります。上位階層から評価されます。このサンプルコードのアクセシビリティの階層は次のようになっています。

```
VStack
 ├─ Text      優先度=0
 └─  HStack   優先度=1 [優先]
    ├─ Button 優先度=1 [優先]
    └─ Button 優先度=0
```

「Up」ボタンが最初に選択されるには、上位階層で **HStack** が先に選択される必要があります。そのため、上位階層で **HStack** の優先度を上げておく必要があります。サンプルコードでも **HStack** が **Text** よりも優先されるように設定しています。次に **HStack** の中で優先度が評価され、「Up」ボタンが最優先となります。

●「Up」ボタンが最優先で選択される

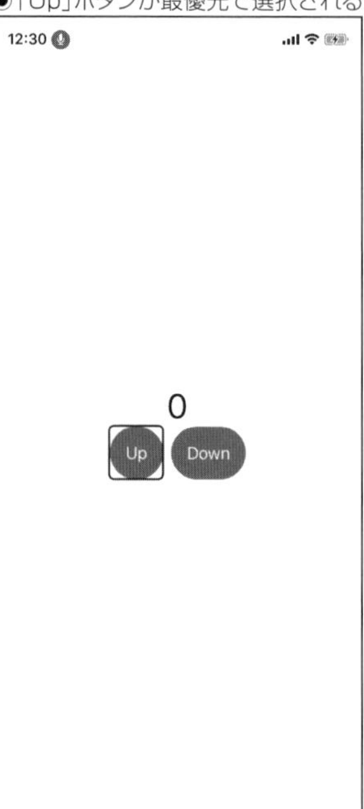

INDEX

F

G

H

I

L

M

N

O

P

R

か行

さ行

た行

な行

は行

ま行

や行

ら行

■著者紹介

林 晃（はやし あきら）

アールケー開発代表。ソフトウェアエンジニア。東京電機大学工学部第二部電子工学科を卒業後、大手精密機器メーカー系のソフトウェア開発会社に就職し、その後、独立。2005年にアールケー開発を開業し、企業から依頼を受けて、ソフトウェアの受託開発を行っている。macOSやiOSのソフトウェアを専門に開発している。特に、画像編集プログラム、動画編集プログラム、ハードウェア制御プログラム、ネットワーク通信プログラム、クロスプラットフォーム対応については長い経験を持ち、ネイティブアプリやミドルウェア、SDK開発を多く手がける。ソフトウェア開発の他、技術書執筆、セミナー講師、技術指導などを行っている。

ソフトウェア開発の最前線で開発を行いながら、最前線からの技術情報を学べるコンテンツを制作している。

- Webサイト
  https://www.rk-k.com/
- Twitter
  @studiork

編集担当 ： 吉成明久 / カバーデザイン ： 秋田勘助（オフィス・エドモント）
写真：©scanrail - stock.foto

基礎から学ぶ SwiftUI

2020年2月21日　初版発行

著　者　林晃
発行者　池田武人
発行所　株式会社　シーアンドアール研究所
新潟県新潟市北区西名目所4083-6(〒950-3122)
電話　025-259-4293　FAX　025-258-2801
印刷所　株式会社　ルナテック

ISBN978-4-86354-299-0 C3055